计算机应用基础实用教程

主　审　宋梦华

主　编　李建刚　李　强　吴鸿飞

副主编　张　艳　高　超　吴树锦

电子工业出版社

Publishing House of Electronics Industry

北京·BEIJING

内 容 简 介

本书较全面地介绍了计算机基础知识、主流办公软件的使用方法、计算机网络的主要概念以及互联网的基本使用方法，对物联网、云计算等技术领域进行了介绍和展望；采取基于典型工作任务、问题驱动的方法，使理论知识与实践技能紧密结合，具有较强的应用性、可操作性和易读性。

本书可作为职业院校公共必修基础课《计算机应用基础》教材或教学参考书，也可作为计算机基础应用培训教材和全国计算机等级考试辅助教材。

未经许可，不得以任何方式复制或抄袭本书之部分或全部内容。
版权所有，侵权必究。

图书在版编目（CIP）数据

计算机应用基础实用教程/李建刚，李强，吴鸿飞主编. —北京：电子工业出版社，2015.8
ISBN 978-7-121-26123-7

Ⅰ.①计… Ⅱ.①李… ②李… ③吴… Ⅲ.①电子计算机—高等学校—教材 Ⅳ.①TP3

中国版本图书馆 CIP 数据核字（2015）第 109663 号

策划编辑：施玉新
责任编辑：郝黎明
印　　刷：三河市鑫金马印装有限公司
装　　订：三河市鑫金马印装有限公司
出版发行：电子工业出版社
　　　　　北京市海淀区万寿路 173 信箱　邮编　100036
开　　本：787×1 092　1/16　印张：16.5　字数：422.4 千字
版　　次：2015 年 8 月第 1 版
印　　次：2016 年 7 月第 2 次印刷
定　　价：36.00 元

凡所购买电子工业出版社图书有缺损问题，请向购买书店调换。若书店售缺，请与本社发行部联系，联系及邮购电话：（010）88254888，88258888。
质量投诉请发邮件至 zlts@phei.com.cn，盗版侵权举报请发邮件至 dbqq@phei.com.cn。
本书咨询联系方式：syx@phei.com.cn。

前 言

随着现代计算机技术的不断进步和教学改革的不断深入,对《计算机应用基础》课程提出了更高的要求。本教材紧密结合学生认知特点和日常生活学习情境,针对实际专业岗位应用所需要的计算机技能,采取项目引领、任务驱动、基于实际工作过程引入教学案例的编写体例,注重培养读者解决实际问题的能力。另外,在教材编写环节中打破以往的章节顺序,采用边提出问题,边解决问题的编写思路,将死板的知识点融入到各种教学情景对话和实际的工作任务中,增加真实性和可操作性,使知识点更"接地气",更加易于理解和掌握。

本书可作为高职院校和应用型本科院校非计算机类专业的计算机基础课程教材,也可作为各类计算机爱好者的自学入门读物。通过本课程的学习,使读者对计算机系统有一个全面的认识,能够掌握主流的 Windows 7 操作系统使用方法,应用 Office 2010 办公软件进行日常办公文档处理,理解计算机网络基本概念,掌握互联网的应用方法,了解网络技术的发展趋势,具备一定的安全使用和维护计算机系统正常工作的能力。

本书共包括六个项目,具体如下:

项目一　了解计算机

项目二　应用 Windows 7 操作系统

项目三　Word 2010 文字处理软件

项目四　Excel 2010 电子表格处理软件

项目五　PowerPoint 2010 演示文稿处理软件

项目六　计算机网络基础与 Internet 应用

本教材由天津海运职业学院的李建刚老师、李强老师以及广西理工职业技术学院的吴鸿飞老师担任主编,天津海运职业学院的张艳老师、高超老师和吴树锦老师担任副主编,天津海运职业学院的吴士杰老师、潘丽红老师和刘俊辉老师以及广西理工职业技术学院的唐磊老师参加编写。全书由李建刚老师负责统稿修订,在教材编写过程中,感谢各位编审人员提出了大量的宝贵意见并参与审校。

在教材编写过程中,感谢天津海运职业学院的宋梦华主任作为本书主审,对教材设计思路和案例选取提出很多宝贵建议,并认真审阅了全稿。

本教材作者电子邮件地址为:414862766@qq.com,如有需要电子课件和教学素材等教学资源的读者,可联系本书作者,我们将尽力为您提供服务。由于本书作者学识和水平所限,对教材的错漏之处,还望各位读者不吝批评指正!

目 录

项目一 了解计算机 ··· 1

任务一 探询计算机发展历程 ··· 1
  子任务一 计算机从何而来 ··· 1
  子任务二 计算机能做什么 ··· 4
  子任务三 计算机将到哪里去 ·· 6
课堂实验 ·· 9
任务二 计算机中数据表示与存储 ·· 10
  子任务一 常用的数制 ·· 10
  子任务二 计算机内数据的存储 ··· 17
课堂实验 ·· 23
任务三 配置我的第一台电脑 ·· 23
  子任务一 计算机的基本组成 ·· 24
  子任务二 计算机硬件检测 ·· 30
课堂实验 ·· 35
任务四 做好计算机的日常维护 ·· 36
课堂实验 ·· 45

项目二 应用 Windows 7 操作系统 ·· 46

任务一 了解操作系统 ·· 46
  子任务一 什么是操作系统 ·· 46
  子任务二 操作系统的发展和功能 ·· 48
课堂实验 ·· 50
任务二 体验 Windows 7 ·· 50
  子任务一 了解常用的操作系统 ··· 50
  子任务二 安装 Windows 7 操作系统 ··· 53
  子任务三 Windows 7 基本操作 ··· 57
课堂实验 ·· 66

任务三　管好我的信息资源 …………………………………………………… 67
课堂实验 ……………………………………………………………………… 73
任务四　我的机器我做主 ……………………………………………………… 73
　　子任务一　定制个性化的工作环境 ……………………………………… 74
　　子任务二　Windows 7 系统维护与管理 ………………………………… 77
　　子任务三　Windows 7 常用附件 ………………………………………… 90
课堂实验 ……………………………………………………………………… 92
任务五　轻松学打字 …………………………………………………………… 92
课堂实验 ……………………………………………………………………… 95

项目三　Word 2010 文字处理软件 …………………………………………… 97

任务一　制作学生会干事应聘自荐书 ………………………………………… 97
　　子任务一　创建 Word 文档 ……………………………………………… 97
　　子任务二　系学生会干事应聘自荐书格式排版 ……………………… 102
课堂实验 …………………………………………………………………… 110
任务二　制作个人简历及求职信 …………………………………………… 111
　　子任务一　制作一个简单表格 ………………………………………… 111
　　子任务二　表格格式设置 ……………………………………………… 116
课堂实验 …………………………………………………………………… 122
任务三　制作专业简介海报 ………………………………………………… 122
　　子任务一　专业简介海报版面设计 …………………………………… 122
　　子任务二　完成专业简介海报制作 …………………………………… 127
课堂实验 …………………………………………………………………… 132
任务四　毕业论文排版 ……………………………………………………… 132
课堂练习 …………………………………………………………………… 138

项目四　Excel 2010 电子表格处理软件 …………………………………… 139

任务一　船员信息登记表 …………………………………………………… 139
　　子任务一　创建工作簿和工作表 ……………………………………… 139
　　子任务二　不同类型的数据输入 ……………………………………… 143
　　子任务三　表格格式设置 ……………………………………………… 146
课堂实验 …………………………………………………………………… 150
任务二　公司销售运营情况表 ……………………………………………… 150
　　子任务一　数据的有效性设置 ………………………………………… 150
　　子任务二　公式计算 …………………………………………………… 151
　　子任务三　函数计算 …………………………………………………… 153
课堂实验 …………………………………………………………………… 155
任务三　酒店销售统计表 …………………………………………………… 156
　　子任务一　数据排序 …………………………………………………… 156
　　子任务二　数据筛选 …………………………………………………… 157

子任务三　分类汇总 ··· 158
　　　子任务四　数据链接 ··· 159
　课堂实验 ··· 159
　任务四　新进员工信息分析图表 ·· 160
　　　子任务一　图表的创建 ··· 160
　　　子任务二　图表的修改 ··· 160
　　　子任务三　图表的外观设置 ·· 162
　课堂实验 ··· 163

项目五　PowerPoint 2010 演示文稿处理软件 ·· 165

　任务一　制作班级风采相册演示文稿 ··· 165
　　　子任务一　启动 PowerPoint 2010 ·· 165
　　　子任务二　编辑演示文稿 ··· 170
　课堂实验 ··· 176
　任务二　制作学院简介演示文稿——编辑演示文稿 ·································· 176
　　　子任务一　幻灯片外观设计 ·· 176
　　　子任务二　实现超级链接 ··· 185
　课堂实验 ··· 188
　任务三　制作学院简介演示文稿——动画效果设置 ·································· 188
　　　子任务一　在幻灯片内添加动画效果 ·· 189
　　　子任务二　在幻灯片之间添加切换效果 ·· 191
　　　子任务三　演示文稿的放映及打包 ··· 193
　课堂实验 ··· 197

项目六　计算机网络基础与 Internet 应用 ·· 198

　任务一　走进神秘的网络世界 ·· 198
　　　子任务一　了解计算机网络的概念 ··· 198
　　　子任务二　了解计算机网络的分类和组成 ······································· 205
　　　子任务三　了解计算机网络的拓扑结构 ·· 208
　课堂实验 ··· 211
　任务二　畅游 Internet 海洋 ·· 211
　　　子任务一　认识 Internet ··· 211
　　　子任务二　熟悉网络的体系结构和协议 ·· 213
　　　子任务三　接入 Internet ··· 218
　　　子任务四　使用浏览器漫游互联网 ··· 219
　　　子任务五　申请和使用电子邮箱 ·· 224
　　　子任务六　网络与生活 ··· 228
　课堂实验 ··· 232
　任务三　身边处处有网络 ·· 232
　　　子任务一　通过宽带连接互联网 ·· 233

子任务二　利用 Windows 7 共享 Internet 连接 ·················· 235
　　子任务三　搭建 FTP 服务器 ································ 236
　　子任务四　使用网上银行 ·································· 238
　　子任务五　无线路由器的使用 ······························· 239
　课堂实验 ·· 241
　任务四　我的电脑安全吗 ··· 242
　　子任务一　认识黑客与计算机病毒 ··························· 242
　　子任务二　杀毒软件的安装及使用 ··························· 246
　　子任务三　计算机安全设置 ································ 249
　　子任务四　网络诈骗的形式及防范 ··························· 253
　　子任务五　新一代网络安全技术 ····························· 254
　课堂实验 ·· 256

项目一　　了解计算机

任务一　探询计算机发展历程

小明中学时代没有系统学习过计算机，他非常羡慕那些计算机高手。进入大学的计算机房，他一下子就被一台台计算机吸引住了。小明暗下决心，一定要学好计算机这门课程，他的学习首先从了解计算机的"前世今生"开始……

任务要求

➢ 了解计算机的发展历史。
➢ 了解计算机的特点。
➢ 了解计算机的主要应用领域。
➢ 了解计算机的发展趋势和新技术。

子任务一　计算机从何而来

步骤一：了解世界上第一台电子计算机的诞生过程

二十世纪科学技术的飞速发展，带来了堆积如山的数据处理问题，对改进计算工具提出了迫切要求。第二次世界大战中，美国宾夕法尼亚大学莫尔学院电工系同阿伯丁弹道研究实验室共同负责为陆军每天提供六张火力表。这项任务非常困难和紧迫。因为，每张表都要计算数百条弹道，按照当时的计算条件和速度，一张火力表往往需要计算 2～3 个月，问题相当严重。当时，负责阿伯丁实验室同莫尔电工系小组联系的军方代表是年轻的戈尔斯坦（Goldstine）中尉，他原来是个数学家。他的朋友莫克利这时正好在莫尔学院电工系任职，他于 1942 年 8 月写了一份题为《高速电子管计算装置的使用》的备忘录，它实际上成为第一台电子计算机的初始方案。这一备忘录曾在莫克利的一些同事中传阅，引起了其中的 23 岁的研究生埃克特的浓厚兴趣。埃克特后来成为第一台电子计算机的主要工程师。莫克利也多次对格尔斯坦讲自己关于电子计算机的设想。思维敏捷的戈尔斯坦立即意识到这一设想对解决制造火力表的困难的巨大价值。他马上向上司吉伦（E.N.Gillon）上校作了汇报，立即得到吉伦上校的热情支持。在吉伦上校的参与下，军械部要求莫尔学院草拟一个为阿伯丁弹道实验室制造一台电子数字计算机的发展计划。1943 年 4 月 2 日，莫尔学院负责与阿伯丁联系的勃雷纳德（J.G.Brainerd）教授提出了一份这样的发展计划报告。

1943 年 4 月 9 日，这一天是决定第一台电子计算机命运的一天，勃雷纳德由莫克利和埃克特陪同，前往阿伯丁出席一次会议，弹道实验室方面参加会议的有该实验室负责人西蒙（L.E.Simon）上校和他们的主要科学顾问、著名数学家维伯伦（O.Veblen）博士。维伯伦的意见是举足轻重的，他对制造第一台电子计算机的工作非常支持。6月5日，莫尔学院和军械部正式签订合同，这台机器根据吉伦上校的建议被命名为"电子数值积分和计算机"（Electronic Numerical Integrator and Computer，ENIAC）。

莫尔学院提出的方案需要采用大约18 000只电子管，70 000只电阻，10 000只电容，预算经费是15万美元。这样庞大的经费使ENIAC计划承受着巨大的风险。勃雷纳德教授当时写道："这是一个发展计划，并且不能担保会达到预定的效果。然而，这是一个合适的时机！"

承担研制ENIAC的莫尔小组是一个由志同道合的青年科技工作者组成的朝气蓬勃的团体。24岁的埃克特是总工程师，负责解决制造中一系列困难复杂的工程技术问题。莫克利是三十多岁的物理学家，他提出了电子计算机的总设想。年轻的戈尔斯坦中尉不仅能在数学上提供有益的建议，而且是精干的科研组织人才。另外，还有年轻的逻辑学家勃克斯（W.Burks）参加。这样，有了合适的时机和成熟的条件，又有科学技术人员的科学胆略与创造才能，在有关部门的远见卓识与全力支持下，1945年年底，这台标志人类计算工具历史性变革的巨型机器宣告竣工。正式的揭幕典礼于1946年2月15日在美国宾夕法尼亚大学举行。这台机器1947年被运往阿伯丁，起初是专门用于弹道计算的，后来经过多次改进而成为能进行各种科学计算的通用计算机。

就这样，世界上的第一台电子计算机ENIAC（图1-1-1）诞生了！它占地面积达170平方米，差不多相当于10间普通房间的大小，是一个庞然大物。它的耗电量也很惊人，功率为150千瓦。工作时，常常因为电子管烧坏而不得不停机检修。尽管如此，在人类计算工具发展史上，它仍然是一座不朽的里程碑。自它以后，人类进入了电子计算机时代，在智力解放的道路上开始突飞猛进。

图1-1-1　世界上第一台电子计算机埃尼亚克（ENIAC）

步骤二：了解计算机发展历史

从 ENIAC 诞生至今的半个多世纪以来，计算机的发展深度和广度在人类历史上没有任何第二种产品能够与之媲美的。可以说，电子计算机是现代科学技术的核心。按照其使用的电子元件的发展变革，电子计算机已经经历了四个发展阶段（图 1-1-2）。

1. 电子管计算机时代（1945—1956）

第一代电子计算机主要特点是在硬件方面采用了电子管作为基本逻辑电路元件，主存储器采用延线或磁鼓（后期采用了磁芯），外存储器采用磁带存储器。计算机体积庞大，功耗大，可靠性低、价格昂贵。

在软件语言上最初只能用机器语言，50 年代中期以后才出现了汇编语言，编制程序比较困难，只有专业人员才能完成，因而应用很不普遍。

在 ENIAC 的研制过程中，美籍匈牙利数学家、化学家、计算机专家、现代电子计算机之父——约翰·冯·诺依曼（John Von Neumann）针对 ENIAC 存在的问题，提出了一个全新的通用计算机方案"EDVAC"，即"离散变量自动电子计算机"（Electronic Discrete Variable Automatic Computer，EDVAC）。与 ENIAC 的不同之处是，EDVAC 方案提出了 3 个重要设计思想：

① 计算机由运算器、逻辑控制器、存储器、输入和输出设备这 5 个主要部分组成。
② 采用二进制形式表示计算机指令和数据。
③ 提出"存储控制"思想，即将程序和数据存储在存储器中，并让计算机自动执行。

这个方案提出的计算机体系结构一直延续至今，所以现代电子计算机体系结构也被称作"冯氏计算机体系结构"。

2. 晶体管计算机时代（1956—1963）

1948 年，晶体管的发明极大地促进了计算机的发展。美国贝尔实验室于 1954 年研制出第一台晶体管计算机 TRADIC。

晶体管时代的计算机在计算速度、功耗、体积和可靠性等方面均比第一代计算机有了很大的改善，在软件方面也创立了一系列高级程序设计语言，使计算机应用领域从单一的数值计算发展到了数据、事务管理和过程控制等方面。

3. 中小规模集成电路计算机时代（1964—1970）

第三代计算机的主存储器从磁芯处理器逐步过渡到了半导体存储器，使得计算机的体积进一步缩小，运算速度、运算精度、功耗、存储容量和可靠性等主要性能指标都大为改善。软件方面对计算机程序语言进行了标准化处理，提出了计算机结构化程序思想。在产品系列化、计算机系统通信方面都得到了较大发展，使计算机的应用领域和普及程度有了迅速的发展。

4. 大规模和超大规模集成电路计算机（1971 年至今）

在超大规模集成电路计算机时代，计算机外围设备多样化、系列化，软件方面出现了面向对象的计算机程序设计编程思想。在发展过程中最重要的成就之一表现在微处理器技术上。

1971 年 1 月，Intel 公司的霍夫研制成功世界上第一块 4 位微处理器芯片 Intel 4004CPU，标志着第一代微处理器问世，1971 年 11 月，Intel 推出了 MCS-4 微型计算机系统，拉开了微处理器和微机时代的序幕。1981 年 IBM 公司推出了个人计算机（PC），标志着微型计算机时代的到来。

（a）电子管

（b）晶体管

（c）集成电路

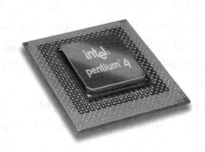

（d）大规模集成电路

图 1-1-2　电子计算机四个发展阶段的主要元器件

思考

目前世界上主要的硬件厂商和软件有哪些？各自生产的主流产品是什么？

子任务二　计算机能做什么

步骤一：了解计算机的主要特点

计算机是一种可以进行自动控制、具有记忆功能的现代化计算工具和信息处理工具。它具有以下五个方面的特点：

1. 运算速度快

计算机的运算速度（也称处理速度）用 MIPS（Million Instructions Per Second 的缩写，即每秒处理的百万级的机器语言指令数）来衡量。现代计算机的运算速度在几十 MIPS 以上。有了如此高的运算速度，可以使得过去需要几年甚至几十年才能完成的复杂运算任务，现在只需几天、几小时，甚至更短的时间就可以完成。这也正是计算机被广泛使用的主要原因之一。

2. 计算精度高

数的精度主要由这个数在计算机内部使用的二进制码的位数决定，即可以通过增加数的二进制位数来提高精度，位数越多精度越高。

3. 记忆力强

随着计算机存储容量的不断增加，它可以"记忆"（存储）越来越多的数据和计算机程序，可以将数十部、数百部影片存储在很小的芯片上而随身携带。在计算的同时，它还可以将中间结果存储起来，供以后使用。

4. 具有逻辑判断能力

计算机在程序执行过程中，会根据上一步的执行结果，运用逻辑判断方法自动确定下一步的执行命令。正是因为计算机具有这种逻辑判断能力，使得计算机不仅能够解决数值计算问题，而且还能够处理非数值计算问题，如信息检索、自动控制和图像识别等。

5. 可靠性高、通用性强

现代计算机作为一种事务处理工具，和人们的日常工作、学习和生活的关系越来越紧密，它不仅可以用于数值计算，还更多地应用于数据处理、工业控制、辅助设计、辅助制造、辅助测试和办公自动化等领域，具有很强的通用性。

 思考

在我们日常工作、生活和学习中，计算机为我们的生活带来了什么？

步骤二：了解计算机的主要应用领域

1. 科学计算

科学计算又称为数值计算，是计算机的传统应用领域，也是计算机最重要的应用之一。在科学技术和工程设计中存在着大量的各类数字计算问题，如解几百乃至上千阶的线性方程组、大型矩阵运算等，这些问题广泛出现在导弹试验、航天卫星、勘测预算等领域。其特点是数据量大、计算工作复杂，人工计算很难完成，而使用计算机则需要很短时间便可精确地解决。

2. 数据处理

数据处理又称信息处理，是目前计算机的主要应用领域。它包括信息的收集、分类、整理、加工、存储等工作，并产生新的信息供管理和决策使用。如我们经常使用的图形图像处理、办公文档、数据统计和分析、企业管理、邮政业务、票据订购等都属于数据处理。

3. 过程控制

过程控制又称实时控制，其特点是及时收集并检测数据，按最佳值调节控制对象。在电力、机械制造、石油化工、冶金、交通等部门采用过程控制，可以提高劳动生产效率、产品质量，减少生产成本、减轻劳动强度、提高自动化水平和控制精确性。

4. 计算机辅助系统

（1）计算机辅助设计（Computer Aided Design，CAD）指使用电子计算机来帮助设计人员提高设计质量、缩短设计周期、提高设计自动化水平。CAD 技术广泛应用于建筑工程设计、服装设计、机械制造设计、船舶设计等行业。

（2）计算机辅助制造（Computer Aided Manufacturing，CAM）指利用计算机通过各种数值控制生产设备，完成产品的加工、装配、检测、包装等生产过程的技术，将 CAD 和 CAM 技术结合则形成计算机集成制造系统 CIMS，从而实现设计生产自动化。

（3）计算机辅助教育（Computer Based Education，CBE）指在传统教育领域的各个方面结合计算机技术产生的一种新型教育技术。具体包括计算机辅助教学（Computer Aided

Instruction，CAI）、计算机辅助管理教学（Computer Managed Instruction，CMI）以及微课技术、MOOC 技术等。

5. 人工智能

人工智能是研究用计算机软、硬件系统模拟人类某些智能行为，如感知、推理、学习、理解等活动的理论和技术。其中最具有代表性、应用最成功的两个领域是专家系统和机器人。

计算机专家系统是一个具有大量专门知识的计算机程序系统。它总结了某个领域的专家知识，构建了知识库。根据这些知识，系统可以对输入的原始数据进行推理，做出判断和决策，以回答用户的咨询。

机器人是人工智能技术的另一个重要应用。目前，世界上有许多机器人工作在各种恶劣环境中，如高温、高辐射、剧毒等环境。在医学中的微创手术领域，机器人也有很广泛的应用。随着技术的进步，机器人的应用前景将非常广阔。

6. 多媒体及网络

多媒体技术是一种以计算机技术为基础，融合通信技术和大众传播技术为一体的，能够交互处理数据、文字、声音和图像等多媒体信息，并与实际应用紧密结合的一种综合性技术。多媒体技术可以应用于教育与培训、信息领域、商业领域、娱乐与服务等领域。

计算机网络是以资源共享和信息传递为目的，其提供的基本服务有信息浏览（WWW）、电子邮件（E-mail）、文件传输（FTP）和远程登录（Telnet）等。

我们经常接触到的网络游戏、网络聊天、远程教育等都属于这类应用。

子任务三　计算机将到哪里去

步骤一：掌握计算机发展趋势

从 20 世纪 80 年代开始，日本、美国和欧洲一些国家纷纷开始进行新一代计算机的研制工作，总体来看，新一代计算机主要有以下几个研究方向。

1. 神经网络计算机

模拟人的大脑思维，从大脑工作模型中抽取计算机设计模型，用许多处理机模仿人脑的神经元结构，可同时并行处理大量实时变化的数据。

2. 量子计算机

是一类遵循量子力学特有的物理现象（特别是量子干涉）来进行高速数学和逻辑运算、存储及处理的量子物理设备。量子计算机如图 1-1-3 所示。

3. 化学生物计算机

运用生物工程技术，将化学制品中的微观碳分子作为信息载体，蛋白分子作为芯片，来实现信息的传输与存储，可以使计算机体积更小，存储量更大，智能性更强。

4. 光计算机

光计算机是用光子替代半导体芯片中的电子，以光信号来代替电信号制成的数字计算机。其优点是速度更快，失真更小，不存在寄生电阻、电容、电感和电子相互作用的问题，可以传输的数据量更大。光计算机如图 1-1-4 所示。

图 1-1-3　量子计算机　　　　　图 1-1-4　光计算机

步骤二：了解生活中的计算机技术有哪些

1. 二维码（图 1-1-5）

二维条码/二维码（2-dimensional Bar Code）是用某种特定的几何图形按一定规律在平面（二维方向上）分布的黑白相间的图形，在代码编制上使用若干个与二进制相对应的几何形体来表示文字数值信息，能存储汉字、数字、和图片等信息。通过图像输入设备或光电扫描设备自动识读以实现信息获取、网络跳转、广告推送、手机电商、防伪溯源、优惠促销、会员管理、手机支付等功能。

二维码本身不会携带病毒，但很多带病毒软件可以利用二维码下载。扫描前先判断二维码发布来源是否权威可信，一般来说，正规的报纸、杂志，以及知名商场的海报上提供的二维码是安全的，但在网站上发布的不知来源的二维码需要引起警惕。应该选用专业的加入了监测功能的扫码工具，扫到可疑网址时，其会有安全提醒。如果通过二维码来安装软件，安装好以后，最好先用杀毒软件扫描一遍再打开。

试一试：使用智能手机的扫码功能，扫描上图中的二维码或者正规报刊网站中的二维码，查看信息。

2. 云计算

这里的"云"（Cloud）可以理解为一块，一个集合（Group），云是网络、互联网的一种比喻说法，它是隶属于互联网的计算集群，可以为你提供一定的计算服务（比你自己完成计算更划算）。

云计算（Cloud Computing）是基于互联网的相关服务的增加、使用和交付模式，通常涉及利用互联网来提供动态的易扩展的而且经常是虚拟化的资源。

图 1-1-5　二维码

如需要进行大量计算，而个人计算机无法满足计算要求时，就可以将数据发送给这个计算集群来帮助我们完成计算工作。事实上，云计算成熟之后，我们不必知道是通过什么计算集群来完成计算任务的，我们需要的只是计算结果。云计算概念图如图 1-1-6 所示。

3. 物联网

物联网是在计算机互联网的基础上，利用 RFID（射频自动识别）、无线数据通信等技术，构造一个覆盖世界上万事万物的网络"Internet of Things"。在这个网络中，物品（商品）能够彼此进行"交流"而无需人的干预。其实质是利用 RFID 技术，通过计算机互联网实现物品（商品）的自动识别和信息的互联与共享。

图 1-1-6 云计算概念图

物联网可分为三层：感知层、网络层和应用层。

感知层是物联网的皮肤和五官。感知层包括二维码标签和识读器、RFID 标签和读写器、摄像头、GPS、传感器、终端、传感器网络等，主要用以识别物体，采集信息，与人体结构中皮肤和五官的作用相似。

网络层是物联网的神经中枢和大脑。网络层包括通信与互联网的融合网络、网络管理中心、信息中心和智能处理中心等。网络层将感知层获取的信息进行传递和处理，类似于人体结构中的神经中枢和大脑。

应用层是物联网与行业专业技术的深度融合，与行业需求结合，实现行业智能化，类似于人的社会分工，最终构成人类社会。

4. 比特币

比特币又称"比特金"，是 P2P 形式的数字货币，它不依靠特定货币机构发行，也不可能操纵发行数量，它是依据特定的算法，通过大量的计算产生，属于一种网络虚拟货币。比特币与其他虚拟货币最大的不同，是其总数量非常有限，具有极强的稀缺性。该货币系统曾在 4 年内只有不超过 1050 万个，之后的总数量将被永久限制在 2100 万个。

比特币从本质来说，其实就是一堆复杂算法所生成的特解。比特币好比人民币的序列号，你知道了某张钞票上的序列号，你就拥有了这张钞票。而挖矿的过程就是通过庞大的计算量不断地去寻求这个方程组的特解，这个方程组被设计成了只有 2100 万个特解，所以比特币的上限就是 2100 万。

要挖掘比特币可以下载专用的比特币运算工具，然后注册各种合作网站，把注册来的用户名和密码填入计算程序中，再单击运算就正式开始。完成比特币客户端安装后，可以直接获得一个比特币地址，当别人付钱的时候，只需要自己把地址贴给别人，就能通过同样的客户端进行付款。在安装好比特币客户端后，它将会分配一个私有密钥和一个公开密钥。需要备份你包含私有密钥的钱包数据，才能保证财产不丢失。如果不幸完全格式化硬盘，个人的比特币将会完全丢失。

比特币可以用来兑现，可以兑换成大多数国家的货币。使用者可以用比特币购买一些虚拟物品，比如网络游戏当中的衣服、帽子、装备等；只要有人接受，还可以使用比特币购买现实生活当中的物品。

 **知识链接**

计算机的分类

小明：为什么我们使用的台式机和超薄笔记本电脑都叫做"微型机"呢，这个是如何定义的呢？

老师：你问的是计算机分类的问题，我们上面讲到了计算机的纵向发展，即"分代"，而横向的发展就是"分类"的问题。

目前，国内外计算机界以及各类教科书中，对于计算机的分类大都是采用国际上沿用的分类方法，即根据美国电气和电子工程师协会（IEEE）的一个委员会于1989年11月提出的标准来划分的，即把计算机划分为巨型机、小巨型机、大型机、小型机、工作站和个人计算机六类。

1．巨型机（Super Computer）

巨型计算机也称为超级计算机，在所有计算机类型中其占地最大，价格最贵，功能最强，浮点运算速度最快。目前世界上只有少数几个国家的少数几个公司（如美国的IBM公司、克雷公司）能够生产巨型机。其运算速度可达每秒数百万乃千万亿次。巨型机的研制水平及其应用程度，已成为衡量一个国家经济实力与科技水平的重要标志。

2．小巨型机（Mini Super Computer）

小巨型计算机又称为桌上型超级计算机，是20世纪80年代出现的新机种。在技术上采用高性能的微处理器组成并行多处理器系统，使巨型机小型化，其功能略低于巨型机，而价格只有巨型机的十分之一，可满足一些有较高应用需求的客户。

3．大型机（Mainframe）

大型计算机也称大型电脑，特点是大型、通用，包括国内常说的大中型机。其整机运算速度可达300750MIPS，即每秒30亿次，具有很强的数据处理和事务管理能力。主要用于大银行、大公司、规模较大的高校和科研院所等。

4．小型机（Mini Computer 或 Mini）

小型机结构简单，可靠性高，成本较低，无需长期培训即可维护和使用，适用于广大中小用户。

5．工作站（Workstation）

工作站计算机是介于PC与小型机之间的一种高档微机，运算速度比微机要快，具有较强的联网功能，适用于特殊的专业领域，如图形图像处理、计算机辅助设计等。

6．个人计算机（Personal Computer，PC）

PC就是我们常说的微机，其功能齐全、软件丰富、价格便宜。PC普及率极高，几乎无所不在，其款式包括台式机、笔记本电脑、掌上型电脑、手表型电脑等。我们平时所能见到的计算机基本都是PC。

课堂实验

1．你经常使用计算机完成哪些工作和进行哪些娱乐项目？
2．在第一台电子计算机诞生以前，人类主要都有哪些计算工具和设备？

任务二 计算机中数据表示与存储

小明是一名大一新生，看到同学有很多都配置了个人电脑，他也想买一台。他去电子产品市场先进行了一番调研。发现个人电脑的参数还真多！特别是存储设备参数都是使用 MB、GB 等单位来度量，这些字母代表什么，究竟有什么含义呢？

任务要求

- 了解数据在计算机中的存储形式。
- 掌握不同数制之间的转换方法。
- 熟悉计算机编码原则。

子任务一 常用的数制

步骤一：认识数制

在日常生活中，人们常用十进制计数，即逢十进一。此外，人们也使用其他的数制，如二进制（两只筷子为一双）、十二进制（十二个月为一年）、二十四进制（二十四小时为一天）、六十进制（六十秒为一分）等。这种逢几进一的计数法，称为进位计数法。这种方法用一种规定的数字来表示任意的数。二进制使用 0 和 1 表示所有的数字；八进制使用 0 到 7 表示所有的数字；十进制使用 0 到 9 表示所有的数字；十六进制需要 16 个符号，0 到 9 是前 10 个，再用 A 到 F 表示后 6 个，计算机就是用二进制数来存储和表示信息的。

表 1-2-1 中列出了十进制数的 0 到 16 转换成其他进制的对应数值。

表 1-2-1 十进制数 0 到 16 转换成其他进制的对应数值

十进制	二进制	八进制	十六进制
0	000	0	0
1	001	1	1
2	010	2	2
3	011	3	3
4	100	4	4
5	101	5	5
6	110	6	6
7	111	7	7
8	1000	10	8
9	1001	11	9
10	1010	12	A
11	1011	13	B
12	1100	14	C
13	1101	15	D
14	1110	16	E
15	1111	17	F
16	10000	20	10

思考

不同的数制有没有相同的法则呢?

在采用进位计数的数字系统中可以遵循一个相同的法则,即如果只用 R 个基本符号,例如(0、1、2、3、…、r-1)表示数值,则称其为基 R 数制,R 称为该数制的基。如二进制,用 2 个符号表示其使用数字的数目,因此,二进制数的基数为 2;同理,八进制数,用 8 个符号表示其使用数字的数目,因此,八进制数的基数为 8。

假定数值 N 用 m+k 个自左向右排列的代码 D_i(-k≤i≤m-1)表示,即:

$$N=D_{m-1}D_{m-2}\cdots D_1D_0.D_{-1}D_{-2}\cdots D_{-k}$$

其中,D_i(-k≤i≤m-1)为该数制采用的基本符号,可取值 0、1、2、3、…、R-1,小数点位隐含在 D_0 和 D_{-1} 位之间,则 $D_{m-1}\cdots D_0$ 为 N 的整数部分,$D_{-1}\cdots D_{-k}$ 为 N 的小数部分。如果每一个 D_i 的单位值都赋以固定值 W_i,则称 W_i 为 D_i 位的权,此时的数制成为有权的基 R 数制。

任何一个数都是由一串数码表示的,每一位所表示的值除其本身的数值外,还与它所处的位置有关,由位置决定的值就叫权。对于十进制,第 i 位的权值就是 10^i。例如,十进制数 5634,D_0 位的数值是 4,位权是 10^0(即 1),D_1 位的数值是 3,位权是 10^1(即 10),D_2 的数值是 6,位权是 10^2(即 100)。

对于 R 进制数,第 i 位的权值可以表示为 R^i,如:

二进制数 11011,D_0 位的数值是 1,权值是 2^0(即 1),D_1 位的数值是 1,权值是 2^1(即 2),D_2 位的数值是 0,权值是 2^2(即 4),D_3 位的数值是 1,权值是 2^3(即 8),D_4 位的数值是 1,权值是 2^4(即 16)。

 知识链接 不同进制数的表示方法

小明:不同的数制会有相同的字符,如都有字符 1 和 0,要怎么才能分辨出一个数字使用的是哪种进制呢?

老师:你说的这个问题的确存在,因此我们要想办法对不同数制进行区分。

同一种数字的组合在不同的进制里可能表示不同大小的数值,如十进制和十六进制里的 10 就表示不同的数值大小。所以在容易混淆的时候,我们需要对其表示的数制进行区分。通常我们使用以下两种方法:

1. 下标法

用小括号将要表示的数括起来,然后在右括号外的右下角写上数制的基数 R,一般我们用( )角标表示不同进制的数据。

例如,十进制数用( )$_{10}$ 表示,二进制数用( )$_2$ 表示。

(12034.34)$_{10}$,表示 12034.34 是十进制数。

(756)$_8$,表示 756 是八进制数。

(110.10101)$_2$,表示 110.10101 是二进制数。

2. 字母法

在计算机里,通常用数字后面跟一个英文字母来表示该数的数制,这个英文字母也称为尾符。十进制数一般用 D(Decimal)、二进制数用 B(Binary)、八进制数用 O(Octal)、十六进制数用 H(Hexadecimal)来表示。

例如，118D 表示 118 是十进制数。
10110010B 表示 10110010 是二进制数。
7630H 表示 7630 是十六进制数。
关于数制的表示，可以参照数制特征对照表（表 1-2-2）。

表 1-2-2　数制特征对照表

数制	基数	位权	运算规则	尾符
十进制	0~9	10^n	逢十进一	D 或 10
二进制	0~1	2^n	逢二进一	B 或 2
八进制	0~7	8^n	逢八进一	O 或 8
十六进制	0~9、A~F	16^n	逢十六进一	H 或 16

步骤二：各种数制数之间的转换

各种数制的数之间可以按照一定的规则相互转换。由于生活中常使用十进制，而计算机则使用二进制，所以下面围绕着这两种数制介绍它们的数与八进制和十六进制的数之间的转换方法。

1. 其他进制数转换为十进制数

进位计数制的数是用位权来表示的，即数字排位顺序与表示的数值大小有关。位权是在一个数中相同数字在不同的位置上代表不同计数的次幂。任何一个数的值都可以用它的按位权展开式表示。

假如 N 是一个由 m 位整数和 n 位小数表示的 p 进制数，N 写作：

$$N_{m-1}N_{m-2}\cdots N_1N_0.N_{-1}\cdots N_{-n+1}N_{-n}$$

其中 N_0 是个位。P 是这个数字的基数，它可以是 2、8、10、16 等。于是按照位权展开式，N 可以表示为：

$$(N)_p = N_{m-1} \times P^{m-1} + N_{m-2} \times P^{m-2} + \cdots + N_1 \times P^1 + N_0 \times P^0 + N_{-1} \times P^{-1} + \cdots + N_{-n+1} \times P^{-n+1} + N_{-n} \times P^{-n}$$

例如，$(3892.14)_{10}$ 可以表示为：

$$(3892.34)_{10} = 3 \times 10^3 + 8 \times 10^2 + 9 \times 10^1 + 2 \times 10^0 + 3 \times 10^{-1} + 4 \times 10^{-2}$$

在这个例子中，十进制数 3892.34 中有两个 3，但它们在不同的位置上所代表的值是不相同的，在千位上代表的是 3000，在十分位上代表的是 0.3。

（1）二进制数转换为十进制数。

二进制数有两个主要特点：

① 有 2 个不同的数字状态：0、1。

② "逢二进一"的进位法，2 是二进制数的基数。

$(1101)_2 = 1 \times 2^3 + 1 \times 2^2 + 0 \times 2^1 + 1 \times 2^0$（每位上的系数只在 0、1 中取用）。

$ = 8 + 4 + 0 + 1$

$ = (13)_{10}$

$(10.01)_2 = 1 \times 2^1 + 0 \times 2^0 + 0 \times 2^{-1} + 1 \times 2^{-2}$

$ = 2 + 0 + 0 + 0.25$

$ = (2.25)_{10}$

（2）八进制数转换为十进制数。

八进制数有两个主要特点：

① 采用 8 个不同的数字状态：0、1、2、3、4、5、6、7。

② "逢八进一"的进位法，8 是八进制数的基数。

$(4723)_8 = 4×8^3+7×8^2+2×8^1+3×8^0$（每位上的系数只在 0~7 中取用）。

$\qquad\qquad = 2048+448+16+3$

$\qquad\qquad = (2515)_{10}$

$(76.14)_8 = 7×8^1+6×8^0+1×8^{-1}+4×8^{-2}$

$\qquad\qquad = 56+6+0.125+0.0625$

$\qquad\qquad = (62.1875)_{10}$

（3）十六进制数转换为十进制数。

十六进制数有两个主要特点：

① 有 16 个不同的数字状态：0、1、2、3、4、5、6、7、8、9、A、B、C、D、E、F（其中后 6 个用字母代表的数字符号其值对应于十进制的 10、11、12、13、14、15）。

② "逢十六进一"的进位法，16 是十六进制数的基数。

$(A3DF)_{16} = A×16^3+3×16^2+D×16^1+F×16^0$

$\qquad\qquad = 10×4096+3×256+13×16+15×1$

$\qquad\qquad = (41951)_{10}$

$(8EC.DB)_{16} = 8×16^2+E×16^1+C×16^0+D×16^{-1}+B×16^{-2}$

$\qquad\qquad = 8×256+14×16+12×1+13×0.0625+11×16^{-2}$

$\qquad\qquad = 2018+224+12+0.8125+0.04296875$

$\qquad\qquad = 2242.85546875$

2. 十进制数转换为其他进制数

将十进制数转换为其他进制数需要分两步，要将整数部分和小数部分分开处理，处理完后再将他们合起来。

● 转换整数部分。

将十进制整数部分转换成其他进制数的整数部分采用"除基取余法"。即将整数部分除以基数，得到一个商和一个余数；继续将商除以基数，又得到一个商和一个余数……直到商等于 0 为止。将每次得到的余数倒序排列，就得到转换结果。

● 转换小数部分。

与整数部分的转换方法相反，小数部分的转换采用乘法来计算，称为"乘基取整法"。即将小数部分乘以基数，得到一个积，记下整数部分。将积的小数部分继续乘以基数，直到积的小数部分为 0。将每次得到的积的整数部分顺序排列，即得到转换结果。

（1）十进制数转换为二进制数。

例如，将十进制整数 25 转换成二进制整数的过程如下：

将余数倒序排列，得 11001，即 $(25)_{10} = (11001)_2$。

例如，将十进制小数部分 0.375 转换成二进制小数，过程如下：

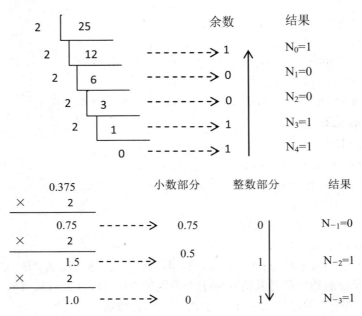

将得到的整数部分顺序排列，得 011，即 $(0.375)_{10}=(0.011)_2$。

（2）十进制数转换为八进制数。

例如，将十进制数 247 转换为八进制数，过程如下：

将余数倒序排列，得 367，即 $(247)_{10}=(367)_8$。

例如，将十进制小数部分 0.90625 转换成八进制小数，过程如下：

将得到的整数部分顺序排列，得 72，即 $(0.90625)_{10}=(0.72)_8$。

需要说明的是，有时候转换后的小数部分不能恰好做到积的小数部分为 0，这时，则只能根据需要，保留需要的小数位数。

例如，将十进制数 671.4463 转换成八进制数。对于这个既有整数部分，又有小数部分的数字，我们需要将其整数部分和小数部分分开转换，过程如下：

整数部分 671 "除基取余"、倒序排列。

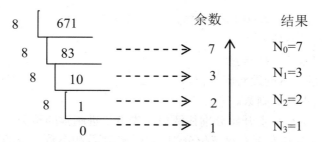

将余数倒序排序，得 1237，则十进制数 671.4463 的整数部分 $(671)_{10}=(1237)_8$。

小数部分 0.4463 "乘基取整"、顺序排列，保留 6 位小数。

0.4463		小数部分	整数部分	结果
× 8				
3.5704	------>	0.5704	3	$N_{-1}=3$
× 8				
4.5632	------>	0.5632	4	$N_{-2}=4$
× 8				
4.5056	------>	0.5056	4	$N_{-3}=4$
× 8				
4.0448	------>	0.0448	4	$N_{-4}=4$
× 8				
0.3584	------>	0.3584	0	$N_{-5}=0$
× 8				
2.8672	------>	0.8672	2	$N_{-6}=2$
……		……	……	……

转换过程可以看出，转换后的小数部分没有做到积的小数部分为 0，但是根据要求，我们做到保留小数点后 6 位即可。我们将得到的整数部分顺序排列，得 344402，则十进制数 671.4463 的小数部分 $(0.4463)_{10}=(0.344402)_8$。因此，

$$(671.4463)_{10}=(1237.344402)_8 （保留 6 为小数）$$

（3）十进制数转换为十六进制数。

例如，将十进制数 231 转换为十六进制数，过程如下：

```
16 │ 231              余数        结果
16 │  14   ------>     7  ↑     N₀=(7)₁₆
        0   ------>    14  │     N₁=(E)₁₆
```

将余数倒序排列，即 $(231)_{10}=(E7)_{16}$。

又如，将十进制小数 0.17578125 转换为十六进制小数，过程如下：

0.17578125		小数部分	整数部分	结果
× 16				
2.8125	------>	0.8125	2	$N_{-1}=(2)_{16}$
× 16				
13.0	------>	0	13	$N_{-2}=(D)_{16}$

将整数部分顺序排列,即(0.17578125)$_{10}$=(2D)$_{16}$。

3. 其他进制数之间的转换

(1) 二进制数和八进制数的转换。

转换原则:每三位二进制数对应一位八进制数。

① 二进制数转换为八进制数。

"三位一并"法:从小数点开始分别往两边,先将二进制数的整数部分从右向左每三位分为一组,再将小数部分从左至右每三位分为一组,若整数和小数部分的最后一组不足三位时,则用0补足三位,每一组对应一位八进制数。

例如,将(1001111.0111)$_2$转换为八进制数。过程如下:

先对(1001111.0111)$_2$进行分组补0,可以将其写成($\boxed{00}$1 001 111. 011 1$\boxed{00}$)$_2$,即为了满足每三位一组,在整数部分不足三位时,在整数前面补0,而在小数部分不足三位时,在小数后面补0。例题中带方框的数字0为补位所用。

然后,根据"三位一并"法进行转换。

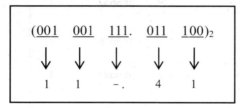

所以,(1001111.0111)$_2$=(117.34)$_8$。

② 八进制数转换为二进制数。

"一分为三"法:每位八进制数用三位二进制数代替。

例如:将(56.103)$_8$转换为二进制数。过程如下:

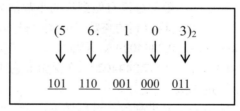

所以,(56.103)$_8$=(101110.000011)$_2$。

(2) 二进制数和十六进制数的转换。

转换原则:每四位二进制对应一位十六进制数。

① 二进制数转换为十六进制数。

"四位一并"法:从小数点开始分别往两边,先将二进制数的整数部分从右向左每四位分为一组,再将小数部分从左至右每四位分为一组,若整数和小数部分的最后一组不足四位时,则用0补足四位,每一组对应一位十六进制数。

例如:将(11101001010.101101)$_2$转换为十六进制数,可以将其写成:
($\boxed{0}$111 0100 1010.1011 01$\boxed{00}$)$_2$

然后,根据"四位一并"法进行转换。

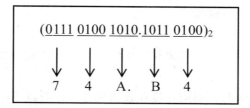

所以，(11101001010.101101)₂=(74A.B4)₁₆。

② 十六进制数转换为二进制数。

"一分为四"法：每位十六进制数用四位二进制数代替。

例如：将(257.DB8)₁₆转换为二进制数。过程如下：

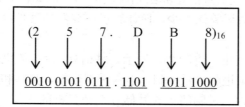

所以，(257.DB8)₁₆=(1001010111.110110111)₂。

(3) 八进制数和十六进制数的转换。

八进制数转换为十六进制数算法通常有两种方法，一种是先将八进制数转换成二进制数，再将二进制数转换成十六进制数。另一种是先将八进制数转换成十进制数，再将十进制数转换成十六进制数。假如八进制数为 36.25，先用第一种方法，转换成二进制数为 011110.010101，再转换成十六进制数为 1E.54；用第二种方法时，先将该八进制数转换成十进制数，为(30.28125)₁₀，再将十进制数转换成十六进制数为 1E.54。

即"八进制→ 二进制→十六进制"或"八进制→十进制→十六进制"。

通过比较以上两种方法，我们可以看出，进行八进制数与十六进制数之间的转换时，借助二进制数来转换的方法比较简便。

子任务二 计算机内数据的存储

步骤一：了解计算机内部的二进制数字世界

小明：计算机里能存储的数据种类可真多，它们是以怎样的形式放在计算机里的呢？

老师：计算机有它们特有的语言，即二进制形式数据，下面我们就来认识一下计算机里的二进制数据吧！

计算机中可以存储很多种信息，汉字、图像、音频、视频等，那么他们是以什么形式保存在计算机中的呢？小明带着疑问去咨询老师。

老师告诉他，在计算机内部采用二进制数来保存数据和信息。无论是指令还是数据，若想存入计算机中，都必须采用二进制数编码形式，即使是图形、图像、声音等信息，也必须转换成二进制，才能存入计算机中。

思考

为什么在计算机中必须使用二进制数编码形式进行文件的储存，而不使用人们习惯的十进制数？

在计算机中采用二进制数编码形式保存数据和信息，有以下优势：

● 易于物理实现。因为具有两种稳定状态的物理器件很多，如电路的导通与截止、电压的高与低、磁性材料的正向极化与反向极化等，它们恰好对应表示 1 和 0 两个符号。

● 机器可靠性高。由于电压的高低、电流的有无等都是一种跃变，两种状态分明，所以 0 和 1 两个数的传输和处理抗干扰性强，不易出错，鉴别信息的可靠性好。

● 运算规则简单。二进制数的运算法则比较简单，例如，二进制数的四则运算法则分别只有三条。由于二进制数运算法则少，使计算机运算器的硬件结构大大简化，控制也就简单多了。

虽然在计算机内部都使用二进制数来表示各种信息，但计算机仍采用人们熟悉和便于阅读的形式与外部联系，如十进制、八进制、十六进制数据、文字和图形信息等，由计算机系统将各种形式的信息转化为二进制的形式并储存在计算机的内部。

步骤二：了解数据的存储单位

1. 位（bit）

计算机所处理的数据信息，是以二进制数编码表示的。其二进制数字"0"和"1"是构成信息的最小单位，称作"位"，或者比特（bit）。位是计算机内部数据储存的最小单位，如 11010100 是一个 8 位二进制数。

2. 字节（Byte）

字节（Byte）是计算机信息技术用于计量存储容量和传输容量的一种计量单位，一个字节等于 8 位二进制数，在 UTF-8 编码中，一个英文字符等于一个字节，一个中文（含繁体）等于三个字节，在 Unicode 编码中，一个英文等于两个字节，一个中文（含繁体）等于两个字节。

数据存储是以"字节"为单位，数据传输是以"位"为单位，一个位就代表一个 0 或 1（即二进制），每 8 个位（bit）组成一个字节（Byte），即

$$8bit=1Byte$$

1b 不等于 1B

数据存储是以十进制表示的，数据传输是以二进制表示的，所以 1KB 不等于 1000B，$1KB=2^{10}Byte=1024×8bit$。

其中 $1024=2^{10}$（2 的 10 次方），

1KB（Kibibyte，千字节）=1024B，

1MB（Mebibyte，兆字节，简称"兆"）=1024KB，

1GB（Gigabyte，吉字节，又称"千兆"）=1024MB，

1TB（Terabyte，万亿字节，太字节）=1024GB，

1PB（Petabyte，千万亿字节，拍字节）=1024TB，

1EB（Exabyte，百亿亿字节，艾字节）=1024PB，

1ZB（Zettabyte，十万亿亿字节，泽字节）=1024EB，

1YB（Yottabyte，一亿亿亿字节，尧字节）=1024ZB，

1BB（Brontobyte，一千亿亿亿字节）=1024YB。

3. 字

计算机进行数据处理时，一次存取、加工和传送的数据长度称为字（Word）。一个字通常由一个或多个（一般是字节的整数位）字节构成。例如，286 微机的字由 2 个字节组成，它的字长为 16；486 微机的字由 4 个字节组成，它的字长为 32 位机。计算机的字长决定了其 CPU 一次操作处理实际位数的多少，由此可见计算机的字长越大，其性能越优越。

在计算机中作为一个整体被存取、传送、处理的二进制数字符串叫做一个字或单元，每个字中二进制位数的长度，称为字长。一个字由若干个字节组成，不同的计算机系统的字长是不同的，常见的有 8 位、16 位、32 位、64 位等，字长越长，计算机一次处理的信息位就越多，精度就越高，字长是计算机性能的一个重要指标。目前，主流微机都是 32 位机或 64 位机。

字与字长的区别

字是单位，而字长是指标，指标需要用单位去衡量。正像生活中重量与公斤的关系，公斤是单位，重量是指标，重量需要用公斤加以衡量。

4. 字长

计算机的每个字所包含的位数称为字长。根据计算机的不同，字长有固定的和可变的两种。固定字长，即字长度不论什么情况都是固定不变的；可变字长，即在一定范围内，其长度是可变的。

计算的字长是指它一次可处理的二进制数字的数目。计算机处理数据的速率，自然和它一次能加工的位数以及进行运算的快慢有关。如果一台计算机的字长是另一台计算机的两倍，即使两台计算机的速度相同，在相同的时间内，前者能做的工作是后者的两倍。字长是衡量计算机性能的一个重要因素。

步骤三：计算机中非数值数据的表示

计算机是处理信息的工具，而信息既包括数字这样的数值信息，也包括文字符号、图形、声音等非数值信息。

1. 字符的表示

在计算机处理信息的过程中，要处理数值数据和字符数据，因此需要将数字、运算符、字母、标点符号等字符用二进制编码来表示、存储和处理。目前通用的是美国国家标准学会规定的 ASCII 码（表 1-2-3），即美国标准信息交换代码。每个字符用 7 位二进制数来表示，共有 128 种状态，这 128 种状态表示了 128 种字符，包括大小字母、0……9、其他符号、控

制符。

表 1-2-3 7 位 ASCII 码表

16 进制		高三位	0X00	0X01	0X02	0X03	0X04	0X05	0X06	0X07
	十进制		0	1	2	3	4	5	6	7
低四位		二进制	000	001	010	011	100	101	110	111
0X00	0	0000	NUL	DEL	SP	0	@	P	`	p
0X01	1	0001	SOH	DC1	!	1	A	Q	a	q
0X02	2	0010	STX	DC2	"	2	B	R	b	r
0X03	3	0011	ETX	DC3	#	3	C	S	c	s
0X04	4	0100	EOT	DC4	$	4	D	T	d	t
0X05	5	0101	ENQ	NAK	%	5	E	U	e	u
0X06	6	0110	ACK	SYN	&	6	F	V	f	v
0X07	7	0111	BEL	ETB	'	7	G	W	g	w
0X08	8	1000	BS	CAN	(	8	H	X	h	x
0X09	9	1001	HT	EM	)	9	I	Y	i	y
0X0A	10	1010	LF	SUB	*	:	J	Z	j	z
0X0B	11	1011	VT	ESC	+	;	K	[	k	{
0X0C	12	1100	FF	FS	,	<	L	\	l	|
0X0D	13	1101	CR	GS	-	=	M	]	m	}
0X0E	14	1110	SO	RS	.	>	N	^	n	~
0X0F	15	1111	SI	US	/	?	O	_	o	DEL

2. 汉字的数字化表示

（1）汉字输入码。

汉字输入方法大体可分为：区位码（数字码）、音码、形码、音形码。

区位码：优点是无重码或重码率低，缺点是难于记忆。

例题：一个汉字的机内码目前通常用 2 个字节来表示：第一个字节是区码的区号加（160）$_{10}$；第二个字节是区位码的位码加（160）$_{10}$。

已知：汉字"却"的区位码是 4020，试写出机内码两个字节的二进制的代码：

答案"却"的机内码是 160+40=200，其二进制代码是（11001000）$_2$；"却"的机内码是 160+20=180，其二进制代码是（10110100）$_2$。

| 1 | 1 | 0 | 0 | 1 | 0 | 0 | 0 |
| 1 | 0 | 1 | 1 | 0 | 1 | 0 | 0 |

音码：优点是大多数人都易于掌握，但同音字多，重码率高，影响输入的速度。

形码：根据汉字的字形进行编码，编码的规则较多，难于记忆，必须经过训练才能较好地掌握；重码率低。

音形码：将音码和形码结合起来，输入汉字，减少重码率，提高汉字输入速度。

（2）汉字交换码。

汉字交换码是指不同的具有汉字处理功能的计算机系统之间在交换汉字信息时所使用

的代码标准。自国家标准 GB2312－80 公布以来，我国一直沿用该标准所规定的国标码作为统一的汉字信息交换码。

GB2312－80 标准包括了 6763 个汉字，按其使用频度分为一级汉字 3755 个和二级汉字 3008 个。一级汉字按拼音排序，二级汉字按部首排序。此外，该标准还包括标点符号、数种西文字母、图形、数码等符号 682 个。

区位码的区码和位码均采用从 01 到 94 的十进制，国标码采用十六进制的 21H 到 73H。区位码和国标码的换算关系是：区码和位码分别加上十进制数 32。如"国"字在表中的 25 行 90 列，其区位码为 2590，国标码是 397AH。

3. 字符和汉字的输出

字符和汉字除用"内码"被表示、存储和处理外，另一个重要的表示是字符和汉字的"图形"字符输出，即显示和打印出字符和汉字的外部形状。为此，计算机系统必须维护一个"字库"，存储每一个字符或汉字的可视字形。这种可视字形称为"字模"。字模犹如印刷厂里活字排版用的铅字；不同的是计算机字库中对每一个字符或汉字只保存一个字模，而印刷厂却要保存许多铅字。字库有 ASCII 字符字库和汉字字库，分别存储字符字模和汉字字模。

字符字模和字库：建立字模的一种方法是"点阵"法。一个字母，如"A"，用 7×5 的点阵表示它，即每一个字符占据 7 行 5 列网格的面积。在这个网格上用笔涂写一个字符图形，凡笔经过的格子涂成黑色，笔没有经过的格子保留白色，如图 1-2-1 所示。

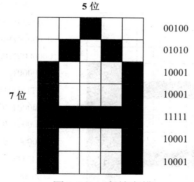

图 1-2-1　字符字模

根据字符的网格，用一组二进制数表示它。字符 A 的字模对应的一组二进制数是：0011111，0100100，1000100，0100100，0011111，表示成 16 进制是：1F，24，44，24，1F。这一组二进制数，称为"位图"(Bitmap)，就表示了一个字符。所有字符的字模集中在一起，就构成字符的字库。对 ASCII 字符而言，最多只有 128 个字模。字库中的每一个字模与该字符的内码（即字符编码）之间建立一种对应关系。使当已知一个字符的内码时，就能按已规定的对应关系获得该字符的字模（即它的位图），并送到输出设备上显示出来。

如图 1-2-2 所示，展示了利用字库显示字符的工作原理。当 CPU 产生一个字符（如 A），要在显示器上显示；则 CPU 把字符的内码（如 41H）送到显示器的显示存储器中，显示器根据内码从字库读出字形信息（即 A 的字模信息），送到显示器并显示在屏幕上。

汉字字模和字库与字符的字模和字库的表示方法类似，一个汉字，如"中"，亦用点阵表示之。只是汉字有各种不同的字体、字形和字号，要用不同规格的点阵表示之。如有 16×16，16×32，32×32，48×48，…等规格的汉字点阵，每一个点在存储器中用一个二进制位（bit）存储。例如，在 16×16 的点阵中，需 8×32 bit 的存储空间，每 8 bit 为 1 字节，所以，需 32

字节的存储空间。在相同点阵中,不管其笔画繁简,每个汉字所占的字节数相等。所有汉字字模集中在一起存储和管理,即形成汉字字库。如图1-2-3所示,是通常用于显示器的16×16点阵汉字字模。

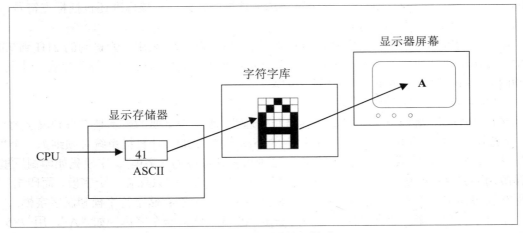

图 1-2-2 字符显示的工作原理

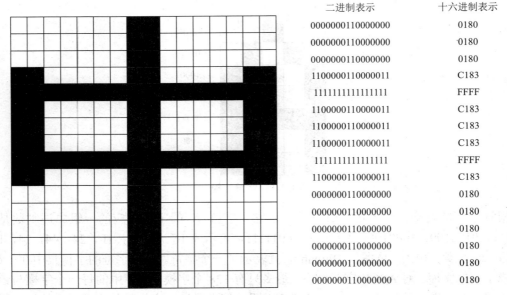

图 1-2-3 汉字点阵

汉字字库的管理和使用与字符字库雷同,不再赘述。但是,汉字字库较字符字库而言要大得多。一般地,字符字模不超过 128 个,而汉字字库却数以万计,管理和使用技术也艰难得多。当然,汉字字模的点阵表示不是唯一的方法,近年来还有诸如用矢量法表示汉字字模。所谓的矢量汉字是指用矢量方法将汉字点阵字模进行压缩后得到的汉字字形的数字化信息。矢量表示法是为了节省存储空间而采用的字形数据压缩技术。

4. 其他信息的数字化

（1）图像信息的数字化。

一幅图像可以看作是由一个个像素点构成的信息，图像的信息化，就是对每个像素用若干个二进制数码进行编码。图像信息数字化化后，往往还要进行压缩。

图像文件的后缀名有".bmp"".gif"".jpg"等；

（2）声音信息的数字化。

自然界的声音是一种连续变化的模拟信息，可以采用 A/D 转换器对声音信息进行数字化。声音文件的后缀名有".wav"".mp3"等；

（3）视频信息的数字化。

视频信息可以看成连续变换的多幅图像，播放视频信息，每秒需传输和处理 24 幅以上的图像。视频信息数字化后的存储量相当大，所以需要进行压缩处理。视频文件后缀名有".avi"".mpg"等；

 知识链接　二进制的发明

小明：二进制数这么神奇，是谁发明的二进制数呢？

二进制是由德国伟大的数学家、物理学家、唯心主义哲学家莱布尼茨发明的。现存的莱布尼茨一份拉丁文手稿题为《二进制算术》，写于 1679 年 3 月 15 日。

课堂实验

用所学的知识做以下练习：

1. （563.25）$_{10}$=（　　　）$_2$=（　　　）$_8$=（　　　）$_{16}$
2. （100111100011）$_2$=（　　　）$_{10}$=（　　　）$_8$=（　　　）$_{16}$
3. （AC36）$_{16}$=（　　　）$_2$=（　　　）$_8$=（　　　）$_{10}$

任务三　配置我的第一台电脑

小明刚刚踏入大学校园，在大学的学习中，很多地方都要用到电脑，为了满足学习的需要，他想选购自己满意的电脑，那么电脑到底应该怎么配置呢？

 任务要求

➤ 了解计算机系统的组成。
➤ 掌握根据实际情况合理选购电脑的方法。
➤ 掌握计算机硬件的检测方法。

子任务一　计算机的基本组成

在上大学之前，小明对电脑没有太多的接触，购买计算机的预算也不是很多，到底应该如何购买自己需要的电脑？这可难坏了小明，生怕花了钱没买到合适的电脑。正好入学的第一学期就开设了《计算机应用基础》课程，于是小明找到老师进行求助。

小明：老师，我想买一台电脑，给我出出主意吧。

老师：现在市场上电脑种类非常多，有台式机、笔记本、一体机、上网本、平板电脑等，你想买哪一种？

小明：啊！这么麻烦，原来计算机有这么多种，那价格呢？

步骤一：了解市面主流机型有哪些

按照不同的分类方式，计算机的种类非常多，大到我国的银河巨型机、天河超级计算机，小到掌上型计算机，品种繁多。但是我们家庭和办公室最常用的主要有以下几类。

1. 台式机

台式机相对于笔记本电脑而言其体积比较大，主机、显示器、键盘和鼠标相对分离，在性能方面台式机相对比笔记本要强，运行速度更快，但占用空间更大，不易携带，台式机又分品牌机和兼容机。品牌机售价为 2500 元~10000 元，兼容机相对于品牌机价格上有优势，但稳定性不如品牌机，可根据个人需求选配硬件。台式机如图 1-3-1 所示。

2. 笔记本电脑

笔记本电脑也称手提电脑，将电脑主机与显示器、键盘和触控面板集成在一起，相对于台式机来说，便于携带，价格相对台式机要更高。目前，主流的笔记本电脑的市场售价为 3000 元~12000 元。笔记本电脑如图 1-3-2 所示。

另外，外形小巧轻薄、色彩绚丽轻便和低配置的上网本也属于笔记本的一种，如图 1-3-3 所示。

图 1-3-1　台式机　　　　　　　　　图 1-3-2　笔记本电脑

3. 一体机

介于台式机和笔记本之间，由显示器、鼠标和键盘组成，原台式机主机中的硬件集成在了显示器中，节省了空间。一体机比台式机占用空间更小，但不能折叠，没有充电电池，不具备笔记本电脑的便携性。随着无线连接技术的发展，鼠标和键盘都能与主机实现无线连接，也就是鼠标和键盘不需要通过数据线与机器连接，通过无线技术便能操控电脑。目前主流的一体机市场售价为 3000 元~15000 元。一体机如图 1-3-4 所示。

4. 掌上电脑

在配置上比笔记本更加简单，能实现管理个人信息、浏览网页等基本的功能，其核心技术是嵌入式操作系统。我们现在使用的智能手机就是在掌上电脑的基础上增加了手机通信功能。智能手机的价格在几百元到几千元不等。掌上电脑如图 1-3-5。

图 1-3-3　上网本

图 1-3-4　一体机

5. 平板电脑

从概念上来讲，平板电脑是一种无须翻盖、没有键盘、体积较小、使用触摸屏幕的电脑。目前，市场上平板电脑品牌也多种多样，常见的品牌有苹果、三星等。目前，平板电脑售价为 2000～4000 元。平板电脑如图 1-3-6 所示。

图 1-3-5　掌上电脑

图 1-3-6　平板电脑

小明：谢谢老师的介绍，使我对主流的 PC 机型有了一定的认识。您刚才说了很多品牌，不知道哪个牌子好一些呢？

老师：其实除了品牌机之外还有兼容机，性价比比品牌机要好，下面我讲一下二者的区别，供你参考吧！

步骤二：了解品牌机和兼容机（组装机）的区别

1. 品牌机

计算机有明确的品牌，由公司对计算机的硬件进行组装，通过兼容性测试后出售的整套的计算机，有良好的质量保证，以及完整的售后服务，但价格相对昂贵。品牌机的针对对象就是机关、企事业单位，对价格不是太敏感，要求有更高的稳定性、质量以及售后服务。目前市场上主流的品牌机有：联想（Lenovo）、惠普（HP）、华硕（ASUS）、神州（HASEE）、东芝（TOSHIBA）、索尼（SONY）、宏碁（Acer）、苹果（APPLE）、戴尔（DELL）等。

2. 兼容机

兼容机又称组装机，是将电脑配件（CPU、主板、电源、内存、硬盘、显卡、光驱、机箱、键盘鼠标、显示器）自行组装到一起的电脑，目前数码广场的销售商都能提供组装服务，用户只需选择配置就可以。相对品牌机，组装机性价比更高，主要针对普通家庭用户，根据选择配件的质量和性能决定计算机的稳定性。

目前，电脑市场五花八门，牌号众多，产品进货渠道复杂，单从外表比较难以辨别其优劣，因此，选购时尽量买品牌机，即购买一些国内外名牌产品，这些产品的质量和售后均有保证，但价格会贵一些。如选用兼容机（即组装机，因其价格比品牌机便宜近半，因此也很受工薪阶层家庭欢迎），一定要请内行当参谋，否则是难以保证质量的。目前，我国计算机市场货源充足，品牌型号众多，既有国外的品牌机，如苹果、惠普、戴尔等公司的产品，也有国内信誉度较好的国产名牌，如联想等，还有各种型号兼容机供用户挑选，可以参考网络权威机构对计算机的质量和服务的评价。

老师：刚才介绍了那么多，到底什么样的电脑适合你，还要你自己选择。

小明：我还是买一台兼容机吧，性价比比较高嘛！

老师：要买兼容机，需要了解的东西就更多了，需要熟悉计算机的硬件配置，下面我来介绍一下计算机的主要组成配件，供你选择配件时参考！

3. PC 的主要配件

计算机基本配置包括：主板、CPU、内存、光驱、硬盘、键盘、鼠标、显示器、机箱和电源。

图 1-3-7　计算机主板

（1）主板。主板是计算机中最基础的部件之一，随着计算机技术的发展，主板一般都是模块化设计的，每个功能块由不同芯片来完成（图 1-3-7）。主板上包括 CPU 插座、内存插槽、芯片组、PCI 扩展槽、电源插座、IDE 插槽、BIOS、CMOS、USB 接口等，在选购主板过程中主要参照其能支持何种类型的 CPU，内存类型，是否支持独立显卡，能支持多少数量 PCI 设备以及是否支持 USB3.0 等。目前，市场上主流的主板品牌有技嘉（GIGABYTE）、华硕（ASUS）、微星（MSI）。目前市场上，主板的价格在几百元到上千元不等。

（2）CPU。中央处理器 CPU 是 Central Processing Unit 的缩写，是计算机的主要核心部件，计算机所有的运算都是由 CPU 完成的，它控制着整个计算机系统的运行。CPU 主要由逻辑运算单元、控制单元和存储单元组成。CPU 是一块超大规模集成电路，由上千万乃至上亿个晶体管组成，CPU 的主要参数主要有核心数、主频、缓存、多媒体指令集、制造工艺等。

核心数：CPU 的物理核心，有几个物理核心就称作几个核心处理器，如一个 CPU 封装了两个物理核心就称为双核处理器，如果将 CPU 的核心比喻为人的大脑的话，双核处理器就可以是人的两个大脑。目前，市场上多为双核和四核 CPU。

主频：CPU 内核运行的时钟频率。一般计算机主频的单位为 GHz，CPU 的主频与实际的 CPU 运行速度存在一定的联系，CPU 的运行速度除主频外还要考虑缓存和指令集等多种因素，但提高 CPU 的主频对提高 CPU 的运行速度是至关重要的。

缓存：缓存是 CPU 与内存之间的临时存储器，它比内存的容量要小得多，但数据交换速度要远远高于内存，主要是为了解决 CPU 的处理速度与内存之间数据交换速度不匹配的问题。缓存分为一级、二级、三级和四级缓存，目前应用于 PC 上的多为三级缓存，缓存容量越大、缓存数越多，CPU 的整体性能越好。

市场上主流的处理器品牌主要有 INTEL 和 AMD。INTEL 处理器的稳定性更强，发热控制比较好，INTEL 公司处理器在技术上和制作工艺上一直都是领先的，但价格相对较高。以 INTEL core i7 4790k 处理器为例（图 1-3-8），其市场指导价格约为 2000 元，主要性能指标如下：

型号	INTEL core i7 4790k	核心类型	Haswell
生产工艺	22 纳米	主频	4.0GHz
核心数量	四 核	三级缓存	8M

而 AMD 处理器的性价比较高，但在发热控制上和稳定性上没有 INTEL 做得好，以 AMD FX-8350 CPU 为例，市场价格约为 1000 元，主要性能指标为：

型号	AMD FX-8350	核心类型	Piledriver
生产工艺	32 纳米	主频	4.0GHz
核心数量	八 核	三级缓存	8M

AMD 处理器以其极高的性价比受到广大家庭用户的青睐，为打入低端处理器市场，英特尔公司特别推出了英特尔赛扬处理器（Celeron（R））。目前，市场上赛扬 G 系列的处理器在 200 元到 300 元之间。

（3）内存。内存（又称内部存储器）是 CPU 与硬盘等外部存储设备进行沟通的桥梁，其作用是暂时存放 CPU 中的运算数据以及与外部存储设备进行数据交换（图 1-3-9 和图 1-3-10）。计算机中所有程序的运行都是在内存中进行的，内存的特点是读取速度快。当某一个程序要运行时，CPU 需要读取程序中的数据，系统首先将这些数据存入到内存，以便 CPU 能更高速地访问数据，当程序结束时，内存会释放空间，将数据写到硬盘中。内存的性能指标主要有内存大小、内存类型、频率以及兼容性等。

通常根据断电后数据是否会丢失，可以将内存分为只读存储器和随机存储器两种。

● 只读存储器 ROM（Read Only Memory）：只能从存储器中读取，不能写入或被修改，存储的信息不会因为断电而消失。

● 随机存储器 RAM（Random Access Memory）：可以进行任意的读写操作，一旦断电，存储的信息将会丢失。我们常说的内存条就属于随机存储器。

图 1-3-8　CPU　　　　图 1-3-9　笔记本内存　　　　图 1-3-10　台式机内存

目前，市场上主流的内存大小有 2GB、4GB 等容量；内存频率分为工作频率和等效频率，内存的等效频率是实际工作频率的 2 倍。比如 DDR2 800，其中 DDR2 就是内存的类型，其等效频率是 800MHz，实际工作频率就是 800/2＝400MHz。目前，市场上比较主流的内存有 DDR2 667、DDR2 800、DDR3 1066、DDR3 1333 等；兼容性是指一台计算机上插不同品牌的两根内存条时是否出现异常情况。

（4）硬盘 硬盘属于计算机的外部存储设备，是计算机的主要的存储媒介，计算机中的数据一般都是通过硬盘来存储的，硬盘主要包括盘片、磁头、盘片主轴、控制电机马达、磁头控制器、数据转换器、接口等几个部分。硬盘分为机械硬盘（图1-3-11）、固态硬盘（图1-3-12）和混合硬盘。

硬盘。按接口可分为IDE与SCSI两大类，对于普通用户而言，一般计算机硬盘普遍是IDE接口，它也是最为常见的一种接口类型；目前，市场中硬盘的容量一般可达到500GB甚至1TB，在选购硬盘过程中，只要是价格可以接受，硬盘容量越大越好。

机械磁盘速度越快，传输速率就越高，目前，常见的有5400转和7200转两种硬盘。

固态硬盘的工作原理不同于机械硬盘，固态硬盘是用电子芯片的阵列制成的硬盘，不用磁头，没有高速旋转的盘片，依靠闪存颗粒完成对数据的读写，具有读写速度快、抗震能力强、噪声小、低功耗等特点，但价格相对于机械硬盘要昂贵。

图1-3-11　机械硬盘　　　　图1-3-12　固态硬盘

（5）电源。计算机内部的工作电压一般为±12V和±5V直流电，而市电一般为220V交流电，所以计算机要想正常工作，需要将市电进行转换，计算机电源就是一个转换器，是安装在主机箱内的独立部件，为计算机主板、硬盘等部件进行供电。

（6）显卡。显卡全称为显示接口卡，是连接主机与显示器的接口，它的作用是将主机输出的数据转换成字符、图像等信息。显卡分为核心显卡、独立显卡和集成显卡。集成显卡是将显示卡集成在主板上，独立显卡需要插在主板的插槽中，技术领先于集成显卡，占用空间较大，多用于台式机；而核心显卡是新一代显卡，整合在处理器中，占用空间小，多用于笔记本电脑。

（7）网卡。网卡又称网络接口卡，是计算机与外界网络连接的接口，网卡一般集成在主板中。

（8）键盘。计算机的基本输入设备，通常键盘由功能键区、主键盘区、编辑键区、辅助键区（又称小键盘区）和状态指示区组成，如图1-3-13所示。在选购键盘的过程中主要考虑手感、外观、做工和噪声等因素。

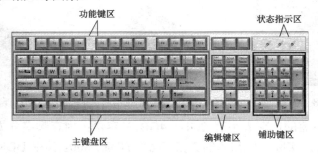

图1-3-13　键盘

（9）鼠标。鼠标（Mouse）也是计算机的基本输入设备。随着计算机硬件技术的发展，根据工作原理，鼠标分为机械鼠标、光电鼠标、无线鼠标三大类，如图 1-3-14～图 1-3-16 所示。

机械鼠标：机械鼠标底部有一个小滚球，靠滚球的转动控制鼠标光标移动。

光电鼠标：通过激光或红外线来检测鼠标的位置移动，控制屏幕上的光标的移动。目前，光电鼠标基本取代了机械鼠标。

无线鼠标：利用无线技术把鼠标的移动、按键按下或抬起的信息转换成无线信号并发送给主机。

图 1-3-14　机械鼠标　　　　图 1-3-15　光电鼠标　　　　图 1-3-16　无线鼠标

（10）显示器。显示器是属于电脑的 I/O 设备，属于输出设备，目前用于个人计算机的主要有 CRT 显示器和液晶显示器两种。CRT 显示器占用空间较大，基本上已经被液晶显示器替代；随着技术的发展，液晶显示器可以分为 LCD、LED 和 IPS 等几种，价格上也是 IPS 显示器最昂贵。CRT 显示器和 LCD 显示器分别如图 1-3-17 和图 1-3-18 所示。

图 1-3-17　CRT 显示器　　　　图 1-3-18　LCD 显示器

小明：谢谢老师，我基本明白了，也就是说，我把买了的这些硬件，全都装进计算机的机箱里，就能用了吧。

老师：全部安装完成的机器我们称作"裸机"，要想使用还需要安装操作系统和各种应用软件。有了软硬件的支持，才能在总线上进行各种数据的传输。

小明：软件我知道，那总线又是什么呢？

 知识链接

1. 总线

总线（Bus）是计算机各种功能部件之间传送信息的公共通信干线，它的作用就像信息高速公路，计算机主机的各个硬件需要通过总线连接在一起，总线是连接计算机各个部件的通道,CPU、内存、I/O设备等均要通过总线来传递数据。

按照传输信号的不同,总线包括数据总线、地址总线和控制总线,分别用来传输数据、数据地址和控制信号。

按照表现形式,总线可分为物理总线和逻辑总线两大类,我们上面所说的就是逻辑总线,它是看不见、摸不到的。除此之外还有物理总线,它是看得见、摸得到的,用来连接各个硬件,包括主板上的各种插槽、接口等。

2. 计算机系统的组成

完整的计算机系统(图1-3-19)应该包括两大组成部分,即计算机硬件系统和计算机软件系统。

计算机硬件系统包括主机和外部设备两大部分,主机又包括中央处理器和内部存储区;外部设备包括外部存储器、输入和输出设备。

外部存储器:计算机硬盘、光盘、U盘等。

输入设备:键盘、鼠标、扫描仪、数码摄像机等。

输出设备:显示器、打印机等。

计算机软件系统包括系统软件和应用软件。计算机系统软件包括计算机的操作系统(如操作系统包括DOS、UNIX、Liunx、微软公司的Windows系列以及苹果公司的IOS系列等)、编译和解释程序、数据库等;应用软件是为满足用户在不同领域、不同问题的应用需求而提供的那部分软件。

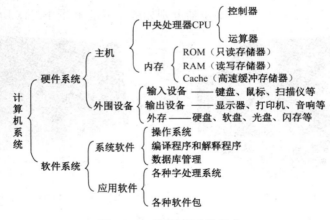

图1-3-19 计算机系统组成

子任务二 计算机硬件检测

小明在老师的帮助下,到电脑城购买了一台兼容机,计算机性能不错,价格不贵还学到了好多计算机的知识。看着自己亲自选择的配件组装的崭新电脑,小明心里充满了自豪感和成就感。

老师:目前市场上计算机硬件千差万别,一不小心就会上了商家的当,一定要仔细检查自己买到的计算机硬件是否和商家标示的相符,以免商家以次充好。

小明:哦,那我们如何检测硬件配置呢?

老师：市面上的硬件检测软件有很多种，使用方法都很相似，我这手头正好有一款"鲁大师"硬件检测工具，下面我来演示一下使用方法。

"鲁大师"硬件检测工具软件提供了硬件体检、硬件检测、温度管理、性能测试、驱动管理等功能，如图1-3-20所示。

图1-3-20　"鲁大师"软件主界面

步骤一：计算机硬件概况

在硬件检测功能中，我们可以看到电脑概览、硬件健康、处理器信息、主板信息等。其中在电脑概览中，我们可以检测到各个主要部件的型号（图1-3-21）。

电脑型号	惠普 HP Pro 3380 MT 台式电脑
操作系统	Windows 7 旗舰版 32 位 SP1（DirectX 11）
处理器	英特尔第三代酷睿 i3-3240 @ 3.40GHz 双核
主板	富士康 17A0（英特尔 Ivy Bridge - H61 芯片组）
内存	4 GB（三星 DDR3 1600MHz）
主硬盘	希捷 ST500DM002-1BD142（500 GB / 7200 转/分）
显卡	英特尔 Ivy Bridge Graphics Controller（1544 MB / 惠普）
显示器	惠普 HWP3109 HP V195（19.4 英寸）
光驱	惠普 CDDVDW SH-216DB DVD 刻录机
声卡	瑞昱 ALC662 高保真音频
网卡	瑞昱 RTL8168E PCI-E Gigabit Ethernet NIC / 惠普

步骤二：计算机处理器信息

从图1-3-22中，我们可以看到处理器型号是"英特尔第三代酷睿 i3-3240 @ 3.40GHz 双核"处理器，处理速度是3.47GHz；生产工艺是22nm；三级缓存；支持64位操作系统（EM64T）。

图 1-3-21　电脑概览

图 1-3-22　处理器信息

步骤三：主板信息

从图 1-3-23 中，我们可以得知主板芯片组采用"英特尔 Ivy Bridge - H61 芯片组"，型号是富士康 17A0，版本是 2.10 等。

图 1-3-23　主板信息

步骤四：检测内存

从图 1-3-24 中，我们可以了解到内存大小为"4GB"，由三星公司生产，内存类型为"DDR3"，以及制造日期等信息。

步骤五：检测硬盘

从图 1-3-25 中，我们发现硬盘品牌为希捷，大小"500GB"，转速为"7200 转/分"，缓存"16 MB"等信息。

图 1-3-24　内存信息

图 1-3-25　硬盘信息

硬件检测还提供了显卡信息、显示器信息、其他硬件以及功耗估算等功能。在检测完硬件信息后，可以在"电脑性能测试"选项卡中，检测自己的电脑整体性能，检测得分越高，电脑性能越好，如图 1-3-26 所示。

图 1-3-26　性能测试

 知识链接

1. 操作系统的选择

小明：老师，我查了一些资料，发现现在操作系统的版本很多，到底应该安装什么版本的操作系统才好呢？

老师：Windows 7 64 位的操作系统吧。

（1）Windows、Linux、IOS。

目前，在个人计算机操作系统中，比较主流的是微软公司 Windows 系列和 Linux 操作系统，苹果公司的 IOS 系统只能用于苹果计算机，与其他计算机硬件不兼容。由于目前多数个人计算机都在使用 Windows 操作系统，其兼容性比较强，还是建议选择 Windows 操作系统。

（2）Windows 操作系统的不同版本。

Windows 操作系统是一个大家族，目前已经发展到 Windows 10 系列，Windows 操作系统历史上最成功的无疑是 Windows XP 操作系统，但微软公司在 2014 年 4 月 8 日停止了对 Windows XP 的延伸支持，更多用户选择了 Windows 7 操作系统。

对于大多数习惯了 Windows XP 系统的用户而言，最大的缺点就是不习惯它的新特性，Windows 7 操作系统具有简单易用、界面华丽、资源占用率低，可以提供更好的用户体验。Windows 7 操作系统还提供了 32 位和 64 位两种操作系统版本。

小明：32 位和 64 位是什么意思，肯定是越大越好啊。

老师：不一定，具体要看内存配置。

32 位和 64 位是指 CPU 的最大寻址能力，在 32 位操作系统下，CPU 一次最大能提取 32 位数据，也就是 2 的 32 次方（3.25GB）的数据，也就是说大于 3.25GB 的内存，在 32 位操作系统中是无法显示的。64 位操作系统支持 CPU 一次最多提取 64 位数据，这样 64 位操作系统就能完全发挥 4GB、8GB 甚至 16GB 内存的性能，其操作运行速度也要高于 32 位操作系统。但是，事实上只有 64 位的应用软件在 64 位操作系统下运行速度才能有飞跃，也就是说，在 64 位操作系统下，要尽量选择安装兼容 64 位操作系统的应用软件。

2. 计算机语言

计算机语言是指人们为了表达准确的意图来控制计算机执行相应的指令而编写的一套

"语法规划"。计算机语言的种类总的来说可以分成三大类,即机器语言、汇编语言、高级语言。计算机不具有独立思考的能力,它的每一个动作都是按已经用计算机语言编好的程序来执行的,而这些程序需要人们通过计算机语言来编写,也就是说人们通过计算机语言编写的程序来实际控制着计算机,向计算机发出控制指令。

机器语言:计算机能够直接识别和执行的只有二进制的数字"0"和"1",机器语言就是指计算机能够直接识别的语言,也就是二进制代码。用机器语言编写程序十分烦琐,并且容易出错。

汇编语言:为了减轻机器语言编程的烦琐,人们用一些简单的字母和符号串来替代二进制代码串,例如,用"ADD"代表"+"等,便于记忆并容易理解,这样的程序语言就是汇编语言,它是第二代计算机语言,不过仍然是低级计算机语言,是直接作用在计算硬件上的。

用汇编语言编写出来的程序,计算机是不能够直接识别并执行的,需要靠一个专门的汇编程序,负责将汇编语言翻译成二进制的机器语言。

高级语言:机器语言和汇编语言都是面向计算机硬件,对计算机硬件进行直接的操作,而高级语言是面向用户的语言,它用人们更容易理解的自然语言来编写计算机可以执行的程序,这种语言就称为高级语言。高级语言同样不能被计算机直接执行,用高级语言编写的源程序必须通过安装在计算机上的特定软件"编译""解释"后,才能被计算机所执行。目前常用的高级语言有VB、VC、FoxPro、Delphi等,每一种高级语言都有自己特定的语法和命令形式。

课堂实验

1. 小明购买计算机的预算是5000元,请大家简单列出一份配置单,分别列出笔记本电脑、品牌机和组装机的配置。

提示:要列出配置单,需要了解硬件的价格,为了解计算机市场,可以通过上网搜索相关网站(如中关村在线 http://www.zol.com.cn)以了解计算机价格。

部 件	计算机配置		
	笔 记 本	品 牌 机	组 装 机
主板			
处理器			
内存			
硬盘			
显卡			
显示器			
其他配件1			
其他配件2			
总价格			

2. 我是一名电脑DIY达人,自己组装电脑颇有心得,所有的硬件都是在网上购买的,自己动手组装电脑,既长知识,又省钱;同学们快来看看,给你4000元预算,看谁组装的电脑性能好。

任务四　做好计算机的日常维护

小明买了计算机,他听说计算机对工作环境有一定的要求,正确的日常维护不仅可以保证计算机正常工作,还能延长计算机的使用寿命,因此,他开始有点担心了。小明能维护好他的计算机么?

任务要求

➢ 熟悉计算机的工作环境。
➢ 掌握计算机硬件的维护。
➢ 掌握系统软件和常用应用软件的维护。
➢ 掌握常见计算机硬件故障的排除方法。

计算机和人一样,是有寿命的,它也会生病,不过,它寿命的长短以及"健康"与否,都与日常使用中维护得好坏息息相关。如果维护得好,它的使用寿命就会延长,且一直处于比较好的工作状态,可以尽量地发挥它的作用;相反,一台无人维护或维护得不好的机器,首先它不会处于好的工作状态,重要的数据有可能会无缘无故地丢失,操作系统可能会三天两头地出错,预定的工作无法完成,更重要的是会大大降低计算机的使用寿命,所以,做好计算机的日常维护是十分必要的。

小明:老师,到计算机房为什么都要求穿鞋套啊?

老师:这是因为要给计算机创造一个干净的环境,其实除了保持计算机房卫生外,计算机对周围的环境还有很多要求呢!我们一起来看一看吧!

步骤一:了解计算机的工作环境

1. 温度条件

计算机理想的工作温度应在 10℃～35℃,太高或太低都会影响机器的工作状态和配件的寿命。因为计算机芯片等许多部件对温度非常敏感,环境太热,可使元器件内部温度太高而发生老化。高温还会导致软磁盘的物理变化,致使软磁盘损坏而损坏磁头。

2. 湿度条件

相对湿度为 30%～80%是适合计算机工作的环境。相对湿度太高影响配件的性能发挥。若相对湿度过高,如超过 80%,那么雾化的危险就大大地增加了,会有结露现象,使元器件受潮变质。它会使电气触点的接触性能变差,甚至被锈蚀,还会导致电源系统和电子元件的短路。

相对湿度太低则会使机械摩擦部分产生静电干扰,损坏元器件,影响计算机的正常工作。

3. 注意防尘

在主机和显示器中堆积的静电会吸附灰尘。灰尘对计算机的损害较大。如磁盘和磁头上的灰尘太多时,轻则造成读、写错误,重则造成划盘。

清洁度低就会有灰尘或纤维性颗粒积聚,微生物的作用还会使导线被腐蚀断掉。

打印机和磁盘驱动器等计算机外围机械设备比电子电路的设备更容易发生故障,原因是打印机和磁盘驱动器含有机械运动的元件,容易因污染造成温度过高而损坏。所以,在使用打印机、绘图仪等计算机的外围设备时,更要注意清洁。例如,要仔细检查打印机内部,你将发现包括纸屑灰尘在内的大量脏东西，这些东西阻碍了正常情况下所产生的热量有效地散发到空气中。

灰尘在磁盘驱动器中所造成的问题又比在打印机中所造成的问题严重得多。因为磁盘驱动器在存取数据的磁头与磁盘之间的间距非常小，任何外来的粒子，如灰尘、烟灰、纤维等，如果跑进磁头与磁盘的封套里面，都会造成磁盘数据的存取困难。在我们呼吸的空气中，含有许多肉眼看不见的粒子，这些粒子若落到磁盘里，在数据存取时与磁头相撞而在磁盘上造成缺口，或者附着在磁头上而把别的磁盘表面划伤。当然，磁头也会因灰尘的侵蚀而提早报销。因此，计算机要定期除尘。

4. 电源要求

计算机和其他家用电器一样，使用的交流电正常的范围应是 220V±10%，频率范围是 50Hz±5%，并且具有良好的接地系统。电压过低或电压过高都可能对计算机造成相当严重的冲击，使得元件性能劣化而加快损坏的速度。

高品质的电力供应是计算机系统能否稳定操作的最重要因素。当附近地区有耗用大量电力的机器开动时，对普通照明灯具而言仅仅是亮度稍微变暗一下，但对计算机系统所造成的影响，将不会如此简单。计算机是相对比较敏感的电子设备，它对电流质量比对室内或家中任何其他家电设备都敏感。因此，我们未感到的电源线故障，可能会使计算机运作不正常。当计算机遇到了电源线故障时，计算机显示的两个最基本的迹象是：计算机会无缘无故地静止不动或重新启动。

同时，不论是电压过低或电压过高都可能对计算机造成相当严重的冲击，使得元件性能劣化而加快损坏的速度。因此，我们在使用计算机时，应该保证计算机使用的电源的稳定性。

假如居住的地区经常停电或常常发现计算机程序正执行到一半突然"死机"，就该考虑使用电源调整器或不间断电源等方法，来预防计算机因外线供电品质不佳而引起的问题。

5. 做好防静电工作

每一种物体可积累各不相同的静电电压，常见的静电的来源有走动的人体、温度过高的元件、不良的接地、焊接不良的导线、屏蔽效果不好的电缆、屏蔽装设不当等。

人的身体和许多物体一样，很容易累积电荷。和一个刚从地毯另一端走过来的人握手，累积的静电荷沿着手、身体对大地放电，使两个人同时受到"电震"，像这样的"电震"也可能发生在用手接触计算机金属外壳的时候，强烈的"电震"往往使得计算机正在执行的程序暂停、数据无缘无故地消失、屏幕显示混乱，甚至烧毁一些对静电比较敏感的元件。在最恶劣的情况下，甚至低至 3V 的电荷都可能使逻辑电路发生位错。

小明：我们的身边有那么多带静电的物体，我们平时应该怎么做才能使防止静电的干扰呢？

老师：防止静电干扰的方法有很多，咱们一起来看看吧！

为防止静电对计算机造成损害，当你在计算机前坐下来工作时，摸一下金属物件释放身上所带的静电后，再碰计算机。不要把计算机外壳或放计算机的桌子作为触摸的金属面释放静电。例如，我们在打开计算机前可以用手接触暖气管等能放电的物体，或用自来水洗手，将本身的静电放掉后再接触计算机及其配件；另外，在安放计算机时将机壳用导线接地，也可以起到很好的防静电效果。

在计算机房里常常会铺设防静电地板，个人的计算机可以在放置计算机的桌子下铺上抗静电的垫子或者在地毯上喷一些抗静电剂。

特别要指出的一点是，如果计算机长时间不用，要每隔一段时间打开计算机运行一次，以使计算机内部芯片和器件上可能积累的静电能释放掉。

6. 防止震动和噪声

震动和噪声会造成计算机中部件的损坏（如硬盘的损坏或数据的丢失等），因此计算机不能工作在震动和噪声很大的环境中，如确实需要将计算机放置在震动和噪声大的环境中，应考虑安装防震和隔音设备。

有些细心的计算机使用者，在放置计算机的房间墙壁上装上吸音板而使噪声的水准降到最低。通常如果能在磁盘驱动器和打印机底下铺上有吸音效果的软性桌垫，噪声会降低很多。

7. 远离电磁干扰

计算机经常放置在有较强的磁场环境下，有可能会造成硬盘数据的损失，甚至还会使得计算机出现一些莫明其妙的现象，如显示器可能产生花斑、抖动等。这种电磁干扰主要有音响设备、电机、大功能电器、电源、静电以及较大功率的变压器如 UPS，甚至日光灯等。

例如，个人计算机与无线电话机有相互干扰的情形，小功率的无线电话机会因为个人计算机的干扰易产生错误拨号，功率大的无线电话机则会干扰个人计算机，使得计算机的显示屏上出现来路不明的文字或符号。通常个人计算机的设备当中，键盘最容易受到干扰。因此，若家里使用有无线电话机，就必须购买屏蔽良好的键盘，以减少无谓的困扰。

计算机的位置应远离强电磁场、超声波等辐射源，以避免干扰计算机的正常运行。

步骤二：计算机系统的日常维护

计算机系统分为硬件系统和软件系统，我们在其日常维护中也可以将其从硬件系统维护和软件系统维护两个方面进行。

1. 计算机的硬件维护

计算机系统的硬件部分主要包括如下部件，即主板、CPU、内存、硬盘、显示器、显卡、鼠标和键盘以及打印机等外围设备。

（1）计算机主板的日常维护。

计算机的主板是连接计算机中各种配件的桥梁，在计算机中的重要作用是不容忽视的。主板的性能好坏在一定程度上决定了计算机的性能，有很多的计算机硬件故障都是因为计算机的主板与其他部件接触不良或主板损坏所产生的，做好主板的日常维护，一方面可以延长计算机的使用寿命，更主要的是可以保证计算机的正常运行，完成日常的工作。计算机主板的日常维护主要应该做到：防尘和防潮，CPU、内存条、显示卡等重要部件都是插在主机板上的部件，如果灰尘过多，则有可能导致主板与各部件之间接触不良，产生许多未知故障；如果环境太潮湿，主板很容易变形而产生接触不良等故障，从而影响使用。

（2）CPU 的日常维护。

CPU 作为计算机的核心部件，对计算机性能影响极大，要想延长 CPU 的使用寿命，保证计算机正常工作，首先要保证 CPU 工作在正常的频率下，CPU 的散热问题也是不容忽视的，如果 CPU 不能很好地散热，就有可能引起系统运行不正常、机器无缘无故重新启动、死机等故障，给 CPU 选择一款好的散热风扇是必不可少的。由于风扇转速可达 4000 到 7200 多转/分钟，这就容易发生 CPU 与散热风扇的"共振"，导致 CPU 的 DIE 被逐渐磨损，引起 CPU 与 CPU 插座接触不良，因此，应选择正规厂家生产的散热风扇，并正确安装，防止共振。另外，如果机器一直工作正常的话就不要动 CPU，清理机箱或清洁 CPU 以后，安装的时候一定注意要安装到位，以免引起机器故障。

(3) 内存条的日常维护。

小明：老师，要是我想把自己的计算机内存升级，还有什么需要注意的呢？

老师：计算机内存升级可以通过增加内存条来实现，不过，内存条的选择和安装还有很多需要遵循的规律哦！

对于内存条来说，需要注意的是在升级内存条的时候，尽量要选择和以前品牌、外频一样的内存条来和以前的内存条来搭配使用，这样可以避免系统运行不正常等故障。

① 当只需要安装一根内存时，应首选和 CPU 插座接近的内存插座，这样做的好处是：当内存被 CPU 风扇带出的灰尘污染后，可以清洁，而插座被污染后却极不易清洁。

② 关于内存混插问题，在升级内存时，尽量选择和你现有那条相同的内存，不要以为买新的主流内存会使你的计算机性能好很多；相反这可能会引起很多问题。内存混插原则：将低规范、低标准的内存插入第一内存插槽（即 DIMM1）中。

③ 安装内存条，DIMM 槽的两旁都有一个卡齿，当内存缺口对位正确，且插接到位了之后，这两个卡齿应该自动将内存"咬"住。DDR 内存金手指上只有一个缺口，缺口两边不对称，对应 DIMM 内存插槽上的一个凸棱，所以方向容易确定。而对于以前的 SDR 而言，则有两个缺口，也容易确定方向，不过 SDR 已经渐渐淡出市场，了解一下也无妨；而拔起内存的时候，也就只需向外搬动两个卡齿，内存即会自动从 DIMM（或 RIMM）槽中脱出。

④ 对于由灰尘引起的内存金手指、显卡氧化层故障，大家应用橡皮或棉花沾上酒精清洗，这样就不会黑屏了。

(4) 硬盘的日常维护。

为了使硬盘能够更好地工作，在使用时应当注意如下几点：

① 硬盘正在工作时不可突然断电。

当硬盘开始工作时，通常处于高速旋转状态，如若突然断电，可能会使磁头与盘片之间猛烈摩擦而损坏硬盘。因此，在关机时一定要注意硬盘指示灯是否还在闪烁，如果硬盘指示灯还在闪烁，说明硬盘的工作还没有完成，此时不宜马上关闭电源，只当硬盘指示灯停止闪烁，硬盘结束工作后方可关机。

② 注意保持环境卫生。

在潮湿、灰尘和粉尘严重超标的环境中使用计算机时，会有更多的污染物吸附在印刷电路板的表面以及主轴电机的内部，影响硬盘的正常工作，在安装硬盘时要将带有印刷电路板的背面朝下，减少灰尘与电路板的接触；此外，潮湿的环境还会使绝缘电阻等电子器件工作不稳定，在硬盘进行读、写操作时极易产生数据丢失等故障。因此，必须保持环境卫生的干净，减少空气中的潮湿度和含尘量。

③ 在工作中不可移动硬盘。

硬盘是一种高精设备，工作时磁头在盘片表面的浮动高度只有几微米。当硬盘处于读写状态时，一旦发生较大的震动，就可能造成磁头与盘片的撞击，导致损坏。所以不要搬动运行中的计算机。在硬盘的安装、拆卸过程中应多加小心，硬盘移动、运输时严禁磕碰，最好用泡沫或海绵包装保护一下，尽量减少震动。

④ 不要自行打开硬盘盖。

如果硬盘出现物理故障时，不要自行打开硬盘盖，因为如果空气中的灰尘进入硬盘内，在磁头进行读、写操作时会划伤盘片或磁头，如果确实需要打开硬盘盖进行维修的话，一定要送到专业厂家进行维修，千万不要自行打开硬盘盖。

（5）光驱的日常维护。

光驱在使用1年左右就会出现读盘速度变慢、不读盘等问题。如果在光驱的日常使用中注意保养和维护，会大大延长光驱的寿命。

首先，最重要的是保持光驱清洁；其次，避免在光驱中使用质量差的光盘；再次，必要时使用虚拟光驱。

（6）显示器的日常维护。

显示器作为计算机的一个重要部分，影响显示器使用寿命的因素主要有湿度、光照、磁场以及周围的卫生环境。当室内湿度≥80%，显示器内部就会产生结露现象。其内部的电源变压器和其他线圈受潮后也易产生漏电，甚至有可能霉断连线；而显示器的高压部位则极易产生放电现象；机内元器件容易生锈、腐蚀、严重时会使电路板发生短路；而当室内湿度≤30%，又会使显示器机械摩擦部分产生静电干扰，内部元器件被静电破坏的可能性增大，影响显示器正常工作。所以，要注意保持计算机周围的环境湿度。当天气干燥时，适当增加一些空气的湿度，以防止静电对计算机的影响。

避免强光照射显示器。显示器在强光的照射下容易加速显像管荧光粉的老化，降低发光效率。故在摆放计算机时应尽量避免将显示器摆放在强光照射的地方。磁场对显示器的干扰很大，因此一定要注意尽量减少计算机周围的电磁场。注意保持计算机周围的卫生环境，防止灰尘对显示器寿命的影响。

（7）显卡和声卡的日常维护。

显卡也是计算机的一个发热大户，现在的显卡都单独带有一个散热风扇，平时要注意显卡风扇的运转是否正常，是否有明显的噪声、运转不灵活或转一会儿就停等现象，如发现有上述问题，要及时更换显卡的散热风扇，以延长显卡的使用寿命。对于声卡来说，必须要注意的一点是，在插拔麦克风和音箱时，一定要在关闭电源的情况下进行，千万不要在带电环境下进行上述操作，以免损坏其他配件。

（8）鼠标和键盘。

鼠标和键盘是我们在日常使用计算机时最常用的输入设备，所以鼠标和键盘的维护也显得非常重要。

① 鼠标。在我们常用的计算机硬件中，鼠标是最容易出现故障的。在使用鼠标时，我们应该做到以下几点：

● 避免摔碰鼠标和强力拉拽鼠标引线。

● 单击鼠标时不要用力过度，以免损坏弹性开关。

● 最好配一个专用的鼠标垫，既可以大大减少污垢进入鼠标，又提高操作的灵敏度；如果是光电鼠标的话，还可起到减振作用，保护光电检测元件。

● 使用光电鼠标时，要注意保持感光板的清洁并使其处于更好的感光状态，避免污垢附着在发光二极管和光敏三极管上，遮挡光线接收，影响操作的灵敏度。

② 键盘。在键盘的日常维护中，需要注意以下几个方面问题：

● 保持键盘的清洁卫生。沾染过多的尘土会给键盘的正常工作带来困难，有时甚至出现错误操作。因此要定期清洁键盘的表面的污垢，日常的清洁可以用柔软干净的湿布擦拭键盘，对于难以清除的污渍可以用中性清洁剂或计算机专用清洁剂进行处理，最后再用潮湿布擦洗并晾干。对于缝隙的污垢可以用棉签处理，所有的清洁工作都不要用医用酒精，以免对塑料部件产生腐蚀。

清洁过程要在关机状态下进行，使用的湿布不要过湿，以免水进入键盘内部。

● 不要把液体洒到键盘上。由于目前的大多数键盘没有防水装置，一旦有液体流进，就会使键盘受损，导致接触不良、短路等故障。如果有大量液体进入键盘，应立即关机断电，将键盘接口拔下。先清洁键盘表面，再拆开键盘用吸水布（纸）擦干内部积水，并在通风处自然晾干。充分风干后，再确定一下键盘内部完全干透，方可试机，以免短路造成主机接口的损坏。

● 操作键盘时，不要用力过大，防止按键的机械部件受损而失效。

● 若需更换键盘，必须在切断计算机电源的情况下进行，有的键盘壳有塑料倒钩，拆卸时需要格外留神。

（9）打印机的日常维护。

打印机是最常用的计算机外围设备之一，目前使用的打印机多为激光打印机和喷墨打印机。激光打印机平时使用中故障较少，但因使用不当或操作失误而造成人为故障的状况时有发生。为了延长打印机的寿命，减少损伤，平时对它的维护、保养是十分重要的。以下几个方面是保证打印机正常运行的有效手段：

① 减少外来的灰尘。

② 在使用中应该注意使用整洁的纸张。

③ 当打印纸面发生污损时，打开打印机翻盖，取出硒鼓并用干净柔软的湿布来回轻轻擦拭滚轴等关键部位，去掉纸屑和灰尘。

④ 防卡纸的技巧：激光打印机最常发生的故障是卡纸，通过以下一些方法和技巧可以减少卡纸故障的发生：

● 散开纸张：从纸包中取出一叠纸装入打印机的纸盒之前，应用手握住纸的两端，正反弯曲几遍，并分别只握住一端抖动几下，目的是使纸张页与页之间散开，减少卡纸现象，整理齐后再将纸放入纸盒中使用。

● 纸盒不要太满：纸盒装得太满也会引起夹带纸现象，纸张导引槽也不要卡得太紧。

● 使用适宜的纸张：优质复印纸无疑是适合激光打印机使用的。不是激光打印机专用胶片或棉织物纸张，不要放在激光打印机中使用，它们在高温状态下会产生物理或化学变化，从而玷污打印机精密部件。激光打印机使用的纸张必须干燥且不能有静电，否则易导致卡纸或打印文件发黑。

（10）音箱的日常维护。

因为音箱是磁性材料，所以在使用时需要注意不能将磁性物体靠近音箱，否则会引起声音失真。另外，在摆放音箱时不能将音箱与显示器靠得太近，如可将两个小音箱分别放在离显示器较远的位置，而低音炮则可随意放置，这样可获得最佳的听觉效果。

对音箱的维护主要是擦拭其表面的灰尘，使其不要太脏即可。

总之，如何保养和维护好个人计算机，最大限度地延长计算机的使用寿命，对计算机新用户来说，是一个非常重要的问题。

小明：原来计算机硬件也这么需要维护，我平时太不注意了。

老师：嗯。我们爱护它，它也会更好地为我们服务。

2. 软件维护

软件维护主要是指对计算机的软件系统进行的维护。计算机的软件系统可以分为系统软件和应用软件。

(1) 系统软件的维护。

如果你对操作系统不注重维护，那么回报你的将是无数次的死机，系统运行速度不断降低，频繁地出现软件故障。维护计算机系统可采用以下方法：

① 安装杀毒软件，如金山毒霸或者 360 杀毒等，并及时更新病毒库，以便随时发现计算机病毒，并经常对你的计算机进行杀毒处理。

② 定期进行磁盘清理、维护和碎片整理，也能保证计算机系统的稳定性。一般来说，你可以使用系统自身提供的"磁盘碎片整理程序"和"磁盘清理"来对磁盘文件进行优化，彻底删除一些无效文件、垃圾文件和临时文件；也可以通过金山卫士、360 安全卫士等软件来进行清理，这类软件简单方便，还可以设置定期清理，能有效地保持计算机的正常运作。

思考

你知道磁盘上的垃圾是怎样产生的吗？

磁盘垃圾产生的渠道有多种，我们平时浏览网页、看视频、安装软件、运行程序、删除软件等，都会在计算机中留下大量垃圾文件。而及时清理这些垃圾文件，可保持计算机系统较快的运行速度。

(2) 应用软件的维护。

应用软件在计算机上是必不可少的，如我们经常使用的腾讯 QQ 软件、大型游戏软件、杀毒软件等，那么我们该如何维护应用软件呢？首先，依然强调的是杀毒软件必不可少，当你打开浏览器的时候不小心就会受到病毒威胁，所以安装杀毒软件，经常进行杀毒是必需的。其次，应用软件尽量选择从一些正规网站下载，安装过程中也应该注意对其插件进行勾选，以免将一些不必要的插件一并安装。

步骤三：了解计算机日常维护的误区

我们在对计算机进行日常维护时，常常会有一些误区。下面我们就看看有哪些常见的维护误区，以在我们对计算机进行维护时尽量避免。

1. 用清洗盘清洁软驱和光驱

清洗软盘是一种用绵纸做成盘面的 3 寸软盘，绵纸上的纤维在盘面旋转容易脱落而缠绕在磁头上，导致计算机读盘能力的下降或磁头的损坏。

清洗光盘盘面上有两排小刷子，清洗光盘高速地旋转时，本来用来清洗光盘的刷子就会成为激光头的杀手，它不仅会划伤激光头，而且还可能撞歪激光头，使之彻底无法读盘。

2. 用有机溶剂清洗计算机显示屏与激光头

显示器表面都有特殊的涂层，而有机溶剂会溶解特殊涂层，使之效能降低或消失。

光驱的激光头所用材料是类似有机玻璃的物质，而且有的还有增强折射功能的涂层，若用有机溶剂清洗，会溶解这些物质和涂层，导致激光头受到无法修复的损坏。

3. 在机箱通风口安装稠密的滤尘罩

有些人非常注重计算机的清洁问题，在机箱通风口安装栅格比较稠密的罩子，此方法的确挡住了灰尘，但却大大降低了通风散热的效果。如果机箱内持续高温，轻则经常死机，重则会烧毁 CPU 等易积热的零部件。在炎热的天气，与灰尘相比，散热问题更重要。

步骤四：养成良好的使用习惯

1. 定期维护

计算机的维护应包括日维护、周维护、月维护和年维护，我们最好准备一个笔记本，记载每次维护的内容以及发现的问题、解决的方法和过程。

（1）日维护。用脱脂棉轻擦计算机表面灰尘，检查电缆线是否松动，查杀病毒等。
（2）周维护。检查并确认硬盘中的重要文件已备份，删除不再使用的文件和目录等。
（3）月维护。检查所有电缆线插接是否牢固，检查硬盘中的碎块文件，整理硬盘等。
（4）年维护。打开机箱，用吸尘器吸去机箱内的灰尘，全面检查软硬件系统。

2. 养成良好的使用习惯

一个人的计算机使用习惯对计算机的影响很大。我们应该养成良好的计算机使用习惯。

（1）按照正确的顺序开关机。开机时应先打开外围设备（如打印机、扫描仪等）的电源；显示器电源不与主机电源相连的，要先打开显示器电源，然后再开主机电源。关机时，顺序正好相反，先关闭主机电源，再关闭外围设备电源。这样做的目的是尽量地减少对主机的损害，因为在主机通电的情况下，关闭外围设备的瞬间，对主机产生的冲击较大。

（2）不能频繁地开机、关机。因为这样对各配件的冲击很大，尤其是对硬盘的损伤更为严重。一般关机后距离下一次开机的时间，至少应有10秒钟。特别要注意当计算机工作时，应避免进行关机操作。尤其是机器正在读写数据时突然关机，很可能会损坏驱动器。

（3）在接触电路板时，不应用手直接接触电路板上的铜线或集成电路的引脚，以免人体所带的静电击坏这些器件。

（4）计算机在通电之后，不应随意移动和振动计算机，以免由于振动而造成硬盘表面的划伤。

另外，计算机主机的安放应当平稳，并且保留必要的工作空间，用来放置磁盘、光盘等常用备件，以方便工作。调整好显示器的高度，应保持显示器与视线基本平行，太高或太低都会容易使操作者疲劳。在计算机不用的时候最好能盖上防尘罩，防止灰尘对计算机的侵袭，但是千万不要忘记，在计算机正常使用的情况下，一定要将防尘罩拿下来，以保证计算机能很好地散热。

步骤五：计算机故障类型及其原因分析

在日常使用计算机的过程中，引起故障的原因多种，使用场所的温度、湿度、灰尘等都会引起计算机出现故障。据统计，其中大约80%左右的是人为故障，即是使用不当造成的，大约10%的是软件故障或系统故障，只有不到10%的故障是由于硬件损坏产生的，计算机故障总体上来说可分为硬件故障、软件故障、病毒破坏和人为故障四大类。计算机出现故障后，要先查出问题的根源，然后再设法排除故障。

1. 硬件故障的查找

（1）排除故障前的准备工作。

计算机用户要进行计算机的故障排除，首先需要具有一定的计算机基本知识，了解基本的操作步骤，遵守一定的操作规则，才能正常地进行工作。

在进行故障排除之前，应先释放掉身上的静电。静电对计算机芯片的危害很大，可以通过触摸自来水管来释放身上的静电，如果有条件的话，可戴上防静电手套。

（2）硬件故障的查找方法。

在分析和查找计算机的故障时，要想对故障的诊断做到又快又准，应遵守三个原则，即"先静后动""先软后硬""先外后内"。所谓"先静后动"，即检修前先要向使用者了解情况，分析问题可能在哪里，再依据现象直观检查，最后才能采取技术手段进行诊断。所谓"先软后硬"，就是计算机出现故障以后，应先从软件上、操作系统上来分析原因，看是否能找到解决办法。从软件上确实解决不了的问题，再从硬件上逐步分析故障原因。"先外后内"，就是首先检查计算机外部电源、设备、线路，如插头接触是否良好、机械是否损坏，然后再打开机箱检查内部。

2. 故障排除方法

（1）清洁法。

对使用环境较差，或使用较长时间的计算机，应首先进行清洁。可用毛刷等清洁工具轻轻刷去主板、外围设备上的灰尘，因为灰尘容易导致接触不良影响正常工作。另外，由于板卡上一些插卡或芯片采用插脚形式，因为震动和工作环境等原因，常会造成引脚氧化、接触不良。可用橡皮擦擦去表面氧化层，重新插接好后，开机检查故障是否排除。

（2）直接观察法。

直接观察法是通过看、摸、闻、听等方式检查机器故障的方法。

看，就是观察机器的外部和内部部件的情况。重点应查看元器件及接线是否虚焊、脱落和烧焦，插接件的连接是否牢靠，保险丝是否熔断等。尤其是高压部位有无火花或冒烟等情况。同时，还要注意查看荧光屏的光栅是否为满屏、图像是否异常等。

摸，就是用手触摸机内元器件，通过所感觉到的温度变化来判断故障的部位。

闻，就是接通电源后，如果闻到较浓的焦糊味，则说明一定有元器件被烧毁。此时，在未找出故障之前，一般不要接通电源。

听，就是接通电源后，用耳朵听喇叭及其他部位有无异常声音，以帮助判断故障的部位。特别是驱动器，更应仔细听，如果与正常声音不同，则可能出现了故障。

（3）拔插法。

拔插法是通过将插件"拔出"或"插入"来寻找故障原因的方法，此法虽然简单，却是一种非常有效的常用方法。它最适合诊断"死机"及无任何显示的故障，当出现这类故障时，从理论上分析原因是很困难的，采用"拔插法"有可能迅速找出故障原因。"拔插法"的基本做法是一块块地拔出插件板，若拔出一块插件板后，故障消失且机器恢复正常，说明故障就在这块板上。"拔插法"不仅适用于插件板，而且也适用于通过管座装插的集成电路芯片等元器件。

（4）替换法。

替换法就是用相同或相似的性能良好的插卡、部件、器件进行替换，观察故障的变化，如果故障消失，说明换下来的部件是坏的。交换可以是部件级的，也可以是芯片级的，如两台显示器的交换、两台打印机的交换、两块插卡的交换和两条内存的交换等。交换法是常用的一种简单、快捷的维修方法。

（5）敲击法。

用手指或螺丝刀轻轻敲击机箱外壳，有可能解决因接触不良或虚焊造成的故障问题。然后可进一步检查故障点的位置。

（6）软件诊断法。

软件诊断法是计算机维修中使用较多的一种维修方法，因为很多计算机故障实际上是软件问题，即所谓的"软故障"，特别是病毒引起的问题，更需依靠软件手段来解决。软件诊断法常用在开机自检、系统设置、硬件检测、硬盘维护等方面，但是计算机应能基本运行，才能使用软件诊断法。

 知识链接

小明：老师，您讲到的磁盘碎片整理，是不是修补硬盘由于运行磨损而造成的碎片呢？

硬盘上的碎片还能修复吗？

老师：呵呵，硬盘碎片并不是真正的物理碎片，而是指逻辑碎片，即不连续的存储空间。虽然磁盘碎片整理可以提高文件的读写速度，但是盲目地进行整理，却有可能发生一些不必要的危险！

1. 什么是磁盘碎片整理

由于磁盘文件的链式存储结构，当我们安装和删除一些程序或对一些文件进行存储和删除后，一些文件会占用了不连续的存储空间，影响机器的运行速度和效率，文件占用的这些不连续的存储空间我们形象地称为"磁盘碎片"。

磁盘碎片整理程序的作用就是使这些"磁盘碎片"连接起来，提高系统运行速度和效率。

2. 磁盘碎片整理注意事项

（1）整理期间不要进行数据读写。

进行磁盘碎片整理是个很漫长的工作，不少朋友喜欢在整理的同时听歌、打游戏，这是很危险的，因为磁盘碎片整理时硬盘在高速旋转，这个时候进行数据的读写，很可能导致计算机死机，甚至硬盘损坏。

（2）不宜频繁整理。

磁盘碎片整理不同于别的计算机操作，如果频繁进行磁盘碎片，可能导致硬盘寿命下降，建议一个月左右整理一次。

（3）做好准备工作。

在整理磁盘碎片前应该先对驱动器进行"磁盘错误扫描"，这样可以防止系统将某些文件误认作逻辑错误而造成文件丢失。

另外，系统备份也是非常重要的，这样可以防止由于系统崩溃等原因造成的数据丢失。现在我们常用的系统备份软件是 Ghost，用 Ghost 做好备份以后，即使你是一个计算机的初学者，也不怕系统崩溃了，只要机器一有故障，而自己又处理不了的话，用 Ghost 恢复系统是个不错的办法。但前提是要事先做好系统分区的映像文件，以前要在 DOS 下使用，对新手来说难度较大，一旦出现误操作，可能导致整个分区的数据被破坏，而且 Ghost 的映像文件占用的磁盘空间也比较大。不过随着技术的进步，现在也有很多情况下是可以在 Windows 系统下备份和还原的。我们可以下载一些系统还原工具，如现在的金山卫里面就有一项重装系统功能，只要按照步骤进行，就可以重新安装系统。

课堂实验

1. 在计算机使用过程中，若突然出现屏幕抖动、音箱发出刺耳的声音，可能是什么原因，应该怎么排除故障？
2. 如果计算机工作时，不小心将水洒到了键盘上，应如何及时处理？
3. 如果开机后，显示器可以正常工作，但是屏幕无任何显示，可能是因为哪些故障？

项目二　应用 Windows 7 操作系统

任务一　了解操作系统

小明学习了项目一后，对计算机理论知识有了初步的了解，为了达到理论联系实际的学习效果，现在进入计算机实训室，进入实践学习环节，每位同学开机后，小明想为什么每次开机，均会出现同样的画面，即出现 Windows 界面，是不是每台计算机都是这样的呢？那么到底什么是 Windows 呢？它在计算机操作过程中会起到什么作用呢？带着这些疑问，小明进入了 Windows 的浩瀚海洋……

任务要求

> 了解操作系统的定义和发展历程。
> 理解操作系统的工作过程。
> 理解系统在计算机系统中的地位和作用。

子任务一　什么是操作系统

步骤一　认识操作系统

当小明开启计算机电源后，计算机就开始启动了，首先在屏幕上显示了系统的硬件配置信息以及检测情况，其次显示加载操作系统 Windows 7 的过程，就是将操作系统的代码从硬盘读入内存，建立正常的运行环境。当操作系统引导成功后，在计算机屏幕上显示桌面，而且出现箭头形式的鼠标指针，表明用户从现在开始可以正常操作计算机了。

 思考

大家熟悉的 Windows XP、Photoshop、QQ、360 浏览器、Microsoft Office Excel 等软件都是操作系统吗？

思考栏目中列举出了常用的软件，它们都是操作系统吗？到底什么才是操作系统呢？

操作系统是当今计算机系统中一种必不可少的系统软件，操作系统是用户和计算机沟通的"桥梁"，同时也是计算机硬件和其他软件的接口。

操作系统（Operating System，OS）是管理和控制计算机硬件与软件资源的计算机程序，是直接运行在"裸机"上的最基本的系统软件，任何其他软件都必须在操作系统的支持下才能运行。

众所周知，计算机系统主要是由硬件系统和软件系统组成的。

计算机硬件（Computer Hardware）通常是由中央处理器（运算器和控制器）、存储器（内存和外存）、输入设备和输出设备等部件组成的，它们构成了计算机系统本身以及用户操作计算机的物质基础和工作平台。

计算机软件（Computer Software）是指计算机系统中的程序及其文档，程序是计算任务的处理对象和处理规则的描述；文档是为了便于了解程序所需的阐明性资料。程序必须装入机器内部才能工作，文档一般是给人看的，不一定装入机器。

我们把没有安装任何软件的计算机称为"裸机"（Bare Machine），此时的计算机只是存在硬件部分，提供了计算机系统的物质基础，除此之外，还要安装和配置若干层软件，将"裸机"加以改造后才可以为用户所使用。换句话说，人们在开机的时候，就有意无意地使用操作系统这一软件了，只是有的用户不去深入考虑而已，是因为操作系统的存在，才使得今天的计算机能具备强大的功能，同时也增加了用户对计算机的可操作性和实用性。

图 2-1-1 说明了操作系统的地位，在计算机硬件的基础之上就是操作系统了，即只有操作系统这样的系统软件才能与计算机硬件进行"沟通"，并对其进行合理的配置和操作，只有安装了操作系统的计算机，才可以继续安装其他软件，包括编辑软件、编译软件、系统实用程序……有了这些软件作为平台，才能安装用户使用的应用软件，如 Photoshop、QQ、360 浏览器、Microsoft Office 办公软件等。由此可见，操作系统在计算机系统中起着十分重要的作用。

总之，没有了操作系统，任何软件都是无源之水，无本之木，计算机硬件也就变成了一堆废铁，没有了任何使用价值。

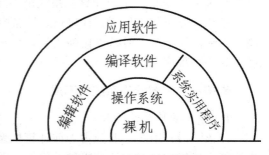

图 2-1-1　操作系统的地位

 思考

步骤二　了解操作系统的作用

为什么要引入操作系统呢？

任何一位正在使用计算机的用户都不可避免地要使用计算机系统资源，即任何程序的执行都要占用计算机系统资源，而当今的计算机是程序存储结构式的，即程序必须先放入内存后才能在 CPU 上运行，内存空间有限，便出现了对系统资源竞争的现象，在供不应求的情况下，都应该有一个管理者，它会按照一定的策略将资源分配给申请者，当申请的资源使用后，在适当的时候将该资源收回，从而保护了系统内的各种资源不被破坏，也就是替用户完成和硬件相关的各种操作，这个作为计算机系统的管理者就是操作系统。

例如，不同的用户对计算机系统资源的请求和使用可能会有冲突，当用户甲正在使用绘图仪输出工程图样的同时，用户乙也要求使用该绘图仪，如果对用户的这种资源请求不加限制的话，那就造成了系统混乱的现象，因此，必须适当地控制和协调系统资源的分配。

计算机系统把进行资源管理和控制程序执行的功能集中于一种软件，即操作系统来完成。我们可以以不同的角度分析操作系统的作用：

（1）从用户的角度看，操作系统给用户提供了友好的操作界面，使得无论是否有计算机基础、无论年龄大小的用户，均可以方便灵活地使用计算机。

（2）从系统管理员的角度看，合理地组织计算机的工作流程，管理和分配计算机的软件与硬件资源，可以为多个用户高效率地共享资源，所以操作系统是计算机资源的管理者。

（3）从未来发展的角度看，为计算机功能的扩展提供支撑平台，在追加新功能时候，不影响原有的功能和服务。

通过学习子任务一，我们了解到了操作系统的作用，那么操作系统是怎么诞生的呢？

子任务二 操作系统的发展和功能

为了更好地理解操作系统的基本概念，我们先了解一下操作系统的由来和发展过程。

操作系统可以说是伴随着计算机技术本身以及应用的日益发展和不断完善的客观需求应运而生的，它的功能由弱到强，同时在计算机系统中的地位不断提升。至今，它已成为计算机系统中的核心，无一计算机系统是不配置操作系统的。

早期计算机体积巨大、速度低、设备少、编制的程序比较简单，当时的计算机没有配置操作系统，程序员一般是直接使用机器指令设计程序。当时的程序员身兼两职，其一是操作员，其二是程序员。

步骤一 了解操作系统的形成

1. 原始操作系统阶段

在该阶段，用户一般独占当前计算机系统资源，但是必须在前一用户下机后，另一个用户才能上机操作，对于计算机硬件来说，主机与外围设备是串行工作的，即当需要输入输出时，CPU 必须等待。为了方便用户，计算机系统为每一种设备都配置了设备驱动程序，供用户需要时调用，这些设备驱动程序可以被看作最原始的操作系统。

2. 初级操作系统阶段

由于出现了各种程序设计语言以及相应的编译程序，程序员可以编写大量的程序，但是如果计算机还停留在手工操作阶段，十分繁重的工作就会都落在程序员肩上；于是，就迫切需要一种能对计算机硬件和软件进行管理与调度的软件，即管理程序。

有了管理程序，程序员就可以从繁重的工作中解脱出来，可以将一些上机操作交给操作员代劳。用户程序总是通过管理程序去启动设备，管理程序还可以对文件以文件名的形式进行管理，而不必用户操心，这便进入了初级操作系统阶段。

3. 操作系统阶段

由于磁盘容量的增加、大容量设备的出现和软件大量的使用，管理程序迅速发展为一个重要的软件分支——操作系统。最先投入使用的操作系统是批处理操作系统，它提高了单位时间内的算题量，主要是因为它可以将一批计算问题的程序和数据预先装入磁盘，把磁盘作为一个巨大的缓冲区，等待计算的时候，不需要访问比较慢的输入设备，而可以从速度比较快的磁盘上读取预先存储好的程序和数据。

步骤二　了解操作系统的进一步发展

20世纪80年代，大规模集成电路工艺技术和微处理机的出现和发展，掀起了计算机大发展大普及的浪潮。计算机一方面迎来了个人计算机的时代，另一方面又向计算机网络、分布式处理、巨型计算机和智能化方向发展。于是，操作系统有了进一步的发展，如个人计算机操作系统、网络操作系统、分布式操作系统等。

- 个人计算机上的操作系统，如Windows操作系统系列；
- 嵌入式操作系统（Embedded Operating System，EOS），如嵌入式Linux，以及应用在智能手机和平板电脑的Android、iOS等；
- 网络操作系统；
- 分布式操作系统；
- 智能化操作系统；

步骤三　了解操作系统的基本类型

一种常用的分类方法是按照操作系统提供的服务进行分类的，大体上分为批处理操作系统、分时操作系统、实时操作系统、网络操作系统和分布式操作系统。其中前三个属于基本的操作系统。

- 批处理操作系统（Batch Processing Operating System）；
- 分时操作系统（Time Sharing Operating System）；
- 实时操作系统（Real Time Operating System）；
- 个人计算机操作系统（Personal Computer Operating System）；
- 网络操作系统（Network Operating System）；
- 分布式操作系统（Distribute Operating System）；

步骤四　了解操作系统的功能

如前所述，操作系统是计算机系统的管理者，它的主要职能是管理和控制计算机系统中的所有硬件、软件资源，合理地组织计算机的工作流程，同时为用户提供一个良好的工作环境和友好的界面。在配置了操作系统后，用户不能直接访问系统的资源，而必须通过操作系统才能使用系统资源。从资源管理的角度看，计算机系统中的硬件资源主要有处理器、存储器、输入输出设备，软件资源主要以文件的形式存储在外存储器中。因此需要系统的管理者对各种资源进行有效的控制和管理，下面主要从资源管理的角度概述操作系统的主要功能。

1. 处理器管理，或称处理器调度。

处理器管理是操作系统资源管理功能的一个重要内容。在一个允许多道程序同时执行的系统里，操作系统会根据一定的策略将处理器交替地分配给系统内等待运行的程序。一道等待运行的程序只有在获得了处理器后才能运行。一道程序在运行中若遇到某个事件，如启动外部设备而暂时不能继续运行下去，或一个外部事件的发生等，操作系统就要来处理相应的事件，然后将处理器重新分配。它主要是为用户合理地分配处理器时间，尽可能地使处理器总是处于忙碌的状态，从而提高处理器的工作效率。

2. 存储器管理。

根据帕金森定律："你给程序再多内存，程序也会想尽办法耗光"，因此程序员通常希望系统给他无限量且无限快的存储器。所以，存储器的管理主要是对主存储器的管理，为用户分配主存空间，保护主存中的程序和数据不被破坏，达到扩充内存的作用，提高主存空间的利用率。

3. 文件管理。

一个文件系统向用户提供创建文件、撤销文件、读写文件、打开和关闭文件等功能。有了文件系统后，用户可按文件名存取数据而无需知道这些数据存放在哪里。这种做法不仅便于用户使用而且还有利于用户共享公共数据。此外，由于文件建立时允许创建者规定使用权限，这就可以保证数据的安全性，合理地分配和使用文件的存储空间。

4. 设备管理。

主要负责管理各种外围设备，包括设备分配、设备驱动、实现设备无关性，实现虚拟设备及 Spool 的实现技术。

5. 作业管理。

实现作业调度和控制作业的执行。

6. 界面管理。

操作系统给用户提供的界面（接口）是用户与操作系统打交道的手段，也是用户自愿进入操作系统的唯一途径。一般将界面操作分为两种，一个是键盘操作命令，另一个是图形界面操作。目前，大多数采用图形界面操作比较简洁，方便操作。

知识链接

小明：这里提到的作业是指什么？

老师：在操作系统中，把用户要求计算机系统进行处理的一个计算问题称为一个"作业"。

课堂实验

1. 目前主流的操作系统有哪些？
2. 计算机软件和计算机硬件哪个重要，有什么关系？
3. 通过上机实践，思考 Windows 7 通过什么程序来对计算机的硬件和软件进行管理？

任务二　体验 Windows 7

在了解了操作系统的相关概念后，小明迫不及待地想在自己机器上亲自安装 Windows 7 操作系统，开始他的 Windows 7 学习之旅，他能顺利完成任务吗？

任务要求

➢ 了解常用的操作系统，安装 Windows 7 的步骤。
➢ 掌握在 Windows 7 环境下的基本操作。
➢ 熟练掌握窗口和对话的操作。

子任务一　了解常用的操作系统

多年来，计算机上配置的操作系统共有六种，分别是：DOS、Mac OS、Windows、UNIX、Linux、OS/2。下面介绍几种最常用的操作系统。

步骤一 了解 DOS（Disk Operation System）操作系统

DOS 是磁盘操作系统，是个人计算机上的一类操作系统。从 1981 年直到 1995 年的 15 年间，磁盘操作系统在 IBM PC 兼容机市场中占有举足轻重的地位，而且若是把部分以 DOS 为基础的 Microsoft Windows 版本，如 Windows 95、Windows 98 和 Windows Me 等都算进去的话，那么其商业寿命至少可以算到 2000 年。在微软的所有后续系统版本中，磁盘操作系统仍然被保留着。它直接操纵管理硬盘的文件，一般都是黑底白色文字的界面。其他应用程序，都是在 DOS 界面下键入 EXE 或 BAT 文件运行。早期的 DOS 系统是由微软公司为 IBM 的个人计算机开发的，称为 MS-DOS。在当今使用的 Windows XP、Windows Vista 和 Windows 7 中，仍然可以找到 DOS 操作环境，在"附件"中有一个"命令提示符"（CMD），其模拟了一个 DOS 环境，可以使用相关的命令来对计算机和网络进行操作。DOS 命令真是太多了，包括目录操作类命令、磁盘操作类命令、文件操作类命令和其他命令。足够日常操作使用了，这里就不再赘述了。

试一试：单击开始菜单，选择"附件"→"运行"命令，打开"运行"窗口，在"打开"文本框中输入"cmd"，然后单击"确定"按钮，桌面上就会出现 DOS 窗口，我们就可以使用 DOS 命令了。

步骤二 了解 Windows 操作系统

Microsoft Windows，是微软公司制作和研发的一套桌面操作系统，它问世于 1985 年，起初仅仅是 Microsoft-DOS 模拟环境，后续的系统版本由于微软的不断更新升级，不但易用，也慢慢地成为家家户户人们最喜爱的操作系统，Windows 发展历程见表 2-2-1。

Windows 1.0 是微软第一次对个人电脑操作平台进行用户图形界面的尝试。Windows 1.0 基于 MS-DOS 操作系统。Microsoft Windows 1.0 是 Windows 系列的第一个产品，于 1985 年开始发行。

Windows 2.0 发行于 1987 年 12 月 9 日。Windows 2.0 对图形功能的支持增强，用户可以叠加窗口，控制屏幕布局，可以用组合键快速使用 Windows 的功能。

1990 年 5 月 22 日，Windows 3.0 正式发布，由于在界面、人性化、内存管理多方面的巨大改进，终于获得用户的认同。

Windows 3.1 在 1992 年 4 月份发布，与 Windows 3.0 相比改进很多。Windows 3.1 添加了对声音输入输出的基本多媒体的支持和一个 CD 音频播放器，以及对桌面出版很有用的 TrueType 字体。

Windows 3.2 中文版发布于 1994 年，是继微软推出 Windows 3.1 两年后的一个中文版本，这个版本可以播放音频、视频，甚至有了屏幕保护程序。

1995 年 8 月 24 日，Windows 版本号 4.0，可以独立运行，无需 DOS 支持，采用年份进行命名。Windows 95 是一个混合的 16 位/32 位 Windows 系统，其内核版本号为 4.0，由微软公司发行于 1995 年 8 月 24 日。Windows 95 标明了一个"开始"按钮的介绍，以及桌面个人电脑桌面上的工具条，这一直保留到 Windows 后来所有的产品中。

1998 年 6 月 25 日，Windows 版本号 4.1，基于 Windows 95 编写的，它改良了硬件标准的支持，Windows 98 的最大特点就是把微软的 IE 浏览器技术整合到了 Windows 里面，从而更好地满足了用户访问 Internet 资源的需要。

1999 年 12 月 19 日的 32 位图形商业性质的操作系统，内核版本号为 NT5.0。从 Windows 2000 开始，微软推出了基于 NT 核心的适合家庭及个人用户的桌面操作系统。

Windows XP 是微软公司 2001 年 8 月 25 日发布的一款视窗操作系统,内核版本号为 NT 5.1。

2009 年 10 月 22 日,微软于美国正式发布 Windows 7,2009 年 10 月 23 日微软于中国正式发布 Windows 7。Windows 7 的设计主要有五个重点——针对笔记本电脑的特有设计;基于应用服务的设计;用户的个性化;视听娱乐的优化;用户易用性的新引擎。跳跃列表,系统故障快速修复等,这些新功能令 Windows 7 成为最易用的 Windows 系统。

表 2-2-1　Windows 发展历程

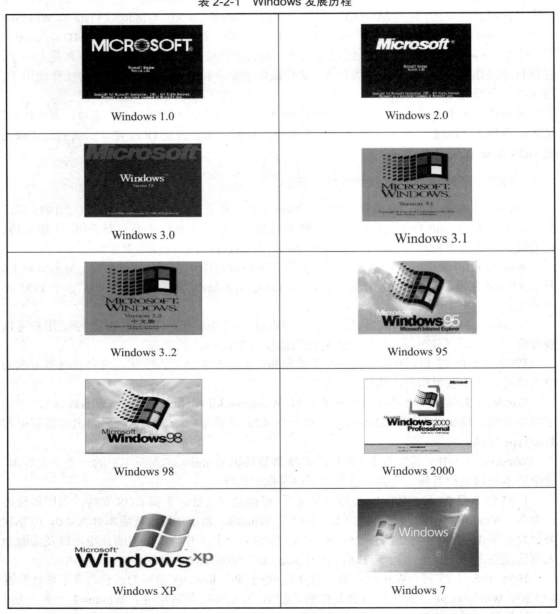

2012 年 10 月 25 日,微软正式推出 Windows 8(图 2-2-1),微软自称触摸革命即将开始。Windows 8 实际上是下一代 Windows 操作系统的内部开发代号。微软下一代 Windows

最大的卖点就是 Modern UI 的引入和对平板电脑的支持，微软这次也是准备发力于平板电脑市场，与 iOS（iPhone OS）、Android 形成三足鼎立的态势。

2014 年 10 月 1 日，微软官方发布下一个 Windows 版本，命名为 Windows 10，如图 2-2-2 所示。新版 Windows 操作系统恢复了类似 Windows 7 的传统操作界面，但是在细节上继承了 Windows 8 的微软"瓷砖"设计。另外，命令提示符第一次开始支持命令行粘贴功能。用微软的说法就是："Windows 10 将支持广泛的设备类型，从物联网设备到全球企业数据中心服务器。其中一些设备屏幕只有 4 英寸，一些设备的屏幕则有 80 英寸，有些甚至没有屏幕。有些设备是手持类型，有的则需要远程操控。这些设备的操作方法各不相同，手触控、笔触控、鼠标键盘，以及动作控制器，微软都将全部支持。"

图 2-2-1　Windows 8　　　　　　　　图 2-2-2　Windows 10

步骤三　了解 UNIX 操作系统

UNIX 操作系统，是美国 AT&T 公司于 1971 年在 PDP-11 上运行的操作系统。具有多用户、多任务的特点，支持多种处理器架构，最早由肯·汤普逊（Kenneth Lane Thompson）、丹尼斯·里奇（Dennis Mac Alistair Ritchie）于 1969 年在 AT&T 的贝尔实验室开发。

步骤四　了解 Linux 操作系统

Linux 操作系统诞生于 1991 年 10 月 5 日（这是第一次正式向外公布的时间）。

Linux 是一套免费使用和自由传播的类 UNIX 操作系统，是一个基于 POSIX 和 UNIX 的多用户、多任务、支持多线程和多 CPU 的操作系统。它能运行主要的 UNIX 工具软件、应用程序和网络协议。它支持 32 位和 64 位硬件。Linux 继承了 UNIX 以网络为核心的设计思想，是一个性能稳定的多用户网络操作系统。

以上所述均为常用的操作系统，结合本书，主要学习如何合理有效地利用 Windows 7 操作系统来管理自己的计算机。

小明新购买的计算机，正在想如何安装 Windows 7 呢？

子任务二　安装 Windows 7 操作系统

一般来说，当发生以下几种情况时，会考虑安装操作系统：新购置的计算机；长久使用计算机后，注册表文件被读写次数过多，出现问题；感染病毒导致计算机工作速度明显下降，且杀毒后没有明显改善；系统不能启动。

下面以安装 Windows 7 操作系统为例，学习如何安装操作系统。

步骤一　准备工作

（1）启动计算机，在通电自检时按下【Delete】键，进入 BIOS 设置，根据主板 BIOS 的不同，方法可能略有不同，现以如图 2-2-3 所示为例，进入主板 BIOS 进行相应设置。具体操作请查阅主板说明书。选择 Advanced BIOS Features 选项,选择"1st Boot Device"选项,将 CD-ROM 设置为第一启动设备。设置完成后保存设置,重新启动计算机。

(2)将事先准备好的 Windows 7 安装光盘放入光驱,重启,在看到屏幕底部出现 Boot from CD: Press any key to boot from CD……字样的时候,及时按任意键,否则计算机会跳过光盘又从硬盘启动了。

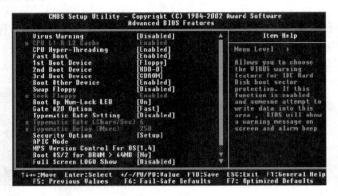

图 2-2-3　设置 BIOS

步骤二　开始安装

(1)计算机正在载入程序文件。如图 2-2-4 所示。此时为从光盘加载程序。

(2)选择安装语言,建立安装图形环境,如图 2-2-5 所示。出现本图,说明安装环境和安装程序已经载入计算机,此时需要用户的操作干预。Windows 7 旗舰版可以在安装后选择安装多种语言。

图 2-2-4　载入程序

图 2-2-5　建立安装图形环境

(3)请根据实际需要,选择好适合自己的选项后,单击"下一步"继续,安装 Windows 7 操作系统。如图 2-2-6 所示,软件正在启动安装程序,此时用户无需干预,请等待。

(4)必须接受 Windows 7 许可条款,不接受就不能安装,如图 2-2-7 所示。

(5)选择安装模式,这是十分关键的一步,这里推荐用户选择自定义全新安装,要进行自定义安装,选择"自定义(高级)"即可,如图 2-2-8 所示。

(6)选择安装磁盘。如是新购买的计算机,硬盘尚未分区,则进入硬盘未分区界面,如图 2-2-9 所示。方法是先单击驱动器盘符,然后再单击"驱动器选项(高级)"即可。

(7)创建第分区如图 2-2-10 所示。

硬盘分区和格式化完成后，安装程序开始复制安装文件，然后开始自动安装，整个过程约 40 分钟。选择驱动器，比如 C:盘，准备复制 Windows 安装文件，如图 2-2-11 所示。

图 2-2-6　安装 Windows 7 界面

图 2-2-7　安装 Windows 许可条款

图 2-2-8　选择安装模式

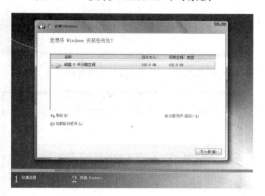

图 2-2-9　硬盘未分区界面

图 2-2-10　创建分区

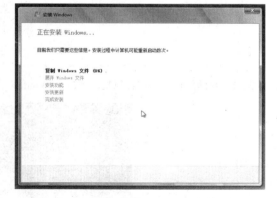

图 2-2-11　准备复制 Windows 安装文件

（8）需要重启计算机若干次，用户只要服从计算机自动操作即可。最后一次重启进入系统后，开始设置用户名和密码，如图 2-2-12 所示。

（9）输入 Windows 7 的产品序列号，包括 25 位英文和数字组合字符，也可暂时不输入，其中，复选框"当我联机时自动激活 Windows（A）"也可不选，可以在稍后进入系统后再激活。这里，建议输入正确的产品序列号并勾选复选框，如图 2-2-13 所示。

（10）本步骤是关于 Windows 7 的更新配置方面的，即"帮助您自动保护计算机以及提高 Windows 的性能",这里可以选择"使用推荐设置",如图 2-2-14 所示。

(11) 设置日期和时间,如图 2-2-15 所示。

(12) 经过以上步骤,Windows 7 安装完毕,系统准备桌面,打开 Windows 7 操作系统,首次安装的 windows 7 操作系统桌面只会显示"回收站"图标,如图 2-2-16 所示。

至此 Windows 7 操作系统的全部安装过程完成,帮助购买新电脑的小明同学解决了问题。

图 2-2-12 设置用户名和密码

图 2-2-13 输入产品序列号

图 2-2-14 帮助您自动保护计算机以及提高 Windows 的性能

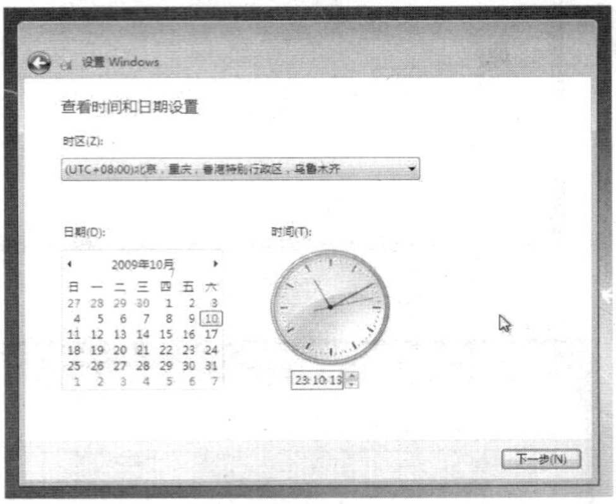

图 2-2-15 设置日期和时间

图 2-2-16 Windows 7 初次启动后的桌面

子任务三　Windows 7 基本操作

小明开始使用 Windows 7，对于新购买并刚刚安装完 Windows 7 的他来说，虽然以前使用过 Windows 系列的其他版本，但对其新版本的 Windows 7 的功能却一无所知，带着好奇的心情，让我们带着他一同来体验 Windows 7 的强大功能吧！

步骤一　启动和关闭 Windows 7

1. 启动

一般来说，启动计算机是有顺序的，遵循先外围设备后主机的顺序，即先打开与计算机主机箱连接的各个外部设备，比如先连接好鼠标、键盘、显示器、打印机、摄像头等，然后开启各设备的电源，使其处于待机状态，最后开启计算机电源，这样有利于在计算机开机后，先进入硬件自检状态，同时加载外部设备的驱动程序，便于将来正常使用。对于使用过 Windows 98 的用户来说，深有体会，每当连接新的外部设备的时候，均会在桌面右下角出现"发现新硬件"字样，需要安装该硬件的驱动程序方可使用该设备，其实现在的操作系统不至于出现这样的情况，但是还是建议用户采用这样的开机顺序。

2. 关机

关机的顺序和开机是相反的，即先关主机后关外围设备。当计算机使用完毕时，可单击"开始"按钮，在"开始"菜单右侧单击"关机"按钮即可关闭计算机，如图 2-2-17 所示。

图 2-2-17　关闭 Windows 7

思考

关机按钮右侧有个小的三角形，这个三角形是为了装饰吗，它起到了什么作用呢？

用户单击"关机"右侧的三角形，则会出现许多功能，包括切换用户、注销、锁定、重新启动、睡眠、休眠。对于初学者，刚接触 Windows 7 的用户来说，看到以上这几个词，很迷茫。为了搞清楚这几个功能，首先回顾一下操作系统中的一个知识点，众所周知，每一个应用程序要运行，就必须先将程序从硬盘调入内存，在内存中被执行的程序片段就称为进程。而内存一个较大的特点就是易失性，一旦断电，内存中的数据将全部清空。

（1）切换用户。和注销类似，允许另一个用户登录计算机，但前一个用户的操作依然被保留在计算机中，其请求并不会被清除，一旦计算机又切换到前一个用户，那么他仍能继续操作，这样即可保证多个用户互不干扰地使用计算机。

（2）注销。由于 Windows 允许多个用户登录计算机，所以注销和切换用户功能就显得十分有用了，顾名思义，注销就是向系统发出清除当前登录的用户的请求，清除后即可使用其他用户来登录系统，注销不可以替代重新启动，只可以清空当前用户的缓存空间和注册表信息。

（3）锁定。在 Windows XP 系统中称为"待机"，一旦选择了"锁定"，系统将自动向电源发出信号，切断除内存以外的所有设备的供电，由于内存没有断电，系统中运行着的所有数据将依然被保存在内存中，这个过程仅需 1~2 秒的时间，当我们从锁定态转向正常态时，系统将继续从根据内存中保存的上一次的"状态数据"进行运行，这个过程同样也仅需 1~2 秒。而且，由于锁定过程中仅向内存供电，所以耗电量是十分小的，对于笔记本，电池甚至支持计算机接近一周的"锁定"状态。所以，如果你需要经常使用计算机的话，推荐不要关机，锁定计算机就可以了，这样可以大大节省再次启动计算机所需的时间，更何况这样也不会对计算机产生什么不利的影响。

（4）睡眠。这是 Windows Vista 和 Windows 7 的新功能，结合了锁定和休眠的优点，当执行"睡眠"时，内存数据将被保存到硬盘上，然后切断除内存以外的所有设备的供电，如果内存一直未被断电，那么下次启动计算机时就和"锁定"后启动一样，速度很快，但如果下次启动（注意，这里的启动并不是按开机键启动）前内存不幸断电了，则在下次启动时遵循"休眠"后的启动方式，将硬盘中保存的内存数据载入内存，速度也自然较慢了。可以将"睡眠"看作"锁定"的保险模式。

（5）休眠。与锁定类似，一般只能在 Windows Vista 和 Windows 7 中看到这一功能，执行"休眠"后，系统将会将内存中的数据保存到硬盘上，具体来说是保存在系统盘的"hiberfil.sys"文件中，所以这个文件一般比较大，除非先禁用休眠功能，否则无法将其删除，内存数据保存到硬盘后，电源会切断所有设备的供电，下次正常开机时，"hiberfil.exe"文件中的数据将会自动加载到内存中继续执行，即休眠功能在断电的情况下保存了上次使用计算机的状态。休眠以后，再进行的开机操作就是正常开机了，所以启动速度还是很慢，比正常启动需时多一点。

（6）关机。系统先关闭所有运行中的程序以及系统后台服务，然后向主板和电源发出特殊信号，让电源切断对所有设备的供电，计算机彻底关闭，下次开机完全是重新启动计算机。

试一试：学习或工作一天的你，到了晚上，不想再拖着疲惫的身体坐在电脑前了，现在想躺在床上，听着利用电脑播放的音乐或收音机，夜深了，甚至懒得起来关机，那么该怎么办呢？可以试一试 Windows 7 的自动关机功能？按照下面的步骤，自己试一试吧！

3．针对"试一试"中提出的问题，可以采取以下方法试一试。

（1）执行"开始"→"运行"命令，或者执行"开始"→"所有程序"→"附件"→"运行"命令。

（2）在运行框里输入"shutdown"命令并输入参数，如"shutdown -s -t 60"，如图 2-2-18 所示。其中"-s"表示关机，"-t"是时间，后边跟时间长短，这里的时间单位是秒，60 即 60 秒。设置在 1 分钟后自动关闭 Windows 7 操作系统。

（3）显示自动关机对话框，告之用户多久后可以自动关闭计算机。自动关机提示如图 2-2-19 所示。

（4）如果你想在某个时间点关机，比如说凌晨 1 点钟，只需要输入"at 1:00 shutdown -s"即可。

（5）如果中途有事，不想在预订的时间关机，需要取消自动关机命令，则只需输入运行窗口"shutdown -a"即可，确定后会有取消的提示，如图2-2-20所示。

图 2-2-18　设置自动关闭 Windows 7

图 2-2-19　自动关机提示

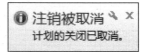

图 2-2-20　注销被取消

步骤二　掌握操作鼠标

正常进入 Windows 7 后，映入眼帘的画面即整个屏幕就是桌面，桌面就是工作区，如图 2-2-21 所示。桌面由任务栏和桌面图标组成。任务栏位于屏幕的底部，一般情况下，任务栏从左向右依次显示的是："开始"菜单、快速启动栏、活动任务区、输入法、音量图标、时间以及其他一些托盘图标。

图 2-2-21　Windows 7 桌面

桌面是指占据整个屏幕的区域。它像一个实际的办公桌一样，可以把常用的应用程序以图标的形式摆放在桌面上。

图标是代表应用程序（如 Microsoft Word、Microsoft Excel）、文件（如文档、电子表格、图形）、打印机信息（如设备选项）、计算机信息（如硬盘、软盘、文件夹）等的图形。桌面上的图标又称为快捷方式。使用某应用程序或文件时，只要双击该图标就可以了。

鼠标指针，即桌面上的那个箭头，它是操作所有对象的工具，它的形状时而变成一个蓝色的小圆圈，时而又会变为不同的箭头形式。鼠标指针的形状及意义见表 2-2-2。

在 Windows 7 中，实际操作时既可以使用鼠标，也可以使用键盘，或者两者配合。操作对象不同，使用方法也不同，可是大多数操作均可由鼠标操作完成，所以详细学习鼠标的操作技巧是关键。鼠标是计算机操作中必不可少的输入设备之一，分有线和无线两种。它是计算机显示系统纵横坐标定位的指示器，根据目前大多数鼠标的样式，可将鼠标的操作大体上分为单击、右击、双击、拖曳。其含义如表 2-2-3 所示。

表 2-2-2　Windows 7 中鼠标光标形状及含义

鼠标光标形状	意义	鼠标光标形状	意义	鼠标光标形状	意义
▶	标准选择	I	文本选择	↘	沿对角线调整2
▶?	帮助选择	⊘	不可用	✥	移动
▶○	后台操作	↕	垂直调整	↑	候选
○	忙	↔	水平调整	☝	连接选择
＋	精确定位	↗	沿对角线调整1		

表 2-2-3　鼠标器操作的术语和含义

术语	操作	含义
单击	单击左键	快速按下并释放鼠标器的左按钮
右击	单击右键	快速按下并释放鼠标器的右按钮
双击	双击左键	连续两次快速单击鼠标器的左按钮
拖曳	拖动	按住鼠标器的左按钮同时移动鼠标器
鼠标指针	指向	呈现在屏幕上且可以随着鼠标器移动而移动的图形符号：

思考

小明已经对鼠标操作有了一定的了解，可是从哪里开始学习 Windows 7 操作系统来操作自己的电脑呢？

步骤三　体验桌面上的操作

桌面就好比我们平时学习或办公的办公桌的桌面或写字台的台面，所以计算机的桌面也就是我们的工作区，在桌面上可以摆放图标、任务栏、开始按钮、状态栏和背景等。

安装完 Windows 7 后，桌面上只有一个回收站，其他程序都可以在开始菜单中找到。

1. 开始菜单

用鼠标单击"开始"菜单，会显示常用的程序列表等功能，如图 2-2-22 所示。

当鼠标指针在"开始"菜单上移动时，会使得相应的菜单项加亮。若使鼠标指针移动到带有 ▶ 符号的菜单项时，会弹出该菜单项的下一级菜单。若下一级菜单仍然有 ▶ 符号，则称为上一级的级联菜单，操作效果与操作父级菜单相同。一个菜单项对应于一个应用程序或一个文件夹。开始菜单中包括：

（1）常用程序列表：包括迅雷、360 安全浏览器等常用的应用程序，该列表是随使用时间的先后顺序动态变化的。

（2）所有程序列表：可以显示系统中安装的所有应用软件程序。

（3）搜索程序和文件文本框：在该文本框里可以输入要启动的程序或要查找的文件，如输入计算器后就会在该列表的上方看到计算器应用程序，单击后，便启动了计算器。

（4）管理员图标和管理员名称：在此列出了系统的管理员账户的名称和标志，同时可以看到当前登录系统的用户信息。

（5）启动程序列表：包括经常使用的 Windows 程序链接，常见的有"文档""计算机""控制面板""图片"和"游戏"等，单击不同程序选项，即可快速打开相应的程序。

（6）快速启动程序按钮：可以将最常用的应用程序放在这里，这样可以单击该应用程序图标，并迅速执行该程序，方法是单击桌面上的应用程序图标拖曳至此松手即可使用。

（7）关机按钮：单击关机即可正常关闭计算机。

（8）任务栏：默认在桌面的底部的长条，包括的按钮有开始、快速启动、活动窗口和非活动窗口、通知区域（输入法设置区域、网络连接状态、音量调节、日期和时间）。

试一试：用鼠标右击"任务栏"中间空白区域，会出现什么情况？

通过试一试，则出现如图 2-2-23 所示的快捷菜单。

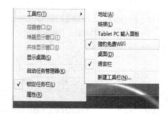

图 2-2-22　Windows 7 开始菜单　　图 2-2-23　右击 Windows 7 桌面底部任务栏

任务栏显示所有正在运行的程序。任务栏一般在桌面下方，但是它可以进行移动，如可以放在屏幕的左方、右方或上方，放置好后，可将其固定紧贴在桌面边缘，即锁定任务栏。由于 Windows 操作系统是单用户多任务的操作系统，即一个用户可以打开多个程序，如打开文字处理软件 Word，电子表格处理软件 Excel，音频播放器听歌，等等，但是只有正在面对用户操作的应用程序才称其为前台任务，其余程序虽然还正常工作，但将它们统称为后台任务。这些任务的切换均可以通过单击任务栏上显示的图标来完成。

● 启动"任务栏属性"对话框：用鼠标右击任务栏的空白处，在快捷菜单选择"属性"命令，打开"任务栏和[开始]菜单属性"对话框，可以复选"锁定任务栏"或"自动隐藏任务栏"或"使用小图标"，单击"确定"按钮，即可实现相应功能。

● 在任务栏上添加新的工具栏：在任务栏的空白处右击，启动快捷菜单，通过"工具栏"子菜单可以添加"地址""链接"等工具。在快捷菜单，单击去掉"工具栏"子菜单中相应选项前的"✓"标志，则该工具将从任务栏上消失。

2. 创建快捷方式图标

一般来说，图标分为普通图标和快捷方式图标两类。普通图标是 Windows 7 为用户设置的图标，而快捷方式图标是用户自己设置的图标，快捷方式的图标上有一个箭头标志。如图 2-2-24 所示，创建图标快捷方式比较简单的方法是：在开始菜单中创建图标快捷方式（以"浏览器 IE11"图标为例）。

图 2-2-24　快捷方式图标

在"开始"菜单中找到"浏览器 IE11"选项，然后单击鼠标左键并将其拖到桌面（拖到任何地方都可以），会出现如图 2-2-24 所示的快捷方式图标，图标显示在桌面上，双击该快捷方式图标即可打开 IE 浏览器。

若用户对该快捷方式图标不满意，还可以修改图标样式，具体操作方法是：

右击待修改图标样式的快捷图标，如右击桌面上的 Internet Explorer 快捷图标，在弹出的快捷菜单中选择"属性"命令，显示"Internet Explorer 属性"对话框，如图 2-2-25 所示，在该对话框中单击"更改图标"按钮，弹出如图 2-2-26 所示的"更改图标"对话框，在"从以下列表中选择一个图标"下的列表框中选择一个图标，然后单击"确定"按钮即可。回到桌面，会看到 Internet Explorer 快捷图标发生了变化。

图 2-2-25　"Internet Explorer 属性"对话框　　图 2-2-26　"更改图标"对话框

3. 窗口的组成元素

窗口是用户与应用程序交互的主要界面，目前，程序员将应用程序的窗口都设计为友好的界面供用户使用，因为窗口是 Windows 中使用最多的图形界面。

在 Windows 7 中，大部分窗口的外观都是类似的，组成元素也相近，如有菜单栏、地址栏、工作区、工具栏、滚动条等，双击桌面上的"计算机"图标，打开的窗口就是 Windows 7 的一个标准窗口，如图 2-2-27 所示。

（1）标题栏。

用鼠标拖曳标题栏可以移动窗口的位置，在标题栏的最右侧有 3 个按钮，自左至右，第 1 个是把窗口最小化至桌面的状态栏按钮，第 2 个是最大化或还原两个状态互相转换按钮，第 3 个是关闭窗口的按钮。

（2）地址栏。

它类似于网页中的地址栏，用于显示或输入当前窗口的地址，这个地址可以是本地磁盘的地址，也可以是网址，在联网的状态下，输入正确的网址，便可以在浏览器中打开。

（3）搜索栏。

用户可以在这里输入需要查找的文件的文件名，然后单击"树形目录结构"中的"计算机"，表示从全部磁盘范围内搜索该文件，如果单击树形目录结构中的"本地磁盘（D:）"，表示从 D：盘范围内搜索该文件。

（4）菜单栏。

一般情况下，菜单栏都在窗口标题栏的下方，以菜单条的形式出现。在菜单条中列出了可选的各菜单项，用于提供各类不同的操作功能，比如在"计算机"窗口的菜单条中，有"文件""编辑""查看"等菜单项。不同应用程序的菜单项有所不同，菜单项是相应应用程序的各种命令和操作状态的集合。

（5）工具栏。

位于菜单栏的下方，其内容是各类可选工具，由许多命令按钮组成，每一个按钮代表一种工具，如可利用"属性"命令按钮来查看文件（夹）的属性，包括文件（夹）的类型、大小等信息。再如打开 Word 文字处理软件，可以看到工具栏中有更多的工具按钮供用户使用，给用户带来了极大的方便。

图 2-2-27　Windows 7 "计算机"标准窗口

（6）树形目录结构。

在该窗口中，左侧显示的是本台计算机的目录，右侧显示与目录相对的内容。关于本知识点，参考资源管理器。

（7）滚动条。

当窗口的大小不足以显示出整个文件（档）的内容时，可使用位于窗口底部或右边的滚动块（向右或向下移动），以观察该文件（档）中的其余部分，尤其在浏览网页过程中，经常用到滚动条功能来实现扩大视野的目的。

（8）窗口信息栏。

用于显示工作区中的文件（夹）的个数，一般为几个对象，计算机将每个文件（夹）称为一个对象，或显示系统的相关属性，比如内存或处理器等相关信息。

（9）工作区。

本部分是窗口的主体部分，用户可在其中对各个图标代表的应用程序进行操作，同时可以看到该应用程序的运行状况。

4. 窗口的基本操作

一般情况下，应用程序都会提供一个适当尺寸和位置的窗口，但是有时候不一定能满足用户操作的需要，比如需要打开多个窗口，或需要调整窗口的位置或大小时，对窗口的基本操作可以有：

（1）移动窗口。

用鼠标选中标题栏，按住鼠标左键拖动，可以上、下、左、右地移动窗口，改变窗口的位置，直到满意为止。

（2）改变窗口的大小。

将鼠标指针指向窗口的上下边缘，当指针变为指向上或向下的双向箭头时，按住鼠标左键向上或向下拖动，可以使窗口纵向变大或缩小；将鼠标指针指向窗口的左右边缘，当指针变为指向左、右的双向箭头时，按住鼠标左键向左或向右拖动，可以使窗口横向变宽或变窄；将鼠标指针指向窗口的任意对角位置，当指针变为双头斜向指针时，按住鼠标左键向对角线方向拖动指针，可以使窗口整体变大或缩小。

（3）关闭。

可以使用快捷键【Alt+ F4】或单击窗口又上角的关闭按钮，还可以单击"文件"菜单的"关闭"命令。

当用户打开多个窗口时，Windows 7 可以快速组织桌面上的所有窗口。用户可以在状态栏空白处右击鼠标，则会出现快捷菜单，如图 2-2-28 所示。其中堆叠显示窗口显示效果见图 2-2-29 所示。

图 2-2-28　组织窗口菜单

图 2-2-29　堆叠显示窗口

① 层叠窗口：选择"层叠窗口"命令，则桌面上的所有窗口以层叠形式出现，同时显示每个窗口的标题栏。

② 堆叠显示窗口：所有打开的窗口上下平铺在整个桌面上。

③ 并排显示窗口：所有打开的窗口左右平铺在整个桌面上。

④ 显示桌面：选择"显示桌面"命令，则所有打开的窗口全部最小化。

此时，单击任务栏上某一应用程序的图标，则该应用程序的窗口将恢复为原来的大小。

⑤ 使某一窗口变为活动窗口。当桌面上打开了多个窗口时，如果想在其中的某个窗口中进行操作，可以用鼠标单击该窗口中的任何位置，则该窗口变为活动窗口。

用户在使用各个菜单项时，可发现有的命令在某种情况下是不可以使用的，其文字以浅色显示，如复制和粘贴命令，当没有复制信息的时候，粘贴命令是不可以使用的，但是一旦复制了信息，则粘贴命令就可以使用了，所以，Windows 对菜单的使用有统一的规定，如图 2-2-30 所示，其相关规定如图 2-2-31 所示。

在图 2-2-30 中，可以看到每个菜单项后面都有一个英文字母，按【Alt】键加这个字母，即可打开该菜单。例如，按组合键【Alt + F】就等价于用鼠标单击"文件"菜单并打开。

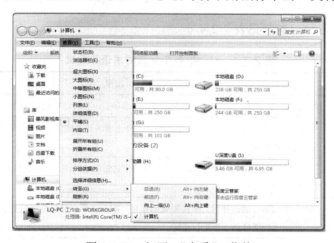

图 2-2-30　打开"查看"菜单

命令项	说明	命令项	说明
灰色字体	该命令当前暂不能使用	带 …	将会出现对话框
带 √	该命令已经起作用	带 ▶	将引出一个级联菜单
带 ·	该命令已经选用	带组合键（如【Ctrl+C】）	表示复制快捷操作

图 2-2-31　菜单约定

4. 对话框

对话框的主要功能是接收用户输入的信息和设置系统的相关信息等操作。

对话框有多种不同的形式，但其中所包括的交互方式大致相同，一般包括单选按钮、复选框、列表框、文本框、下拉列表框、按钮等。"字体"对话框如图 2-2-32 所示。

对话框的特点：

（1）对话框只能改变位置而不能改变大小；

（2）对话框不带菜单栏、工具栏；

（3）对话框具有一般窗口的共性，如带有标题栏、关闭按钮等。

图 2-2-32 "字体"对话框

在对话框中有各种元素,见表 2-2-4。

表 2-2-4 对话框各个元素的术语和含义

对话框中常用功能	操作
选项卡	单击其中一个选项卡,使其成为当前使用的选项卡,其对话框的内容就会随之发生改变
复选框	一个小方块,旁边有系统提示。单击小方块使之激活或关闭。当出现"√"符号时,表示激活状态。复选框允许多选
单选按钮	一个圆按钮,旁边有系统提示。单击小按钮使之激活或关闭。当出现黑点符号时,表示激活状态。单选按钮只允许单选
列表框下拉列表框	含有一系列条目的选择框。单击需要的条目,即为选中。如果是下拉列表框,应首先单击"▼"箭头,显示选项清单后,再进行选择
文本框	一个矩形框,用于输入字符、汉字或数字。在文本框中单击鼠标以确定插入点,然后输入需要的正文信息。如果文本框的右端有一个"▼"箭头,单击它可显示一个选项清单,用户可从中进行选择
数值调节钮	通过数值右侧的▲/▼按钮调节数值的大小,这个并不是所有对话框都有
命令按钮	许多对话框都包括三个命令按钮,分别是"确定""取消"和"应用"。单击命令按钮,可执行相应的操作

 思考

窗口和对话框有哪些区别?

课堂实验

1. 试一试如何实现定时关机?
2. 思考对话框和程序窗口有哪些区别?
3. 安装 Windows 7 操作系统,体验和 Windows XP 相比有何优势?

任务三　管好我的信息资源

小明顺利地在自己电脑上安装上了 Windows 7 操作系统后，通过不断摸索实践，已经掌握了操作系统的基本的操作方法，下一步就要开始使用计算机管理来管理自己的各类文件，他将如何着手呢？

任务要求

- 了解文件与文件夹的概念。
- 掌握 Windows 7 中的文件管理。

思考

小明已经对 Windows 7 的基本操作有了一定的了解，他想，在桌面上双击"计算机"图标，显示图 2-2-27 所示的 Windows 7 "计算机"标准窗口后，在这里可以做什么？能实现对文件（夹）的管理吗？

"计算机"是 Windows 7 操作系统的重要组成部分，是对连接在计算机上的全部外存储设备、外部设备、网络资源和计算机配置系统管理的主要工具，为了帮助小明解决问题，先了解一些相关概念。

步骤一　了解文件与文件夹的概念

在 Windows 7 操作系统中，各种信息是以文件的形式存储在磁盘上的。广义的文件一般指存储在某个媒体上的一组相关信息的集合。在计算机中，文件是数据、程序、文档和其他信息在计算机系统中的一种重要的存在形式。

文件可以是应用程序，比如电子表格处理程序 Excel、画图程序等，也可以是由应用程序所创建的数据文件，比如由 Excel 创建的成绩表文档、MP3 歌曲文件等。

在计算机众多的文件中，如何对每个文件进行操作，Windows 7 是通过文件名来对文件进行各种操作的。

1. 文件的命名规则

用户在 Windows 7 操作系统中给文件命名要遵循以下规则：

（1）文件名或文件夹名可以由 1~256 个英文字符或 128 个汉字（包括空格）组成，不能多于 256 个字符。

（2）文件名可以有扩展名，也可以没有。有些情况下系统会为文件自动添加扩展名。一般情况下，文件名与扩展名中间用符号"."分隔。

（3）文件名和文件夹名可以由字母、数字、汉字或以下表格所列字符等组合而成。

| ~ | ! | # | @ | $ | % | ^ | & | (|) | + | _ | - | [] | {} | ' |

（4）可以有空格，可以有多于一个的圆点。

（5）文件名或文件夹名中不能出现以下字符：

| \ | / | : | * | ? | " | <> | | |

(6) 不区分英文字母大小写。例如，文件 AB.C 和文件 ab.c 被认为是同一个文件。
(7) 文件名和文件夹名中可以使用汉字。
(8) 可以使用多个分隔符，如 "my a.b.c.d.1999"。

计算机对文件的格式是有规定的，一般为 "文件主名.扩展名"。

文件可以只有主名没有扩展名，一般文件的主名是用户命名的，而扩展名是计算机应用程序给的，扩展名的不同决定了文件的性质不同，打开方式也不同。所以，用户需注意，主名可以随意更改，只要遵循命名规则即可，但是扩展名不能随意改动。扩展名不同，文件图标也有所不同。常见的文件扩展名和含义见表 2-3-1。

表 2-3-1 常见的文件扩展名

扩展名	含义	扩展名	含义
.exe 或.com	可执行文件	.fon	字体文件
.dll	动态链接文件	.hlp	帮助文件
.dat	数据文件	.ico	图标文件
.sys	系统文件	.txt	文本文件
.bmp	位图文件	.rar 或.zip	压缩包文件
.xls 或.xlsx	Excel 文档	.ppt 或.pptx	Powerpoint 文档
.doc 或.docx	Word 文档文件	.htm 或.html	网页文件

Windows 7 系统中的 "计算机" 窗口的功能相当于 Windows XP 系统中的 "我的电脑" 窗口，同样具有浏览和管理文件的功能。它还具有资源管理器的功能，它以目录的形式显示，存储计算机上的所有文件，通过它可以方便地对文件进行浏览、移动、复制等操作，在一个窗口中，用户可以浏览所有的磁盘、文件和文件夹。"资源管理器" 窗口与 "计算机" 窗口不仅在结构布局上相似，而且使用方法也完全相同。

2. 盘符

在 DOS 操作系统中，就有了盘符这一概念，在 Windows 7 中也沿用了这一概念，用它可以对磁盘存储设备进行标识，一般使用 26 个英文字母符加上一个冒号 ":" 来表示。早期的 PC 机一般安装有两个软盘驱动器，一个是 "A:"，另外一个是 "B:"，均表示软盘存储设备，如今已经不用，所以看不到以上盘符，如今的计算机的盘符是从 "C:" 开始的。在图 2-2-27 所示的 "计算机" 标准窗口中，用盘符 "C:" "D:" "E:" "F:" "G:" 表示硬盘，用 "H:" 表示光盘，用 "I:" 表示 U 盘，如果连接了更多的外部设备，则会出现更多的盘符。

3. 文件夹

在计算机系统中，文件夹也是一种目录，用文件夹可以存放若干个文件或文件夹，按照不同的类别建立不同的文件夹，存放相应类别的文件（夹），可起到分门别类的作用，便于日后按照类别来查找文件（夹）。

每个文件夹都有自己的名字，其命名规则同文件的命名规则，只是没有扩展名。

注意：在同一个磁盘或文件夹中不允许有相同名字的文件或文件夹。

一般为了表示某个文件的存放位置，经常以盘符、各级文件夹名称、文件名和扩展名、"\" 或三角形间隔写成一个整体，成为文件的路径名。若 "文件夹 1" 中还有 "文件夹 2"，则 "文件夹 2" 称为 "文件夹 1" 的子文件夹。

一般来说，文件的路径名的格式是：

[盘符：][文件夹名1][\][子文件夹名2][\]……[子文件夹名3][\][文件名].[扩展名]

路径中一般不留有空格。

在 Windows 7 "计算机"标准窗口的地址栏中显示的文件夹的路径是：

▶ 计算机 ▶ 本地磁盘 (D:) ▶ 常用软件 ▶ office2010 ▶

盘符与文件夹以及文件夹与文件夹之间的间隔符是三角形。

步骤二　掌握文件和文件夹的基本操作

1. 新建文件夹

双击桌面上的"计算机"图标，打开"计算机"窗口，然后双击需要建立文件夹的磁盘，比如双击"G:"盘，在工作区中窗口的空白区域右单击鼠标，在弹出的快捷菜单中选择"新建"命令，然后再选择文件夹，如图 2-3-1 所示。新建文件夹后，系统会让用户输入文件夹名称，若不输入，直接回车，则文件夹名称默认为新建文件夹。若今后想修改该文件夹名称或其他文件夹的名称，直接右击该文件夹，在弹出的快捷菜单中选择重命名即可，对文件的操作亦是如此。

图 2-3-1　新建文件夹

2. 复制和粘贴

在工作中，为了防止文件损坏或系统出现故障或计算机感染病毒导致文件丢失，需要将一些重要的文件进行备份。

在复制文件（夹）之前，需要先将其选中，然后才能操作，选择文件的步骤如下：

（1）选定单个文件（夹）。单击所要选定的文件或文件夹就可以了。

（2）选定多个连续的文件（夹）。单击所要选定的第一个文件或文件夹，然后按住【Shift】键，单击最后一个文件或文件夹。

（3）选定多个不连续的文件（夹）。单击所要选定的一个文件或文件夹，然后按住【Ctrl】键不放，单击其他所要选定的文件或文件夹。

选择需要复制的文件（夹）后，按组合键【Ctrl + C】即可实现复制，再打开目标盘或目标文件夹，按下组合键【Ctrl + V】。或者使用菜单方法，在"计算机"窗口中选择"编辑"菜单中的"复制"命令也可以实现。

注意：在复制时，如遇到目标盘或目标文件夹中已经存在与复制的文件夹同名的文件夹，系统会给出提示信息，如图 2-3-2 所示，用户要确认是否替换文件夹，如果单击按钮【是】表示替换，否则系统将不做任何操作。

如果是同名的文件进行复制粘贴，则与文件夹不同，如图 2-3-3 所示。用户可以根据对话框的提示信息作出选择：一是"复制和替换"，即用新文件替换旧文件；二是"不要复制"，系统将不会做任何操作；三是"复制"，即单保留这两个文件，这里用户不用担心，系统会自动给复制后的文件的文件名重新命名。

图 2-3-2　复制同名文件夹　　　　　　图 2-3-3　复制同名文件

文件或文件夹复制成功后，在源位置和新位置均会存在复制的文件或文件夹。

3. 移动

移动则与复制不同，在于文件或文件夹移动成功后，被移动的文件或文件夹仅仅在新位置存在，而在源位置则会丢失。

移动的方法是：选择需要复制的文件（夹）后，按组合键【Ctrl + X】即可实现移动，再打开目标盘或目标文件夹，按下组合键【Ctrl + V】。或者使用菜单方法，在"计算机"窗口中选择"编辑"菜单中的"移动"命令也可以实现。

 思考

小明在任何时候都可以复制或移动文件（夹）吗？在执行复制或移动命令后，文件临时存在哪里。

其实，在 Windows 7 中提供了一个供用户在不同程序之间进行数据共享的一个"空间"，它可以临时存放文字、图片等信息的区域，这个空间被称为"剪贴板"。

在进行复制、粘贴等操作时，其实复制的内容是放在内存中的，但我们重启电脑后，在剪贴板上的内容就会没有了，所以剪贴板占据内存中的一部分空间，它是系统内部的一个实用程序，在系统启动后自动生效。

剪贴板不仅可以临时存放文件（夹），还可以复制当前活动窗口或全屏幕信息，本书中的截图，均是采用此方法实现的，按【Print Screen】键可以复制当前整个屏幕，并作为图片粘贴到 Word 文档中；按组合键【Alt + Print Screen】仅仅复制当前活动窗口，并作为图片粘贴到 Word 文档中，当然也可以粘贴到其他应用程序中。

4. 删除

为了保持计算机中文件系统的整洁有序，节省磁盘空间，可以适当地将一些看过的视频或其他不用的文档进行删除，这样可以提升计算机的运行效率，下面介绍删除文件（夹）的方法。

这里需要分两部分进行介绍，一个是删除本地硬盘上的文件（夹），另一个是删除 U 盘或移动硬盘等移动存储设备上的文件（夹）。

在"计算机"窗口中的硬盘区域中选择本地磁盘，打开选中的本地磁盘后，选择需要删除的文件（夹），按【Delete】键，系统会提示删除文件夹的对话框，如图 2-3-4 所示。用户确认是否将此文件夹放入回收站，如果选择"是"，则本文件夹移动到回收站里，否则，保留不动。删除文件的操作同文件夹。将文件（夹）删除到回收站后，可以将被删除的文件（夹）恢复到删除前的位置，但是如果清空回收站的话，那么其中的文件（夹）将永久性删除。如果用户想把文件(夹)不经过回收站，直接从本台计算机删除,则需要按快捷键【Shift + Delete】或者右击桌面上的回收站图标，选择"属性"，则会显示如图 2-3-5 所示的对话框。这里可以选中单选按钮"不将文件移到回收站中，移除文件后立即将其删除。"，这时按【Delete】键删除文件（夹）时，将从本台计算机直接删除文件，而不经过回收站。

当用户删除移动存储设备，比如 U 盘或移动硬盘中的文件时，一旦按【Delete】键，则选中的文件（夹）从移动设备直接删除，而不经过回收站。

图 2-3-4　删除文件夹

图 2-3-5　"回收站属性"对话框

5. 属性

用户平时工作中，有些个人文件（夹）是不希望别人看到的，这时就需要设置隐藏属性，具体做法是：以文件夹 a 为例，右击该文件夹，在快捷菜单中单击"属性"命令，出现文件夹"a 属性"对话框，如图 2-3-6 所示，单击"隐藏"复选框，然后单击"确定"按钮。此时，显示"确认属性更改"对话框，一般选择"将更改应用于此文件夹、子文件夹和文件"，然后单击"确定"按钮，如图 2-3-7 所示。此时可以看到文件夹 a 在"计算机"窗口中以浅黄色半透明的样式显示，如果彻底想让该文件夹不显示，则应该单击"计算机"窗口中的"工具"菜单，然后选择"文件夹选项…"命令，将会显示"文件夹选项"对话框，如图 2-3-8 所示，单击"查看"选项卡，选中"不显示隐藏的文件、文件夹或驱动器"单选按钮，然后单击"确定"按钮。此时，在"计算机"窗口中就看不到文件夹 a 了。反之，如果再想看到该文件夹，则在图 2-3-8 所示的"文件夹选项"对话框的"查看"选项卡下，选择"显示隐藏的文件、文件夹或驱动器"单选按钮，然后单击"确定"按钮即可。对文件的操作亦是如此，这里不再赘述。

图 2-3-6 文件夹"a 属性"对话框

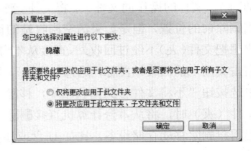

图 2-3-7 "确认属性更改"对话框

图 2-3-8 "文件夹选项"对话框

有时候,要求用户只能访问某个文件,不能将其修改,那就需要设置该文件的属性为"只读"了,操作方法也比较简单。还以文件夹 a 为例,在图 2-3-6 中,将复选框"只读"选上,再单击"确定"按钮即可实现。去掉文件夹"只读"属性的方法与去掉文件夹"隐带"的方法一样,即在"只读"复选框上再次单击,则原来复选框里的对勾将会失去,表示该属性已经不再生效,最后单击"确定"按钮即可。

在 Windows 7 中,提到了一个新的概念——库。

步骤三 了解"库"的概念的基本操作

1. 什么是库

库是一个集合或容器,用于收集具备同类型的、不同位置的文件或文件夹的索引信息。库实际上不存储收集到的项目,因此不需要从其他存储位置移动收集到的项目,如图 2-3-9 所示。

库用于监视包含项目的文件夹,及时记录项目变化,库所监视的文件夹可以是本计算机中的、移动存储器中的或其他计算机中的。例如,通过"图片库"可以收集当前计算机中的、移动存储器中的图片文件的信息。

图 2-3-9　库

2. Windows 7 操作系统默认创建了 4 个库

（1）文档库。用于组织和排列字处理文档、电子表格、演示文稿以及其他与文本有关的文件。

（2）图片库。用于组织和排列数字图片，图片可从照相机、扫描仪或电子邮件中获取。

（3）音乐库。用于组织和排列数字音乐，包括音频 CD、Internet 下载的歌曲。

（4）视频库。用于组织和排列视频，包括数字相机、摄像机剪辑，Internet 下载的视频文件。

课堂实验

文件夹与文件操作：在"D:"盘根目录下建立 Work 文件夹，在 Work 文件夹下建立 WIN 文件夹，复制一些文件到 WIN 文件夹，将 WIN 文件夹移动到"C:"盘根目录下，设置 Work 文件夹为隐藏属性，在 WIN 文件夹下建立 SIN 文件夹，查找 WINWORD.EXE 文件（如果不存在该文件，可以实现建立），将 WINWORD.EXE 文件复制到 SIN 文件夹，将 WORDEN 文件夹删除，将 SIN 文件夹改名为 COS。

任务四　我的机器我做主

小明在掌握了文件夹管理相关操作的基础上，想使用 Windows 7 附件中自带的软件定制自己的工作环境，并对自己的计算机做好管理和维护，他将如何着手？

74 / 计算机应用基础实用教程

任务要求

> 了解 Windows 7 附件的使用。
> 熟练掌握 Windows 7 系统维护与管理的相关操作。

子任务一 定制个性化的工作环境

桌面是打开计算机并登录到 Windows 7 后屏幕的主要工作区域,它为用户和计算机提供了一个沟通的平台,用户在计算机上的任何工作都基于这个平台进行,用户也可以按照自己的爱好更改计算机的主题、窗口颜色、声音、桌面背景、屏幕保护程序和用户账户图片。

步骤一 个性化设置

在桌面空白处右击,会出现图 2-4-1 所示的快捷菜单,在其中执行"个性化"命令,出现图 2-4-2 所示的"个性化"对话框。在该对话框中可以单击其中任意一个主题,比如建筑或人物或风景等,然后桌面会立即发生改变。还可以单击左侧的"更改桌面图标"按钮,出现"桌面图标设置"对话框,如图 2-4-3 所示,用户可通过选择复选框来调整桌面图标。

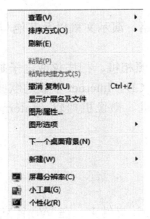

图 2-4-1 快捷菜单   图 2-4-3 "桌面图标设置"对话框

图 2-4-2 "个性化"对话框

在这里还可以更改账户图片,如图 2-4-4 所示,单击用户喜欢的那张图片,再单击"更改图片"按钮即可。

图 2-4-4　更改账户图片

步骤二　调整分辨率

分辨率如果选择过大，则桌面上显示的图标会相对较小，以便获得较大的工作空间，为了方便用户，目前的计算机显示器会自动地选择适合本机显示器的分辨率。在桌面空白处右击，在弹出的快捷菜单中执行"屏幕分辨率"命令，出现如图 2-4-5 所示的窗口。

图 2-4-5　设置"屏幕分辨率"

步骤三　设置系统日期和时间

如果要更改系统的日期和时间，可以右击屏幕右下角的时间，在显示的快捷菜单中执行

"调整日期/时间"命令，出现如图 2-4-6 所示的"日期和时间"对话框。一般计算机默认的时间与 Internet 时间同步，当然，我们选择的时区是中国北京。

单击图 2-4-7 中的"Internet 时间"选项卡，单击其中的"更改设置"按钮，会出现图 2-4-8 所示的"Internet 时间设置"对话框，按照此对话框的内容操作，即可实现用户计算机的时间与 Internet 时间同步，从而保证用户计算机的日期和时间的准确性。

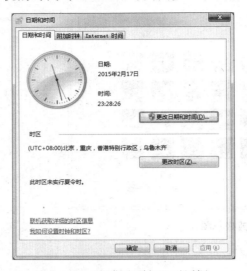 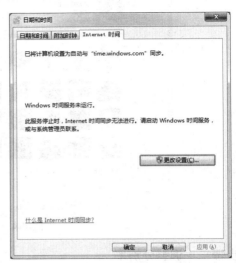

图 2-4-6　"日期和时间"对话框　　　　图 2-4-7　"Internet 时间"选项卡

步骤四　旋转桌面设置

用户可在桌面空白处右击，在弹出的快捷菜单中执行"图形选项"→"旋转"命令，从 4 个选项中选择其中的一个选项即可，如果旋转了某个角度，还按照此方法"选择旋转至 0 度"项，即可恢复正常即水平显示。旋转桌面设置如图 2-4-9 所示。

图 2-4-8　"Internet 时间设置"对话框　　　　图 2-4-9　旋转桌面

步骤五　向桌面添加小工具

用户若想在计算机桌面上显示当前的日期和时间或者其他功能，在桌面空白处单击鼠标右键，在弹出的快捷菜单中选择"小工具"命令，如图 2-4-10 所示，双击任意一个你喜欢的小工具，它就会被添加到桌面上来。例如，双击时钟、双击日历、双击 CPU 仪表盘后，则会在桌面上有相应的显示，如图 2-4-11 所示。

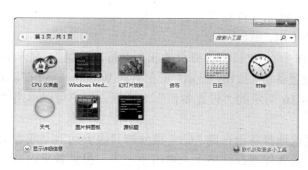

图 2-4-10　Windows 7 小工具　　　　　图 2-4-11　小工具

子任务二　Windows 7 系统维护与管理

小明学会了计算机的基本操作,但对复杂的设置并不了解,这就需要深入地学习关于控制面板的相关操作,现在重点讲解控制面板的主要功能,一切复杂的操作都要从打开控制面板开始。

单击"开始"菜单,在右侧窗格中单击"控制面板",出现如图 2-4-12 所示"控制面板"窗口。本子任务的讲解都是基于本图进行的,在本图中单击"类别"按钮,可以更改控制面板中所有图标的显示情况,读者可自行尝试。

图 2-4-12　"控制面板"窗口

本子任务所介绍的关于控制面板的所有操作,仅供读者学习,如需操作,千万谨慎,建议在操作前需仔细阅读本书以及其他相关资料,以免造成数据丢失或系统故障,影响读者学习或工作。

控制面板的功能是十分强大的,这里按照八大类别分别进行介绍。

步骤一　了解系统和安全设置

单击"控制面板"窗口中的"系统和安全",进行相关设置,如图 2-4-13 所示。

1. 设置备份和还原

Windows 7 操作系统为用户提供了文件和系统备份工具,以便系统故障时,用户的数据得到恢复,从而起到保护数据的作用。

在图 2-4-13 中,单击"操作中心""检查计算机的状态并解决问题",显示如图 2-4-14 所示"操作中心"窗口,单击"设置备份"按钮,显示"正在启动 Windows 备份",如图 2-4-15 所示,1～2 分钟后显示如图 2-4-16 所示的"设置备份"对话框。用户可以单击"备份目标选择指南"查看详细信息。

用户可以选择备份位置,建议选择备份在除"C:"盘外的其他驱动器上或者保存在网络上。例如,选择本地磁盘"G:"或者保存在网络上,单击下一步,提供备份内容有两种:一种是"默认选择:让 Windows 选择",另外是"自定义选择:让我选择",用户可根据需要选择。

图 2-4-13　"系统和安全"窗口

图 2-4-14　"操作中心"窗口　　　　图 2-4-15　正在启动备份过程

再单击"下一步"按钮,然后出现图 2-4-17 所示的对话框,最后单击"保存设置并运行备份"按钮。

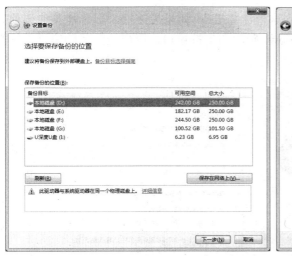

图 2-4-16　选择保存备份的位置

图 2-4-17　保存设置并运行备份

备份完成后，如果需要，可以在"备份与还原"窗口中单击"还原我的文件"按钮进行数据恢复。

2．防火墙

防火墙指的是一个由软件和硬件设备组合而成、在内部网和外部网之间、专用网与公共网之间的界面上构造的保护屏障，是一种获取安全性方法的形象说法，它是一种计算机硬件和软件的结合，使 Internet 与 Intranet 之间建立起一个安全网关（Security Gateway），从而保护内部网免受非法用户的侵入。

设置防火墙的具体操作是：单击"Windows 防火墙"，显示图 2-4-18 所示的对话框，单击左侧的"打开或关闭 Windows 防火墙"，显示图 2-4-19 所示的窗口，这里将家庭或工作网络位置和公用网络位置均设置启用 Windows 防火墙。

图 2-4-18　"Windows 防火墙"对话框

图 2-4-19　自定义防火墙

3．系统

单击"系统"，显示图 2-4-20 所示的对话框，用户可从这里查看本台计算机的信息。单击左侧的"远程设置"按钮，显示图 2-4-21 所示的"系统属性"对话框，用户可以选择不同的远程连接，本图选择的是"不允许连接到这台计算机"，如果想连接，则选择其他选项。用户可单击"帮助我选择"，则会出现 Windows 帮助和支持窗口，用户按照帮助信息进行操作即可。

图 2-4-20　系统信息　　　　　　　　图 2-4-21　远程桌面

4. 系统更新 Windows Update

Windows Update（Windows 8 及以后系统为 Windows 更新）是微软提供的一种自动更新工具，通常提供漏洞、驱动、软件的升级服务。

在默认状态下，只要用户连接了 Internet，系统就会自动连接到微软站点，提示用户下载更新内容并在后台对本机的操作系统进行更新，更新时不影响用户正常使用计算机，但是，更新结束后，会提示重新启动计算机，这里建议用户将所有工作保存并退出，关闭一切应用程序后，再重新启动计算机。在控制面板中执行"系统和安全"→"Windows Update"命令，显示图 2-4-22 所示的"Windows Update"窗口。

用户可以单击图中左栏的"检查更新"，系统会自动检查，如有更新会提醒。

图 2-4-22　"Windows Update"窗口

5. 磁盘清理

用户使用计算机过程中，经常会遇到磁盘空间不足的情况，主要是因为计算机在长时间使用过程中,产生的很多无用的文件占用了大量的磁盘空间,比如浏览器产生的临时文件等。

因此，就需要定期对磁盘进行清理，在图 2-4-13 所示的对话框中，单击"管理工具"中的"释放磁盘空间"或执行"开始"→"附件"→"系统工具"→"磁盘清理"命令，均可出现如图 2-4-23 所示的对话框，按照本组图的编号顺序进行操作即可完成对"C:"盘的清理工作，如果想清理其他磁盘，只需在组图①中驱动器下拉列表进行修改即可。

6. 磁盘碎片整理程序

在使用计算机的过程中所看到的每个文件其内容都是连续的，并不存在几个文件内容相互掺杂在一起的情况，其实文件在磁盘里实际存放时，其物理存放方式往往是不连续的。为了提高磁盘存储的灵活性，提高磁盘空间的利用率，尤其是经常存放、修改、删除比较大的文件后，如视频资料，文件在磁盘上会分为几块不连续的碎片，这些碎片在物理空间存储时是不连续的，但是在逻辑使用上确是连续的，所以不会影响用户使用，但是会降低计算机磁盘对文件的读取速度，影响计算机工作效率，甚至影响计算机的性能。

解决这一问题的办法是进行磁盘碎片整理，在图 2-4-13 所示的对话框中，单击"管理工具"中的"对硬盘进行碎片整理"或执行"开始"→"附件"→"系统工具"→"磁盘碎片整理程序"命令，均可出现如图 2-4-24 所示的"磁盘碎片整理程序"对话框，用户在其中可以选择盘符，然后单击"分析磁盘"按钮，经分析后，会显示出该盘存在碎片的情况，然后单击"磁盘碎片整理"按钮，系统会对该磁盘进行碎片整理，整理过程如图 2-4-25 所示。

用户还可以选择"配置计划"，这里的碎片整理计划已启用，于每月 31 日 1:00 运行，这样省去用户操作，计算机会自动进行整理操作。

7. 磁盘管理

磁盘管理主要完成对计算机系统内的磁盘进行分区、格式化等设置，这项操作用户只需了解相关概念即可，不可随意操作，一旦操作失误，可能会给您的计算机中的数据带来不可恢复的破坏。操作步骤：在图 2-4-13 所示的对话框中，单击"管理工具"中的"创建并格式化硬盘分区"按钮，出现图 2-4-26 所示的"磁盘管理"对话框。

图 2-4-23　磁盘清理

图 2-4-24 "磁盘碎片整理程序"对话框

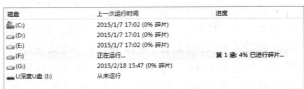
图 2-4-25 整理过程

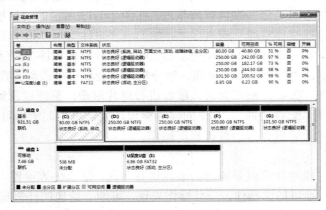

图 2-4-26 "磁盘管理"对话框

步骤二 了解网络和 Internet 设置

单击"控制面板"窗口中的"网络和 Internet",如图 2-4-27 所示。

这里主要介绍网络和共享中心功能,其他功能本书项目六"计算机网络基础与 Internet 应用"一章中有详细讲解。

1. 网络和共享中心

用户通过网络和共享中心可以查看基本网络信息并设置连接,单击"网络和共享中心"后,显示如图 2-4-28 所示的"网络和共享中心"对话框。

图 2-4-27 "网络和 Internet"窗口

项目二 应用 Windows 7 操作系统 / 83

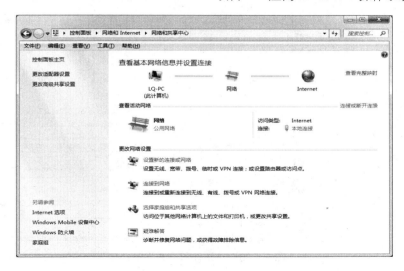

图 2-4-28 "网络和共享中心"窗口

2. Windows Mobile 设备中心

Windows Mobile 设备中心可帮助用户管理 Windows Mobile 设备。

使用 Windows Mobile 设备中心可以访问设备的在线服务和程序，使设备通过 PC 连接到其他资源，在设备和 PC 上保持最新信息。例如，如果在设备上进行了更改，则下次同步时，计算机上的相应信息就会自动发生更改，反之亦然。无论从何处查看信息，信息都会保持最新状态。单击"Windows Mobile 设备中心"，显示如图 2-4-29 所示的对话框。按照这组图所示步骤进行操作即可。Windows Mobile 设备中心还可帮助您自动将图片从设备导入到 Windows，并与设备同步视频和音乐。

图 2-4-29 "Windows Mobile 设备中心"对话框

步骤三　了解硬件和声音设置

单击"控制面板"窗口中的"硬件和声音"，如图 2-4-30 所示。

图 2-4-30 "硬件和声音"窗口

1. 打印机和传真

打印机是目前最常用的输出设备之一,用于将计算机处理结果打印在相关介质上。

单击"设备和打印机"后,在图 2-4-31 左图所示的"设备和打印机"窗口中,第一台打印机左侧有个对勾,表示本台打印机是默认打印机,用户在打印文档时,计算机会默认使用本台打印机。如果用户新购置了一台打印机,单击"添加打印机"后,在图 2-4-31 右图所示的"添加打印机"对话框中,按照系统提示安装打印机的驱动程序。

图 2-4-31 安装打印机

2. 鼠标

鼠标已经是目前计算机不可缺少的输入设备之一,大多数用户在使用鼠标时,都是用右手来操作的,那么单击鼠标用右手食指即可;但是还有一部分人,习惯用左手操作,那么这些人在操作鼠标时自然也使用左手操作了,那么他们用左手的食指操作,实现单击比较方便,可是此时他们左手食指下的是鼠标的右侧按钮,为了方便各类人群的操作,可以通过以下操作实现鼠标左右按钮功能的交换:单击图 2-4-30 所示对话框中的"鼠标",出现图 2-4-32 所示的"鼠标 属性"对话框,用户可在这里单击复选框"切换主要和次要的按钮",然后单击

"确定"按钮即可实现以上功能。

3. 声音

计算机的声音是可以调整的，比如按"都市风景"方案播放音乐的效果与默认的方案有所不同，操作步骤是：单击图 2-4-30 所示对话框中的"声音"，出现图 2-4-33 所示的"声音"对话框，再单击"声音"选项卡，在"声音方案"下拉列表中选择不同的方案，单击"确定"即可。

图 2-4-32　鼠标属性　　　　　　　　图 2-4-33　声音

步骤四　了解程序设置

单击"控制面板"窗口中的"程序"，弹出如图 2-4-34 所示"程序"窗口。

图 2-4-34　"程序"窗口

1. 卸载程序

当用户安装某些应用程序后，使用一段时间后，若出现新版程序，需要卸载旧程序再安装新程序，卸载程序不像删除文件那样简单，必须使用卸载程序功能。

执行"开始"→"控制面板"→"卸载程序"命令，出现如图 2-4-35 所示的"程序和功能"窗口，用户可单击需要卸载的应用程序名称，如可单击"360 杀毒"应用程序，再单击"卸载/更改"按钮，即可将该应用程序卸载。

图 2-4-35 "程序和功能"对话框

2．打开或关闭 Windows 功能

在安装 Windows 7 时，有的功能并没有安装，今后在使用过程中，若想使用 Windows 7 自带功能，比如使用"Internet 服务"功能，则需要重新安装，单击图 2-4-35 中左侧"打开或关闭 Windows 功能"，出现如图 2-4-36 所示的"Windows 功能"对话框，在这里选中"Internet 信息服务"复选框，再单击"确定"按钮即可。

图 2-4-36 "Windows 功能"对话框

步骤五 了解"用户账户和家庭安全"设置

单击"控制面板"窗口中的"用户账户和家庭安全"，如图 2-4-37 所示。

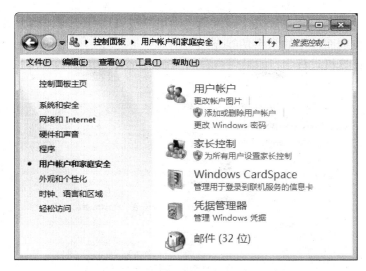

图 2-4-37 "用户账户和家庭安全"窗口

这里介绍更改用户账户的方法。

Windows 7 系统有强大的管理机制,可限制用户更改系统设置,以确保计算机的安全。不同的用户可以用自己的用户账户和密码登录,具体做法是:

单击"控制面板"菜单中的"用户账户",出现如图 2-4-38 所示的"用户账户"窗口。在这里可以实现更改密码、删除密码、更改图片等功能。

图 2-4-38 "用户账户"窗口

步骤六 了解外观和个性化设置

单击"控制面板"窗口中的"外观和个性化",弹出如图 2-4-39 所示的"外观和个性化"窗口。

这里介绍"轻松访问中心"功能,单击"轻松访问中心",出现如图 2-4-40 所示的"轻松访问中心"窗口。单击这里的"启动屏幕键盘"按钮,弹出如图 2-4-41 所示的"屏幕键盘"对话框。用户可以利用鼠标单击"屏幕键盘"上的每一个按键,进行文字录入。

另外,在控制面板中,还有"时钟、语音和区域""轻松访问"功能,用户可自行尝试各自功能,其中,在"轻松访问"功能中可以设置"语音识别"功能,这里可以实现"启动语音识别"和"设置麦克风"效果,设置成功后用户可以用耳麦与计算机对话。

至此,关于控制面板中的常用功能介绍完毕。

用户在使用计算机过程中,如果想查看当前系统资源使用情况,可以打开任务管理器查看相关信息。

图 2-4-39 "外观和个性化"窗口

图 2-4-40 "轻松访问中心"窗口　　　　图 2-4-41 屏幕键盘

启动"任务管理器"的方法：在状态栏的最右端空白处右击，于弹出的快捷菜单中选择"启动任务管理器"命令，显示如图 2-4-42 左图所示的"Windows 任务管理器"对话框。

在这里可以看到 6 个选项卡，打开"性能"选项卡，可以看到 CPU 使用率，内存、物理内存使用记录、物理内存、系统、核心内存等相关信息。

在图 2-4-42 右图所示的"Windows 任务管理器"对话框中，打开"应用程序"选项卡，在这里可以看到正在运行的所有程序，用户可以单击其中任何一个程序，然后单击"结束任务"按钮，便可以结束该应用程序的运行。

用户还可以使用 Windows 7 提供的桌面特殊的显示效果，即 3D 视觉操作。Windows 7 切换程序妙法具体操作步骤为：打开若干文件夹或程序，然后按住【Windows】键不放，每按一次【Tab】键，就会出现神奇的效果，如图 2-4-43 所示。

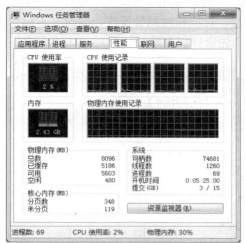

图 2-4-42　Windows 任务管理器

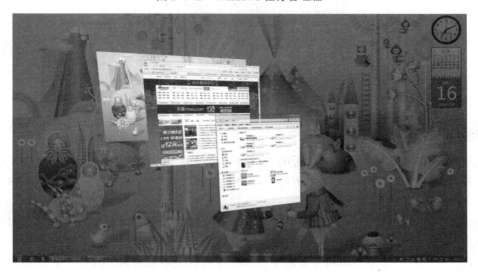

图 2-4-43　3D 视觉操作

子任务三 Windows 7 常用附件

Windows 7 操作系统除了具有强大的系统管理功能外，系统还提供了许多小型的应用程序，用户可以在没有安装其他相关应用程序的情况下，简单地完成日常的一些工作。

步骤一 了解"写字板"程序

写字板是一个小型的文字处理软件，虽然不能与功能强大的 Word 相媲美，但也能够对文本进行一般性的编辑与排版处理，还可以实现简单的图文混排效果。写字板是一个应用程序，启动方法是：执行"开始"→"所有程序"→"附件"→"写字板"命令，即可显示如图 2-4-44 所示。

在写字板中，可以编辑文本、图片等信息，也可以使用字体功能区域中的字体、字号、加粗、倾斜、加下划线等工具，还可以插入图片、日期和时间等操作，编辑文本后，需要保存，写字板文档默认保存类型是"*.rtf"文档。先选择保存路径，最后单击"保存"按钮。

图 2-4-44 "文档-写字板"窗口

步骤二 了解"记事本"程序

记事本是 Windows 7 系统内自带的专门用于小型纯文本编辑的应用程序。启动方法是：执行"开始"→"所有程序"→"附件"→"记事本"命令，即可显示如图 2-4-45（a）图所示的"网页.txt-记事本"对话框。

记事本所能处理的文件为不带任何排版格式的纯文本文件，可以在编辑窗口中输入文档，最后保存，默认的扩展名是"*.txt"。

但是，对于特殊文本，如网页文本文件，可以利用记事本编辑，但是一定要修改扩展名，修改扩展名时显示图 2-4-45（b）所示对话框，必须单击【是】按钮，将扩展名修改为"*.html"，修改结果见图 2-4-45（c）所示图标，这样的文件就可以利用浏览器打开，即网页文件。

步骤三　了解"画图"程序

画图应用程序是一个绘制简单图形的绘图工具,它具备了一个画图软件最基本的功能,程序小,占用系统资源很少。

启动方法是:执行"开始"→"所有程序"→"附件"→"画图"命令,显示如图 2-4-46 所示的"无标题-画图"窗口。

绘制简单图形后,保存画图文件默认的扩展名是".png",也可以选择其他格式,比如:"*.bmp""*.jpg"等图形文件格式。

(a)

(b)

(c)

图 2-4-45　记事本

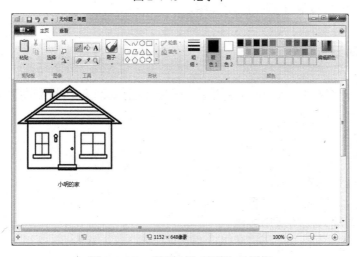

图 2-4-46　"无标题-画图"对话框

4. 计算器

用户可以利用计算机中的计算器进行数学运算、数制转换、单位转换、日期计算等。

启动方法是:执行"开始"→"所有程序"→"附件"→"计算器"命令,即可显示如图 2-4-47 所示的"计算机"对话框。

这里可以单击"查看"菜单,选择标准型、科学型、程序员或统计信息,可以通过"查看"→"历史记录"查看计算公式,如计算"$2^5=32$"。

至此,将 Windows 7 系统中常用的附件介绍完了,附件中其他应用程序,请读者参考相关资料自学。

图 2-4-47　计算器

课堂实验

1. 将 U 盘插入计算机,对其进行格式化,注意格式化前对文件进行备份。
2. 查看 C 磁盘的属性,确定其还剩多少存储空间。
3. 隐藏任务栏。将回收站的大小改为约占硬盘存储空间的 15%。
4. 安装打印机,型号自选。
5. 查看本系统共安装了多少应用程序。

任务五　轻松学打字

小明已经掌握了对 Windows 7 的设置,但是在上网聊天中他感觉打字速度还是太慢,于是开始苦练打字。

 任务要求

- ➤ 键盘分区及基本指法。
- ➤ 了解输入法的安装与设置方法。
- ➤ 掌握搜狗输入法的适用方法。

输入汉字的前提是配置中文输入法。目前大多数用户使用拼音输入法进行文字录入,首先需要用户选择一种输入法,下载并安装。在文字录入之前,用户还需了解打字时的正确的指法。

步骤一　指法练习

用户需按照图 2-5-1 所示的指法分布练习打字,不同的手指负责键盘不同区域,用户需反复练习,才能提高打字速度和准确度,最终实现盲打,用户也可以下载金山打字通软件帮助用户进行指法练习。

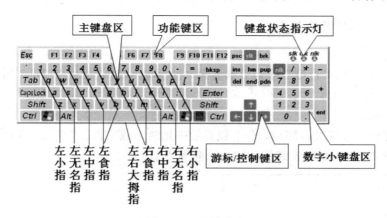

图 2-5-1　指法分布

主键盘区是键盘中央偏左的大片区域，共有 58 个键，各键功能如下：

字母键：26 个，【A】～【Z】，输入英文字母或汉字时用；

数字键：10 个，【0】～【9】，输入阿拉伯数字；

符号键：21 个，可以输入 "+" "?" "[" "{" "%" 等 32 种符号；

空格：1 个，输入空格；

【Enter】：回车键，在输入文本时表示换行，当输入命令时一般表示确定；

【Shift】：上挡键，2 个，在按下此键的同时按下字母键可以输入大写字母，当按下数字与字符共用键时，输入键帽上靠上方的那个；

【Ctrl】：控制键，2 个，一般不单独使用，要和其他键一起使用才有功能；

【Alt】：转换键，2 个，一般不单独使用；

【Tab】：制表键，按下此键，光标向前跳一段距离；

【BackSpace】：退格键，按下此键光标向后退一格并删除一列文字；

功能键区有【F1】～【F12】共 12 个键，这些键的功能是由操作系统或应用程序规定的，在不同的使用环境下，功能不同。例如，在 DOS 操作系统中功能键【F3】的含义是重复上一条指令，在 Windows 中【F3】是查找命令。

小键盘位于键盘最右侧，使用小键盘能很方便地输入数字。除【Num Lock】外，其余键的功能与主键盘区相同。当【Num Lock】键按下后，键盘上相应的【Num Lock】灯变亮，可以从小键盘输入数字；若再按一次【Num Lock】键，【Num Lock】灯会灭掉，小键盘上各键的功能与编辑键相同。

编辑键区共有 14 个键，集中在键盘右中侧，这些键主要在文本编辑时使用。

各键功能定义为：

【←】：光标向左移动一列；【→】：光标向右移动一列；

【↑】：光标向上移动一行；【↓】：光标向下移动一行；

【Insert】：插入键；【Delete】：删除键，可以删除光标右边的文字；

【Home】：把光标移动到行首；【End】：移动光标到行尾；

【PageDown】：向下滚动一屏；【PageUp】：向上滚动一屏；

【PrintScreen】：拷贝屏幕到剪贴板；【ScrollLock】：滚屏锁定；

【Pause】：暂停键，使正在滚动的屏幕停下来；【Esc】：取消键，取消输入的命令。

步骤二 下载和安装输入法

1. 下载输入法

打开浏览器，利用"百度"搜索引擎搜索"搜狗输入法"，出现图 2-5-2 所示的界面。单击"立即下载"按钮即可。

2. 安装输入法

下载搜狗输入法安装程序后，在下载目录中到时下载文件，如图 2-5-3 所示，双击该文件，出现如图 2-5-4 所示的安装搜狗输入法向导界面。

图 2-5-2 浏览器中搜索搜狗输入法　　　　图 2-5-3 搜狗输入法安装程序

步骤三 使用搜狗输入法

1. 激活输入法

使用中文输入法的操作是按组合键【Ctrl + 空格】来激活和关闭中文输入法。如果本台计算机安装了若干种输入法，可以按组合键【Ctrl + Shift】在各种输入法（包括各种中文输入法和英文输入法）之间进行切换。

2. 输入中文标点符号

单击输入法状态窗口中的中文标点按钮，如图 2-5-5 所示，中文标点按钮由空心变为实心，此时输入的标点即为英文标点，再单击一次该按钮，此时输入的标点即为中文标点，也可以按组合键【Ctrl + 句号】来进行转换。

图 2-5-4 安装搜狗输入法　　　　图 2-5-5 输入法状态条

3. 全角和半角

半角方式下输入的数字、英文字母、标点符号占用半个汉字的宽度，全角方式下输入的数字、英文字母、标点符号占一个汉字的宽度。可以按组合键【Shift+空格】来进行全角和半角状态的转换。图 2-5-5 中，有个月亮形状的按钮，称为"全/半角"转换按钮，表示此时为半角状态，如果再次单击这个按钮，形状会由月亮转换为实心圆，表示此时为全角状态。

4. 中英文状态转换

实现中英文状态转换可以按【Shift】键，该键相当于输入法中英文状态转换的开关。使用搜狗拼音输入法的优点在于可以实现智能联想输入，但若不注意，可能发生错误。

5. 拼音输入法与词语选择框的使用技巧

（1）输入拼音编码。输入汉字"计算机"对应的拼音编码"jsj"，如图 2-5-6（a）所示，按下对应的数字键可选中相应的汉字或词语，按空格键（或回车键）确认。例如，按下"1"键（或按默认键——空格键），再按空格键，汉字"计算机"输入完毕。

（2）在微软拼音输入法中，"ü"对应的 按键是"V"键。例如，"女"字的拼音编码"nv"。

（3）当某些声母的音节可能出现"二义"性的结果时，可用隔音符号"'"进行隔音。例如，"西安"的拼音编码是"xi'an"，且可以立即显示，如图 2-5-6（b）所示。如果输入拼音编码是"xian"，则显示情况如图 2-5-6（c）所示，用户还需进一步选择。

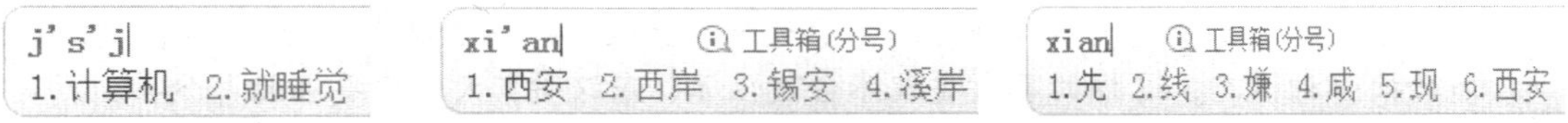

j's'j	xi'an	xian
1.计算机 2.就睡觉	1.西安 2.西岸 3.锡安 4.溪岸	1.先 2.线 3.嫌 4.咸 5.现 6.西安
(a)	(b)	(c)

图 2-5-6　拼音输入法使用技巧

6. 输入标点

中文文章中有许多标点符号，在大多数情况下，中英文标点的按键是一样的，但是也有一些特殊情况，可按照表 2-5-1 中的方法输入一些特殊的中文标点符号。

表 2-5-1　特殊的中文标点符号

中文符号	对应按键	说明	中文符号	对应按键	说明
顿号 、	/		单引号 ''	'	自动匹配
句号 。	.		双引号 ""	"	
破折号 ——	-		书名号 《》	<>	
省略号 ……	^		人民币符号 ¥	$	

课堂实验

文字录入题：录入以下文字。

乙未说羊迎新春
侯　会

在古人眼里，羊是吉祥的象征——古文字中"吉祥"常常写作"吉羊"。在羊的身上，古人还寄托了不少美好的寓意。例如，古代婚礼要以羊相赠，取其"群而不党、跪乳有礼"之义——羊的群体意识很强，却从不结党营私；而小羊喝母乳时取跪姿，古人也认为这符合孝道。

羊又有美好之意，"羊大为美"嘛。不错，在古代，羊肉是屈指可数的美食美味。在明清以前，北方不大养猪，牛又要留着犁田，因而餐桌上通常是羊肉当家。如北宋御厨中便"止用羊肉"。元代驿站对官员正使的接待标准是"日供米一升，面一斤，羊肉一斤，酒一升"（《经世大典》）。

不过那时百姓一般吃不起羊肉，馋了只能煮些"干羊脚子"下饭。肥美的羊肉属于官员的特供。宋代苏东坡名动天下，读书人争着学他的文章，有口碑传诵："苏文熟，吃羊肉；苏文生，吃菜羹。"这里的"吃羊肉"，就是指做官。

唐代宰相李德裕年轻时曾得一梦，梦见一座大山满坡都是羊。有牧羊人前来迎接，说这些羊就是您一辈子的食物！那时也只有当宰相的，才有这份"口福"！如今大不一样，只要您吃得下，两扎啤酒，几十串羊肉串，小百姓照样能大快朵颐！

历代统治者大多骄奢淫逸，但其中也有个把俭朴克己的。宋仁宗有一次跟近侍说：昨天夜里饿得睡不着，特别想吃烧羊肉。近侍问：干吗不派人出宫去买？仁宗回答：我听说每次到宫外购物，外面便立为成规。我只怕这次派人买肉后，外面夜夜杀羊做准备，日久天长，得杀多少羊？我宁可忍半宿饿，也不能开这个头！宋仁宗不愧一个"仁"字。

有因羊得名的，也有因羊贾祸的。春秋时，宋大夫华元杀羊饷士，因人多肉少，驾车的御者没能吃上。上了战场，御者发起飚来，说上回分羊肉是你说了算，如今上战车，可就归我说了算了！说着驾车跑到敌人阵地中，导致宋军大败——您看这事闹的，全因一块羊肉！

如果换一种心态，这样的事或许就不会发生了。东汉时，太常寺要在腊月分羊，可是一群羊大小肥瘦各异，怎么分？当头的建议把羊杀了分肉，博士甄宇表示反对——太常寺掌管礼乐，是"高知"扎堆的地方，又动刀子又拿秤的，成何体统！还有人建议抓阄。甄宇摇了摇头，他走上前去，挑了一只最小最瘦的牵走，接下来的分配竟十分顺利——华元和御者如果有如此心胸境界，还会有内讧兵败的糗事吗？

说来说去，一直没离开吃喝；其实古代养羊牧羊的故事也不少。汉代有个叫卜式的，跟弟弟分家时，把田宅财物统统留给弟弟，自己只要了一百只羊，独自进山放牧。汉武帝知道他会养羊，让他到上林苑给皇家放羊。一年以后，武帝见羊个个肥壮，不禁挑起大拇指。卜式汇报牧羊心得，说养羊如此，管理百姓也如此：碰上"恶者"就把它及时剔除，别让它害群，羊群自然安定了。武帝听了这话很吃惊，于是拜他为缑氏令。后来因官做得好，他还被封为关内侯，并当上太子的老师。

至于苏武持节牧羊、誓死不降的爱国事迹，更值得我们在羊年重温。

有些跟羊有关的典故还带有神话性质。唐人小说《柳毅传》说，士人柳毅路遇一衣衫褴褛的牧羊女，出于怜悯，他帮牧羊女到洞庭送信。后来才知道，此女原是洞庭龙女，而柳毅也因此成为洞庭龙君的乘龙快婿。龙女所放牧的也不是普通羊，而是"雨工"，即负责行雨的神兽——如此说来，羊年无疑是风调雨顺的好年景了。在这一年结婚的小伙子，备不住还能娶到可爱的"小龙女"呢。

冬去春来的时节，在《易经》中用"泰"卦表示。泰卦为"乾"下"坤"上，表示阳气渐盛、阴气渐衰。其中乾卦由三条阳爻（如同"三"字）构成，而"三阳"又与"三羊"同音，因有"三羊开泰"的吉语。

"泰"卦的整体意蕴是"天地交而万物通，上下交而其志同"，"小往大来"、万事通泰——祝愿羊年比马年更好！

（本文摘自：天津今晚报 2015 年 2 月 19 日星期四第 9 版）

项目三　Word 2010 文字处理软件

任务一　制作学生会干事应聘自荐书

小明是信息工程系的一名新生，看到系学生会纳新的公告后，为了在大学期间能够充分锻炼自己的能力，想自荐应聘系学生会干事一职。自荐书要求用 Word 文档制作，但是他的计算机基础很差，虽然中学时学过 Word，但早已忘得一干二净。时间紧急，只有 2 天时间，他能制作出一份精美漂亮的 Word 自荐书吗？

 任务要求

- 熟悉 Word 2010 的操作界面。
- 掌握文档的创建、保存等基本操作。
- 掌握字符、段落以及页面的基本编辑方法。

子任务一　创建 Word 文档

步骤一：启动 Word 2010

方法 1：执行"开始"程序→"Microsoft Office/Microsoft Word 2010"命令。

方法 2：执行"开始"→"运行"命令，在"运行"对话框中输入"winword"，单击【确定】按钮。

方法 3：通过双击打开已经存在的 Word 文档来启动 Word 2010。

 思考

这些启动的方法，启动后，Word 2010 界面有区别吗？

利用前两种方法进行启动以后，系统将自动创建一个默认名为"文档 1.docx"的空白 Word 文档。启动后的界面如图 3-1-1 所示。

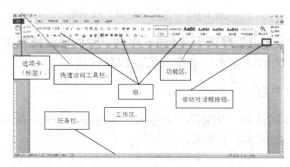

图 3-1-1　Word 2010 启动界面

Word 2010 和 Word 2003 的不同之处主要在于 Word 2010 基于工作任务的形式来组织操作命令，它将 Word 2003 以前版本中的菜单栏和工具栏合成在一起，以"开始""插入""页面布局""引用""邮件""审阅""视图"和"加载项"等选项卡的形式来列出 Word 中的操作命令。每个选项卡代表一组核心任务，其中，每个核心任务又分为若干组。

试一试：在功能区上单击鼠标右键，选择"功能最小化"，可以隐藏功能区，从而更多地显示文档内容；双击任意选项卡，可恢复显示功能区。

步骤二：页面设置

方法1：利用"页面布局"选项卡，可以设置纸张大小、页面边距、文字方向、页面边框等内容，如图3-1-2所示。

图 3-1-2 "页面布局"选项卡

方法2：单击"页面设置"组中的启动对话框按钮，或者双击标尺，打开"页面设置"对话框，"页面设置"对话框如图 3-1-3 所示。

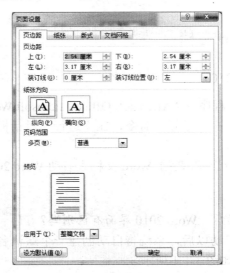

图 3-1-3 "页面设置"对话框

系统自动建立的"文档1"默认为 A4 纸，纵向，我们可以根据实际需要设置纸张大小、页面边距和纸张方向等内容，在本任务中我们选取默认值。

步骤三：输入文本内容

Word 2010 中字体默认为"宋体"，字号为"五号字"，对齐方式为"两端对齐"。在工作区中录入文本内容，如图3-1-4所示。

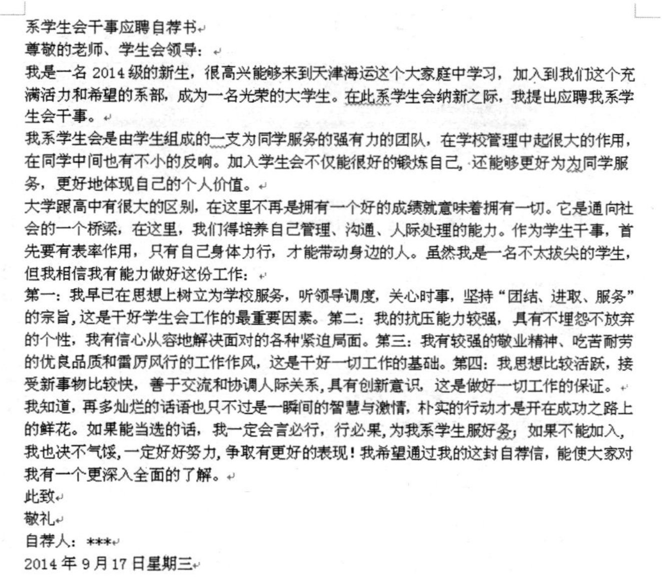

系学生会干事应聘自荐书

尊敬的老师、学生会领导：

我是一名 2014 级的新生，很高兴能够来到天津海运这个大家庭中学习，加入到我们这个充满活力和希望的系部，成为一名光荣的大学生。在此系学生会纳新之际，我提出应聘我系学生会干事。

我系学生会是由学生组成的一支为同学服务的强有力的团队，在学校管理中起很大的作用，在同学中间也有不小的反响。加入学生会不仅能很好的锻炼自己，还能够更好为为同学服务，更好地体现自己的个人价值。

大学跟高中有很大的区别，在这里不再是拥有一个好的成绩就意味着拥有一切。它是通向社会的一个桥梁，在这里，我们得培养自己管理、沟通、人际处理的能力。作为学生干事，首先要有表率作用，只有自己身体力行，才能带动身边的人。虽然我是一名不太拔尖的学生，但我相信我有能力做好这份工作：

第一：我早已在思想上树立为学校服务，听领导调度，关心时事，坚持“团结、进取、服务”的宗旨，这是干好学生会工作的最重要因素。第二：我的抗压能力较强，具有不埋怨不放弃的个性，我有信心从容地解决面对的各种紧迫局面。第三：我有较强的敬业精神、吃苦耐劳的优良品质和雷厉风行的工作作风，这是干好一切工作的基础。第四：我思想比较活跃，接受新事物比较快，善于交流和协调人际关系，具有创新意识，这是做好一切工作的保证。

我知道，再多灿烂的话语也只不过是一瞬间的智慧与激情，朴实的行动才是开在成功之路上的鲜花。如果能当选的话，我一定会言必行，行必果，为我系学生服好务；如果不能加入，我也决不气馁，一定好好努力，争取有更好的表现！我希望通过我的这封自荐信，能使大家对我有一个更深入全面的了解。

此致

敬礼

自荐人：***

2014 年 9 月 17 日星期三

图 3-1-4　输入文本内容

步骤四：保存及退出

老师：小明，你终于将文字录入完毕了，赶紧将自己的劳动成果保存起来吧！

小明：老师，究竟怎样才能保存好文件呢？

单击 Word 窗口左上角的“文件”选项卡，显示 Backstage 视图。其中包括“新建”“打开”“保存”“另存为”“信息”“打印”和“退出”等常用命令，在“信息”选项中可以进行文档权限设置等操作，如图 3-1-5 所示。

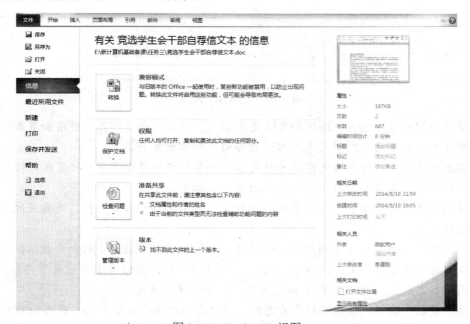

图 3-1-5　Backstage 视图

下面我们选择“另存为”命令，打开“另存为”对话框，如图 3-1-6 所示。选择好保存位置、文件名和保存类型，然后单击【保存】按钮。

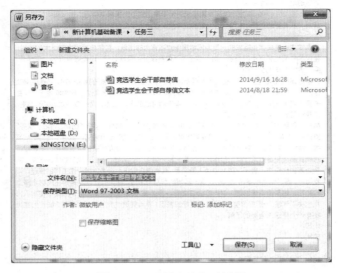

图 3-1-6 "另存为"对话框

 知识链接一：Word 视图方式

小明：怎么我的 Word 文档不显示页边距和图形对象呢？

老师：那是因为你的视图方式选择得有问题，下面我来具体讲一讲 Word 2010 都有哪些视图方式。

在 Word 2010 的"视图"选项卡中，可以根据编辑排版的需要对视图方式进行选择，如图 3-1-7 所示。

图 3-1-7 "视图"选项卡

● 草稿视图：可以输入、编辑和显示文本格式，但不显示页边距、页眉和页脚、背景以及图形等对象，主要用于编辑文本内容，适合格式简单的文档。

● Web 版式视图：用于快速预览当前文本在浏览器中的显示效果。对需要换行显示的文本内容，重新排列后可在一行中全部显示出来，与浏览器的效果保持一致。

● 页面视图：用于浏览整个文章的总体效果，与实际打印效果一样，是真正的"所见即所得"视图方式。

● 大纲视图：用于查看文档结构，可以通过拖曳标题来移动、复制和重新组织文本，也可以展开和折叠标题及正文，不显示页边距、页眉和页脚、图形对象及背景等内容。

● 阅读版式视图：隐藏功能区和选项卡，适合阅读长篇文档。

● 导航窗格：选择"导航窗格"复选框，窗口左侧会显示导航窗格，代替以前版本中的文档结构图，可以用于浏览文档中的标题、文档中的页面和当前搜索的结果。

知识链接二：文档加密设置

小明：我想对我的文档加密，用 Word 本身的命令可以做到吗？

老师：当然，那太简单了！

Word 2010 本身就提供了加密功能，在如图 3-1-6 的"另存为"对话框中单击"工具"按钮，在下拉列表中选择"常规选项"命令，打开"常规选项"对话框，如图 3-1-8 所示。

图 3-1-8　"常规选项"对话框

"打开权限密码"可以防止未授权人查看该文档，"修改权限密码"可以防止未授权人修改该文档。在这里密码要区分大小写形式。

 思考

如果文档设置了修改权限密码，未授权用户是不是就真的不能对看到的内容进行修改了？

 知识链接三：使用 Word 模板创建文档

小明：Word 只能创建空白文档吗？

老师：Word 自带了一些常用文档的模板，可以很方便地根据模板创建所需文档。

选择"开始"选项卡中的"新建"命令选项，会出现如图 3-1-9 多示的模板选择窗口，可以根据多列出的模板快速创建所需文档，只需在对应区域输入相应文档内容即可，大大简化了工作流程，提高了办公效率。如果列出的模板不能满足需求，在联网的状态下还可以登录微软"office.con"网站寻找所需模板，另外我们也可以自己创建常用文档的模板。

图 3-1-9　使用模板创建新文档

子任务二　系学生会干事应聘自荐书格式排版

步骤一：设置标题及正文字体格式

前提：选中要设置字体格式的文本内容。

在 Word 2010 中选中文本的方法有如下几种：

● 拖曳鼠标左键选中文本内容，使选中内容反色显示；

● 在 Word 窗口左侧的文本选定区，单击鼠标左键选定一行，双击鼠标左键选定一段，三击鼠标左键选定全文；

● 按住键盘【Shift】键和键盘的方向键选定文本；

● 按住【Alt】键的同时拖曳鼠标左键可选中矩形文本区域；

● 按【Ctrl+A】快捷键可选中全文。

方法 1：通过"开始"选项卡中"字体"组中的命令按钮，如图 3-1-10 所示。

图 3-1-10　"字体"组的命令按钮

方法 2：通过选择右键快捷菜单中的【字体】命令，如图 3-1-11，或者单击"开始"选项卡"字体"组中的启动对话框按钮，如图 3-1-12；打开"字体"对话框，如图 3-1-13 所示。

在这里我们除了可以设置字体以外，还可以设置字形、字号、下划线与字体效果等内容，在"高级"选项卡中还可以设置字符缩放与字符间距。在 Word 中的字号有两种表示形式，一是号制，即字号越小字越大；二是磅制，为纯数字形式表示，磅数越大字越大。

本例中我们设置标题字体为黑体，字号为小二号字，字形为加粗；正文字体为楷体，字号为小四号字，落款和日期字体为华文行楷，字号为小四号字，字体颜色默认为黑色。设置效果如图 3-1-14 所示。

图 3-1-11　选择快捷菜单"字体"命令　　　图 3-1-12　通过"启动对话框按钮"打开"字体"对话框

图 3-1-13　"字体"对话框

图 3-1-14　字体格式化效果

思考

设置字体格式必须要先选中字体对象吗?

步骤二:设置段落格式

Word 中的段落以段落标记为结尾,可以通过"开始"选项卡"段落"组中的"显示/隐藏编辑标记"按钮,来显示或隐藏段落标记。

选中正文各段落,按照下列方法进行段落格式设置

方法 1:通过"开始"选项卡中"段落"组中的命令按钮,如图 3-1-15 所示。

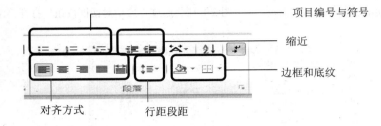

图 3-1-15 "段落"组的命令按钮

方法 2:通过选择右键快捷菜单中的"段落"命令,或者单击"开始"选项卡"段落"组中的"启动对话框按钮",打开"段落"对话框,如图 3-1-16 所示。

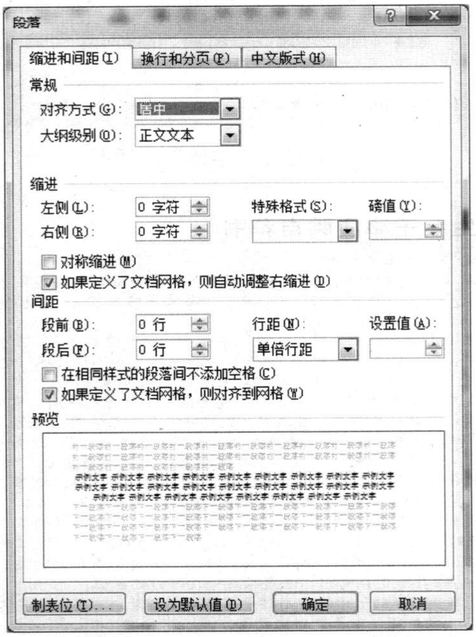

图 3-1-16 "段落"对话框

1. 对齐方式设置

Word 2010 中有五种对齐方式,分别是左对齐、右对齐、居中、两端对齐和分散对齐,默认的对齐方式为两端对齐。

本例我们设置标题居中，正文两端对齐，落款和日期右对齐。

2. 缩进方式设置

Word 2010 中有四种缩进方式，分别是左缩进、右缩进、首行缩进和悬挂缩进，度量单位分别有"字符""厘米"和"磅"，它们之间无法转换，在数值框中直接输入即可。

本例中我们设置正文首行缩进 2 字符，左右缩进 0 字符。

3. 行距和段距设置

段前间距为当前段落和前一段的距离，段后距离为当前段落和后一段的距离，单位有"行"和"磅"两种。行距的单位主要有"倍"和"磅"，设置多倍行距时为纯数字，没有单位。

本例中我们设置段前和段后间距均为 0 行，行距为 1.5 倍行距。

4. 项目符号设置

选择本例中的 5~8 段文字，单击"开始"选项卡"段落"组中的"项目符号"按钮，如图 3-1-17 所示，选择所需的项目符号。

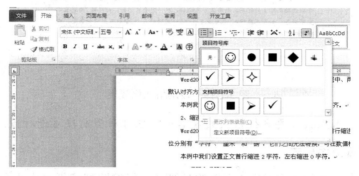

图 3-1-17　单击【项目符号】按钮

如未找到所需的项目符号，则单击"定义新项目符号"按钮，打开"定义新项目符号"对话框；在"项目符号字符"单击"符号"对话框中查找所需项目符号，如图 3-1-18 所示。

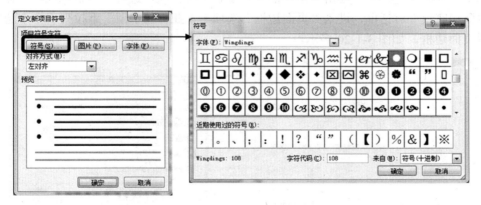

图 3-1-18　自定义项目符号

本例中选择"笑脸"图形，制作效果如图 3-1-19 所示。

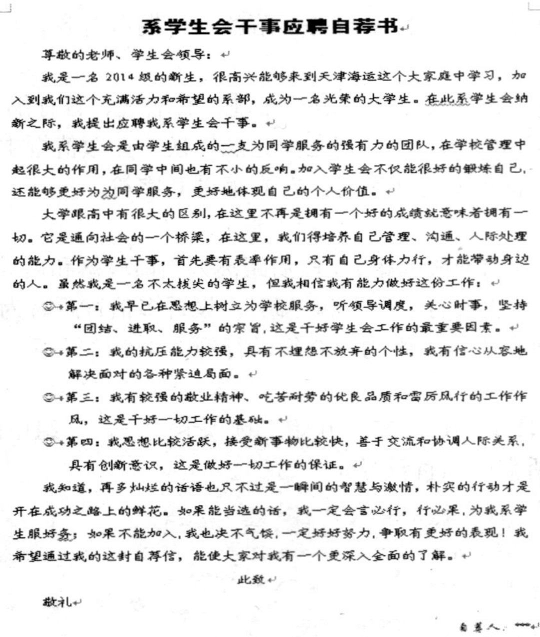

系学生会干事应聘自荐书

尊敬的老师、学生会领导：

我是一名 2014 级的新生，很高兴能够来到天津海运这个大家庭中学习，加入到我们这个充满活力和希望的系部，成为一名光荣的大学生。在此系学生会纳新之际，我提出应聘我系学生会干事。

我系学生会是由学生组成的一支为同学服务的强有力的团队，在学校管理中起很大的作用，在同学中间也有不小的反响。加入学生会不仅能很好的锻炼自己，还能够更好为为同学服务，更好地体现自己的个人价值。

大学跟高中有很大的区别，在这里不再是拥有一个好的成绩就意味着拥有一切。它是通向社会的一个桥梁，在这里，我们得培养自己管理、沟通、人际处理的能力。作为学生干事，首先要有表率作用，只有自己身体力行，才能带动身边的人。虽然我是一名不太拔尖的学生，但我相信我有能力做好这份工作：

☺ 第一：我早已在思想上树立为学校服务，听领导调度，关心时事，坚持“团结、进取、服务”的宗旨，这是干好学生会工作的最重要因素。

☺ 第二：我的抗压能力较强，具有不埋怨不放弃的个性，我有信心从容地解决面对的各种紧迫局面。

☺ 第三：我有较强的敬业精神、吃苦耐劳的优良品质和雷厉风行的工作作风，这是干好一切工作的基础。

☺ 第四：我思想比较活跃，接受新事物比较快，善于交流和协调人际关系，具有创新意识，这是做好一切工作的保证。

我知道，再多灿烂的话语也只不过是一瞬间的智慧与激情，朴实的行动才是开在成功之路上的鲜花。如果能当选的话，我一定会言必行，行必果，为我系学生服好务；如果不能加入，我也决不气馁，一定好好努力，争取有更好的表现！我希望通过我的这封自荐信，能使大家对我有一个更深入全面的了解。

此致

敬礼

自荐人：***

图 3-1-19　段落格式化效果

试一试：将插入点放在要进行格式的段落中，也可对当前段落进行段落格式设置。

步骤三：设置页面格式

在子任务一中，我们建立 Word 文档的时候，已经按照默认纸张大小和页面边距进行了基本的页面设置，除此之外还可以插入页眉和页脚、页码、设置页面边框等页面格式。进行页面格式设置时不需选中文本内容。本例中我们要对页面边框进行设置。

单击“开始”选项卡“段落”组中的“边框”下拉按钮，选择“边框和底纹”命令，打开“边框和底纹”对话框，进入“页面边框”选项卡，在“艺术型”下拉列表框中选择一种艺术型页面边框，如图 3-1-20 多示。

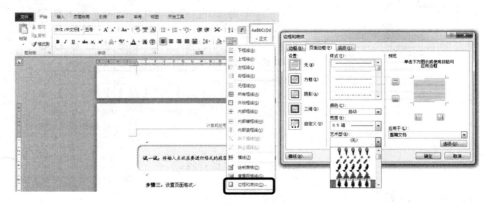

图 3-1-20　设置艺术型页面边框

在“边框和底纹”对话框中的“边框”和“底纹”选项卡中还可以设置文字和段落的边框和底纹，设置好样式和颜色后，在右侧预览框中可以预览设置效果。

在"开始"选项卡的"字体"组中单击字符边框 A 和字符底纹 A 按钮也可以对选中内容快速设置字符边框和底纹,但是不能设置段落边框和底纹。

字体和段落的边框和底纹效果如图 3-1-21 所示。

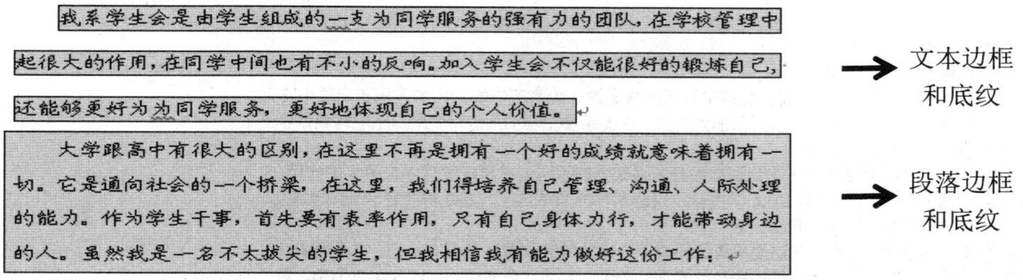

图 3-1-21　文本和段落边框和底纹

知识链接一:分页设置

小明:如果一页未打满想强制换到下一页,是用回车键吗?

老师:在 Word 中,如果一页文字打满后会自动切换到下一页,若想强制分页,可以插入分页符,下面我来具体介绍一下。

(1)自动分页符。

当一页文字内容打满以后,插入点会自动跳转到下一页,在草稿视图下会显示出一条虚线分隔符,称为自动分页符,如图 3-1-22 所示。自动分页符不能手动删除。

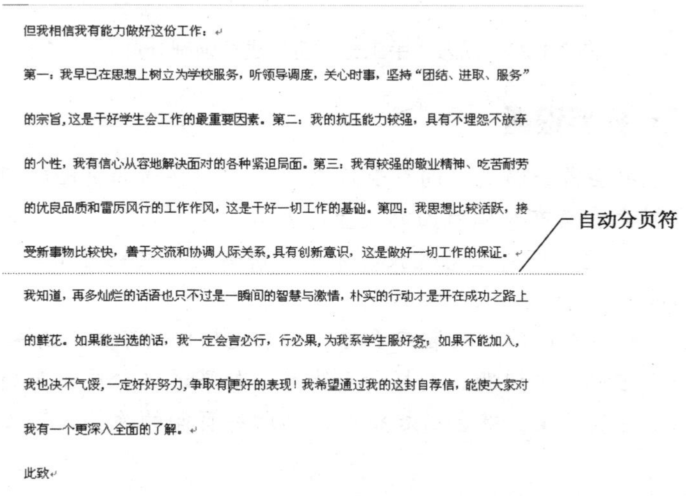

图 3-1-22　草稿视图下的"自动分页符"

(2)手工分页符。

如果需要强制分页,可以将插入点放在要分页处,即选择"插入"选项卡"分页"命令,在草稿视图下会出现手工分页符,如图 3-1-23 所示,手工分页符可以删除。注意不能使用回车键来进行强制分页,否则当进行多页面内容编辑时会打乱页码顺序。

图 3-1-23　插入"手工分页符"进行强制分页

 知识链接二：分节设置

小明：在文档处理中经常会遇到纵向页面后需要用到一个横向页面的问题，那么如何在同一文档中实现既有横向和又有纵向页面的设置呢？

老师：这是分节的问题，下面注意听我具体讲一讲如何对文档分节。

（1）什么是分节符。

我们在进行 Word 文档排版时，经常需要对同一个文档中的不同部分采用不同的版面设置，如设置不同的页面方向、页边距、页眉和页脚等。如果通过"页面布局"选项卡中"页面设置"组的命令来改变其设置，就会引起整个文档所有页面的改变。怎么办呢？这就需要对 Word 文档进行分节。

Word 中的分节符有以下四种类型：

● 下一页：使新的一节从下一页开始。

● 连续：使当前节与下一节共存于同一页面中。需要注意的是，并不是所有种类的格式都能共存于同一页面中，所以即使选择了"连续"，Word 有时也会迫使不同格式的内容从新的一页开始。可以在同一页面中不同部分共存的不同节格式包括列数、左、右页边距和行号。

● 偶数页：使新的一节从下一个偶数页开始。如果下一页是奇数页，那么此页将保持空白（除非它有页眉/页脚内容，它们可以包含水印）。

● 奇数页：使新的一节从下一个奇数页开始。如果下一页将是偶数页，那么此页将保持空白（例外情况和"偶数页"分页符中提到的一样）。

（2）如何插入分节符。

选择"页面布局"选项卡中"页面设置"组中的"分隔符"按钮，在下拉列表中可以看到四种类型的分节符。这里我们选择"下一页"，在草稿视图中会看到"分节符"标记，如图3-1-24所示。

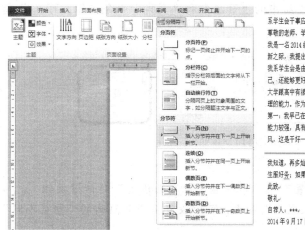

图 3-1-24　插入"分节符"

将插入点放在第二节，双击标尺任意空白处，打开"页面设置"对话框，设置纸张方向为"横向"，应用于"本节"，如图3-1-25所示。

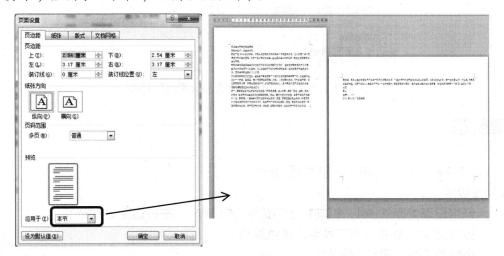

图 3-1-25　节的页面设置

  知识链接三：页眉和页脚设置

小明：我们的教材中，奇偶页的页眉文字不同是如何设置的？

老师：Word 2010，设置中页眉和页脚是一项很重要的功能，下面我们一起来操作一下。

(1)什么是页眉和页脚。

文档的页眉和页脚通常用来显示文档的附加信息,如插入时间、日期、页码、单位名称、徽标等。页眉位于页面的顶部,页脚位于页面的底部。

根据实际需要,页眉和页脚可设置首页不同、奇偶页不同,也可以因分节是同一文档的不同部分而具有不同的页眉和页脚。

(2)如何插入页眉和页脚。

选择"插入"选项卡中"页眉和页脚"组中的"页眉"和"页脚"命令按钮,可在当前文档插入页眉和页脚,如图 3-1-26 所示。

图 3-1-26 页眉和页脚命令按钮

(3)如何设置首页不同和奇偶页不同。

选择"页面布局"选项卡中"页面设置"组,单击显示"页面设置"对话框按钮,在打开的"页面设置"对话框中,选择"版式"选项卡,可以设置页眉和页脚的"首页不同"和"奇偶页不同"复选框,如图 3-1-27 所示。

图 3-1-27 "首页不同"和"奇偶页不同"复选框

课堂实验

按要求完成下列公司招聘启事文档制作:

制作要求:

1. 纸张设置为默认 A4,纵向,上下边距 2.6 厘米,左右边距 3 厘米;
2. 标题文字为隶书,小二号字,黑色加粗;
3. 小标题设置为黑体四号字;
4. 正文宋体五号字,单倍行距;
5. 设置页眉文字为"公司文件";
6. 落款文字右对齐;
7. 添加下图所示的项目符号。

[图示:招聘启事样张]

任务二　制作个人简历及求职信

每到最后一学年顶岗实习后，即将毕业的学哥学姐们都在忙着求职应聘，如何撰写一份专业美观的应聘简历关系到能否顺利就业。虽然《计算机应用基础》课程中学习过相关内容，但 2 年后，面临毕业要实际使用时，很多学生却都已忘得差不多了。为此，小明决定在第一学期上课时认真学习，完成好个人求职简历的制作。

任务要求

- 掌握 Word 2010 中表格的创建和编辑操作。
- 掌握 Word 2010 中表格的修改和格式化操作。
- 了解 Word 2010 中表格的数据排序和公式计算方法。
- 熟悉 Word 2010 中表格和文字的混合排版操作。

子任务一　制作一个简单表格

步骤一：插入一个 17 行 5 列的表格

选择"插入"选项卡下的"表格"组中的"表格"工具按钮，拖曳出所需的行列数，即可插入表格，如图 3-2-1 所表示。

需要说明的是，用拖曳的方法创建表格，最多只能拖曳出 10×8 的表格，本题的要求是插入一个 17×5 的表格,所以我们要使用第二种插入表格的办法:选择图 3-2-1 中表格下拉选项中的"插入表格…"命令,打开"插入表格"对话框,输入 5 列、17 行,创建一个 17 行 5 列的表格,如图 3-2-2 所示。

图 3-2-1　表格工具按钮

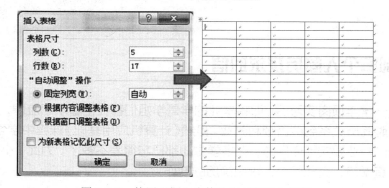

图 3-2-2　使用"插入表格"对话框插入表格

试一试:使用键盘上的加减符号(+、-)符号也可以创建表格,"+"代表竖线,"-"代表横线。输入一行"+-"符号后按回车键即会自动根据"+-"号生成一行表格。

选中插入的表格或插入点放置于表格任意单元格内,即可出现"表格工具:设计"和"表格工具:布局"两个选项卡,如图 3-2-3 所示。利用这两个选项卡中的工具按钮可以对表格进行编辑和修改等各种操作。

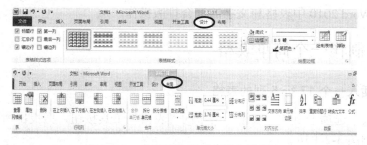

图 3-2-3　"设计"和"布局"选项卡

步骤二：合并单元格

选中要合并的多个连续单元格（只能对连续单元格进行合并），可以使用下列两种方法来实现：

方法1：鼠标右键单击选中的单元格，在弹出的快捷菜单中选择"合并单元格"命令，如图3-2-4所示。

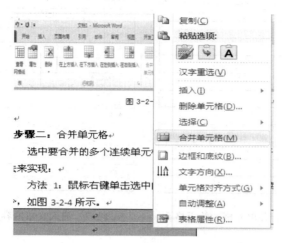

图3-2-4 使用快捷菜单合并单元格

方法2：选择"布局"选项卡中"合并"组中的"合并单元格"命令，如图3-2-5所示。

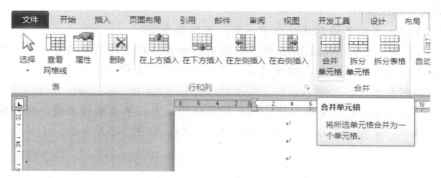

图3-2-5 使用工具按钮合并单元格

使用同样方法，也可以对选定的单元格进行拆分，在此不再赘述。

试一试：使用"设计"选项卡中"绘图边框"组中的"绘制表格"和"擦除"工具，也可以实现对单元格的拆分和合并。

合并单元格后的表格如图3-2-6所示。

步骤三：输入文本内容

在表格内输入个人简历的文本内容，并进行格式设置。各行栏目标题字体为宋体四号字加粗，其余为宋体小字号字。结果如图3-2-7所示。

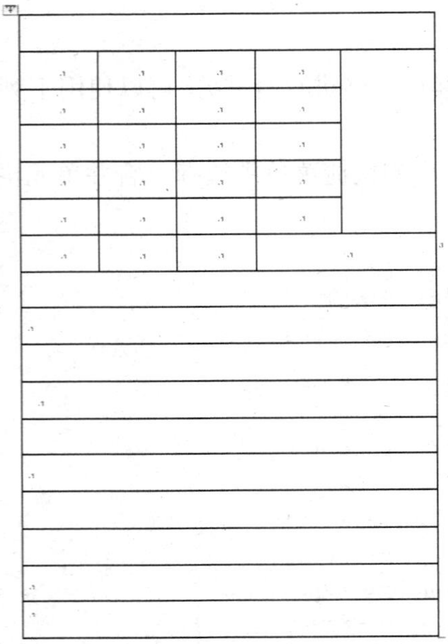

图 3-2-6　合并单元格后的表格

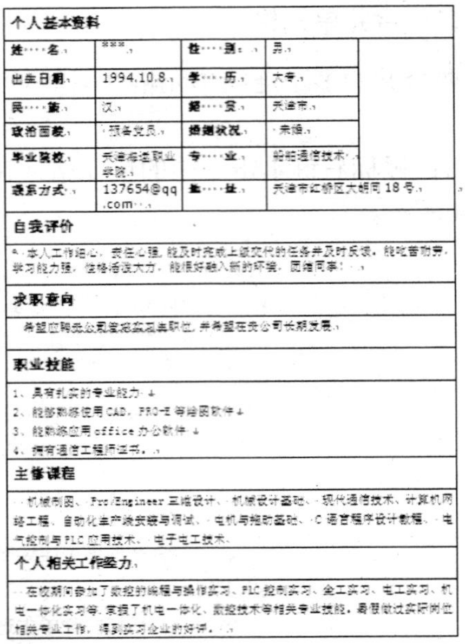

个人基本资料				
姓名	***	性别：	男	
出生日期	1994.10.8	学历	大专	
民族	汉	籍贯	天津市	
政治面貌	预备党员	婚姻状况	未婚	
毕业院校	天津海运职业学院	专业	船舶通信技术	
联系方式	137654@qq.com	住址	天津市红桥区大胡同 18 号	
自我评价				
本人工作细心，责任心强，能及时完成上级交代的任务并及时反馈，能吃苦耐劳，学习能力强，性格活泼大方，能很好融入新的环境，团结同事！				
求职意向				
希望应聘贵公司船舶通信类职位，并希望在贵公司长期发展。				
职业技能				
1、具有扎实的专业能力 2、能够熟练使用 CAD、PRO-E 等绘图软件 3、能熟练应用 office 办公软件 4、拥有通信工程师证书。				
主修课程				
机械制图、Pro/Engineer 三维设计、机械设计基础、现代通信技术、计算机网络工程、自动化生产线安装与调试、电机与拖动基础、C 语言程序设计教程、电气控制与 PLC 应用技术、电子电工技术				
个人相关工作经历				
在校期间参加了数控的编程与操作实习、PLC 控制实习、金工实习、电工实习、机电一体化实习等，掌握了机电一体化、数控技术等相关专业技能，暑假做过实际岗位相关专业工作，得到实习企业的好评。				

图 3-2-7　输入文本内容后的表格

知识链接

1. 插入与删除操作

小明：老师，我的表格创建时少了一行，还能修改吗？

老师：当然可以，在 Word 2010 中可以使用多种方法对创建的表格进行行、列和单元格的删除和插入等基本编辑操作。方便灵活，下面我们具体来讲一下！

（1）行、列和单元格的插入。

方法 1：将插入点定位要插入行、列或单元格的位置，单击鼠标右键，在弹出的快捷菜单中选择“插入”命令，可以插入行、列或者单元格，如图 3-2-8 所示。

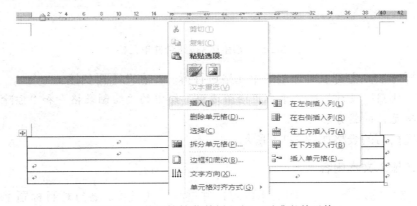

图 3-2-8　使用快捷菜单插入行、列或者单元格

方法 2：将插入点定位要插入行、列或单元格的位置，选择“布局”选项卡中“行和列”组的相应命令按钮，如图 3-2-9 所示。

图 3-2-9　使用命令按钮插入行、列或单元格

（2）行、列和单元格的删除。

行、列和单元格的删除方法同上，在图 3-2-8 所示的快捷菜单中，选择"删除单元格"命令，打开"删除单元格"对话框，在该对话框中可以进行整行、整列单元格的删除。"删除单元格"对话框如图 3-2-10 所示。

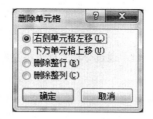

图 3-2-10　"删除单元格"对话框

在图 3-2-9 中使用"行和列"组中的"删除"按钮也可以实现行、列、单元格和整个表格的删除操作，在此不再赘述。

（3）键盘快捷操作。

① 将插入点放置于行尾，按回车键，会在当前行的下方自动插入一个空行；

② 将插入点放置于表格最后一个单元格内，按【Tab】键会在最后插入一个空行；

③ 选中行、列、单元格或者整个表格，按【Backspace】键可删除选中的行、列、单元格或者整个表格；

④ 选中行、列、单元格或者整个表格，按【Delete】键可删除行、列、单元格或者整个表格中的文本内容。

2. 表格的拆分

小明：老师，Word 2010 中的表格拆分功能只能上下拆分表格吗？能否实现对表格的左右拆分？

老师：目前 Word 2010 表格的确只能进行上下拆分，但是你说的左右拆分可以通过其他方法来实现，如分栏。我们一起来操作一下！

要实现对表格的左右拆分，我们可以在"页面布局"选项卡中，单击"页面设置"组中的"分栏"工具图标，将页面分为两栏，然后在左右各栏对应位置分别插入表格即可。具体操作如图 3-2-11 所示。

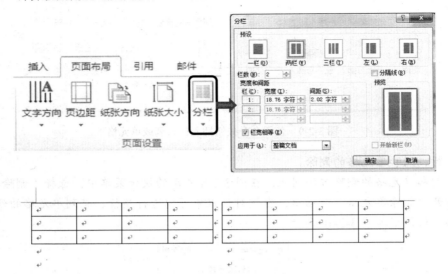

图 3-2-11　通过分栏实现表格左右拆分

子任务二　表格格式设置

步骤一：设置行高及列宽

方法 1：将鼠标放置于表格的行列边线上，当鼠标指针变为双箭头时，拖曳鼠标即可改变行高和列宽。

试一试：分别按住键盘上的【Shift】键、【Ctrl】键和【Alt】键的同时，拖曳表格的行列边线，观察各自的操作效果和直接拖曳有何区别。

方法 2：选中要设置行高列宽的行或列，单击鼠标右键，在弹出的快捷菜单中选择"表格属性"命令，打开"表格属性"对话框，如图 3-2-12 所示。在行或列标签中输入相应数值（单位默认厘米），单击"确定按钮"即可。

方法 3：进入"布局"选项卡，在"单元格大小"组中的"高度"和"宽度"数值框内直接输入数值，如图 3-2-13 所示。

图 3-2-12　"表格属性"对话框　　　　图 3-2-13　设置行高、列宽的数值

图 3-2-13 中的"分布行"和"分布列"按钮，可以实现对选定各行或各列的行高和列宽进行平均分配的操作。

设置行高和列宽后的表格如图 3-2-14 所示。

个人基本资料				
姓　　名	***	**性　　别：**	男	
出生日期	1994.10.8.	**学　　历**	大专	
民　　族	汉	**籍　　贯**	天津市	
政治面貌	预备党员	**婚姻状况**	未婚	
毕业院校	天津海运职业学院	**专　　业**	船舶通信技术	
联系方式	137654@qq.com	**地　　址**	天津市红桥区大胡同 18 号	
自我评价				
本人工作细心，责任心强，能及时完成上级交代的任务并及时反馈。能吃苦耐劳，学习能力强，性格活泼大方，能很好融入新的环境，团结同事！				
求职意向				
希望应聘贵公司管培实习生职位，并希望在贵公司长期发展。				
职业技能				
1、具有扎实的专业能力 2、能够熟练使用 CAD，PRO-E 等绘图软件 3、能熟练应用 office 办公软件 4、拥有通信工程师证书。				
主修课程				
机械制图、 Pro/Engineer 三维设计、 机械设计基础、 现代通信技术、计算机网络工程、自动化生产线安装与调试、 电机与拖动基础、 C 语言程序设计教程、 电气控制与 PLC 应用技术、 电子电工技术、				
个人相关工作经力				
在校期间参加了数控的编程与操作实习、PLC 控制实习、金工实习、电工实习、机电一体化实习等，掌握了机电一体化、数控技术等相关专业技能。暑假做过实际岗位相关专业工作，得到实习企业的好评。				

图 3-2-14　设置行高和列宽后的表格

步骤二：设置对齐方式

我们设置文本的对齐方式时，经常会使用“开始”选项卡的“段落”组中的相应对齐方式命令按钮，但是它们只能设置水平的对齐方式。当我们需要设置文本在单元格中垂直对齐方式时，可通过以下两种方法来实现。

方法 1：右键单击单元格，在弹出的快捷菜单中选择“设置对齐方式”命令，如图 3-2-15 所示。从上至下分别为靠上两端对齐、靠上居中对齐、靠上右对齐、中部两端对齐、水平居中、中部右对齐、靠下两端对齐、靠下居中对齐和靠下右对齐共九种对齐方式。

方法 2：选择“布局”选项卡中“对齐方式”组中的相应对齐方式按钮，如图 3-2-16 所示。

设置对齐方式后的表格效果如图 3-2-17 所示。

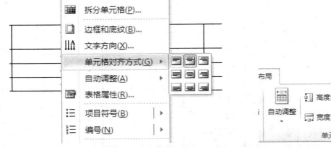

图 3-2-15　通过快捷菜单设置对齐方式

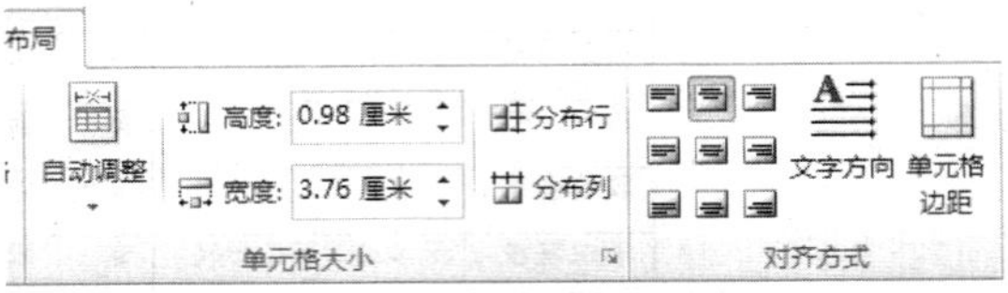

图 3-2-16　通过命令按钮设置对齐方式

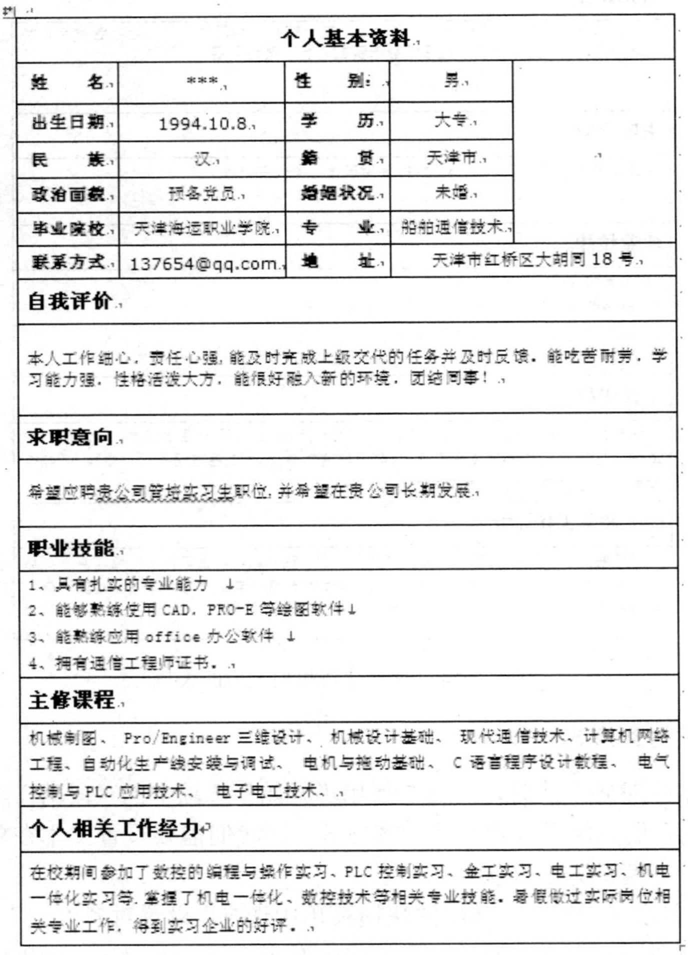

个人基本资料				
姓　名	***	性　别:	男	
出生日期	1994.10.8.	学　历	大专	
民　族	汉	籍　贯	天津市	
政治面貌	预备党员	婚姻状况	未婚	
毕业院校	天津海运职业学院	专　业	船舶通信技术	
联系方式	137654@qq.com	地　址	天津市红桥区大胡同 18 号	
自我评价				
本人工作细心，责任心强，能及时完成上级交代的任务并及时反馈，能吃苦耐劳，学习能力强，性格活泼大方，能很好融入新的环境，团结同事！				
求职意向				
希望应聘贵公司管培实习生职位，并希望在贵公司长期发展。				
职业技能				
1、具有扎实的专业能力 2、能够熟练使用 CAD，PRO-E 等绘图软件 3、能熟练应用 office 办公软件 4、拥有通信工程师证书。				
主修课程				
机械制图、 Pro/Engineer 三维设计、 机械设计基础、 现代通信技术、计算机网络工程、自动化生产线安装与调试、 电机与拖动基础、 C 语言程序设计教程、 电气控制与 PLC 应用技术、 电子电工技术、				
个人相关工作经历				
在校期间参加了数控的编程与操作实习、PLC 控制实习、金工实习、电工实习、机电一体化实习等. 掌握了机电一体化、数控技术等相关专业技能。暑假做过实际岗位相关专业工作，得到实习企业的好评。				

图 3-2-17　设置对齐方式后的表格

步骤三：设置边框和底纹

表格边框和底纹的设置是美化表格的重要手段，通过以下方法可以实现。

方法：选中要设置边框和底纹的表格（或表格中的某区域），选择“开始”选项卡中“段落”组的“边框和底纹”按钮，在下拉命令列表中选择“边框和底纹…”命令按钮，打开“边框和底纹”对话框，如图 3-2-18 所示。

图 3-2-18 "边框和底纹"对话框

在此对话框中可以对选定表格(或表格区域)的边框样式、颜色和宽度进行设置,注意在对话框右下角"应用于"下拉列表框中应选择"单元格",如果选择的是文本内容,则此处为"文字"或"段落"。

设置边框和底纹后的表格如图 3-2-19 所示。

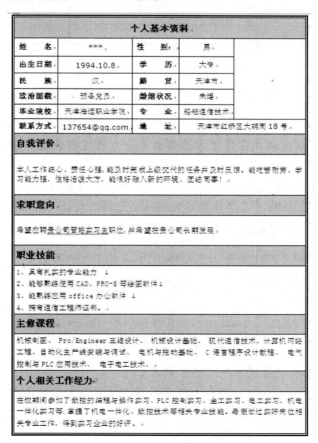

图 3-2-19 设置边框和底纹后的表格

至此,本任务中个人简历表格的制作过程已经全部完成。在实际应用中,个人简历一般还要包括封页、求职自荐信等相关内容，如图 3-2-20 所示。

在"插入"选项卡的"页"组中，选择"封面"按钮，可以选择 Word 2010 提供封面，也可以自己设计制作个性化封面。在自荐信中应重点介绍自己的特长、取得的成绩、希望应聘的岗位及酬劳等内容，还可以将自己取得的相关证书、资质等作为这部分的附件。这部分的文字表述以及版面设计对于求职应聘者来说是至关重要的。

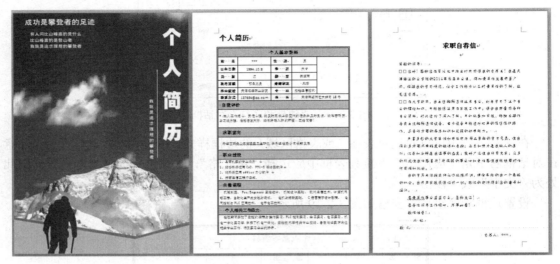

图 3-2-20　完整的个人简历模板

 知识链接

1. 快速套用格式

小明：老师，表格的格式化设置方法还真不少，有没有快速对表格进行格式设置的手段呢？

老师：Word 2010 提供了表格自动套用格式的功能，可以快速套用。

选中表格或插入点放置于表格任意单元格内，选择"设计"选项卡，在"表格样式"组提供了一些 Word 2010 的内置表格样式可供选择套用。表格样式选择如图 3-2-21 所示。

图 3-2-21　表格样式选择

2. 如何根据单元格宽度设置单元格中的文字

小明：老师，当不改变表格行高和列宽以及字体大小时，如何使文字容纳在单元格内？

老师：这个问题问得好，这是你们以后撰写论文开题报告和在一些报表中经常遇到的问题。

在不改变行高列宽以及字体大小的情况下，要使文字能够容纳到单元格中，可以通过改变单元格边距的手段来实现，具体操作如下：

选中单元格,选择"布局"选项卡"对齐方式"组中的"单元格边距"按钮,打开"表格选项"对话框,如图3-2-22所示。改变单元格边距的数值,使文字内容得以容纳到单元格内。

3. 表格排序和计算

小明:老师,Word表格有没有数据处理的功能,如排序和计算?

老师:Word 表格提供了简单的排序和公式计算功能,但功能不如后面将要学习到的Excel强。下面我们来看一下如何使用Word的排序和计算功能吧,也为Excel的学习奠定一些基础。

Word 2010 的数据处理功能主要在"布局"选项卡中的"数据"组中,如图3-2-23所示。

图3-2-22 "表格选项"对话框

图3-2-23 "布局"选项卡"数据"组

单击"排序"按钮,可以打开"排序"对话框,如图3-2-24所示。在对话框中可以设置3个排序依据,默认按照拼音排序,当主要关键字有重复记录时,再按照第二关键字进行排序,依次类推。

单击"公式"按钮,可以打开"公式"对话框,如图3-2-25所示。公式必须以"="开头,常用的函数有求和(SUM)、求平均值(AVERAGE)、求最大值(MAX)、求最小值(MIN)、统计函数(COUNT)等;函数参数主要包括 LEFT(左)、RIGHT(右) ABOVE(上)、BELOW(下)等。如在公式框中输入"=SUM(LEFT)",即表示对左侧数据进行求和计算。

在 Word 表格中进行公式计算时,将插入点直接放置于需要存放计算结果的单元格中即可,不需要选中各单元格。

图3-2-24 "排序"对话框　　　　　图3-2-25 "公式"对话框

课堂实验

1. 按照下列模板制作个人简历表格：

2. 利用所给素材或使用互联网搜索相关素材图片，为所学专业的毕业生设计一套毕业生求职简历和求职信模板，包括封皮、个人简历和求职信。

任务三 制作专业简介海报

小明当初报考现在所学的专业，就是被精美漂亮的招生海报所吸引的，从而进一步了解了学院特色、专业设置、就业岗位等内容。现在作为系学生会宣传干事的小明接到一项任务，即利用所学的计算机技能为本专业制作一份精美的专业简介海报，他能圆满完成任务吗？

任务要求

- 掌握 Word 2010 中图形对象的创建与编辑。
- 掌握 Word 2010 中使用表格定位图片的方法。
- 熟悉 Word 2010 中的图文混排操作方法。

子任务一 专业简介海报版面设计

步骤一：版面设计

1. 设置纸张大小

新建空白 Word 文档。在"页面布局"选项卡中，选择"页面设置"命令组右下角的"页面设置"按钮，打开"页面设置"对话框，选择"纸张"标签，在宽度和高度框中分别输入

"26 厘米"和"16.5 厘米",如图 3-3-1 所示。

2. 设置页面边距及纸张方向

在"页面设置"对话框,选择"页边距"标签,在上、下、左、右框中分别输入"0.4 厘米""1 厘米""2 厘米"和"1 厘米",在纸张方向中选择"横向",如图 3-3-2 所示。

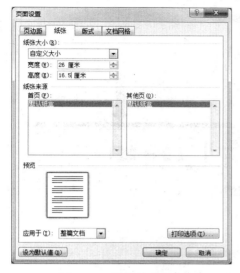

图 3-3-1 设置纸张大小　　　　图 3-3-2 设置页面边距

3. 设置分栏

在"页面布局"选项卡中,选择"页面设置"命令组中的分栏命令,在下拉选项中选择"两栏",或者选择"更多分栏",弹出"分栏"对话框,在其中选择"两栏",如图 3-3-3 所示。

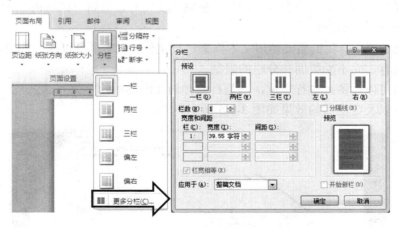

图 3-3-3 设置分栏

步骤二:页面背景设置

在"页面布局"选项卡中,选择"页面背景"命令组,单击"页面颜色"按钮,在下拉选项中选择"填充效果"命令,打开"填充效果"对话框。选择"图片"标签,单击"选择图片"按钮,在任务文件夹中选择"back.jpg"文件作为背景,如图 3-3-4 所示。

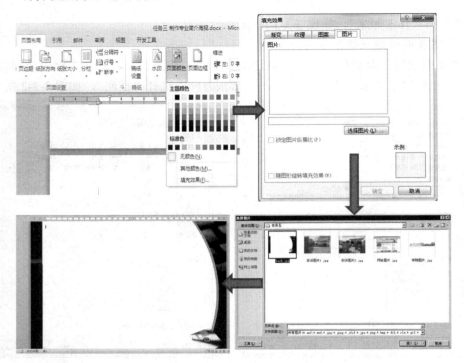

图 3-3-4　设置"背景图片"

试一试：也可以直接将图片复制粘贴到 Word 中，调整大小，并设置图片的文字环绕方式为"衬于文字下方"，也可以将图片作为背景。

步骤三：输入文本及确定图片的位置

我们已经把海报版面整体分为了两栏，在输入文字时，当第一栏的内容输满以后，插入点会自动移到第二栏继续输入。

对于版面的排版，我们需要使用文本框来进行定位。文本框可以在文档的任意位置灵活地输入文本内容，而不受版面和分栏的限制。

使用表格可以对图片进行定位，这是目前普遍使用的图片定位方法之一。

输入文本以及定位后的效果如图 3-3-5 所示。

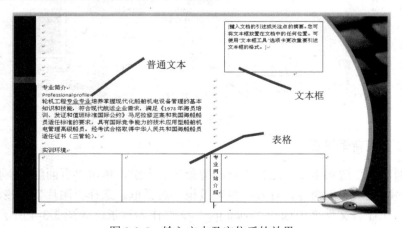

图 3-3-5　输入文本及定位后的效果

步骤四：文本的格式化

1. 字体设置

选中"专业简介"及下方的英文，设置为宋体四号字，蓝色，线性向下渐变；选中"实训环境"设置为宋体四号字，紫色；选中"专业网站介绍"，设置为宋体小四号字，绿色。

2. 首字下沉设置

选中"专业简介"，选择"插入"标签，在"文本"命令组中，单击"首字下沉"按钮，在下拉选项中，选择"首字下沉选项"命令，打开"首字下沉"对话框，在位置中选择"下沉"，"下沉行数"框中输入"2"，如图3-3-6所示。

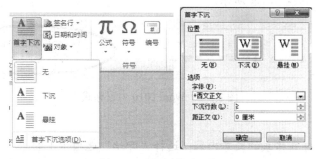

图 3-3-6 设置首字下沉

文本格式化的效果如图 3-3-7 所示。

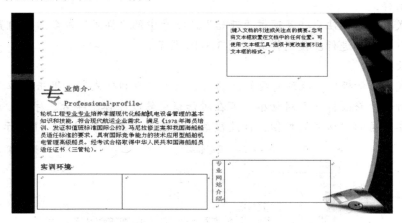

图 3-3-7 文本格式化的效果

 知识链接　格式的复制

小明：老师，对于经常使用的某一种格式有没有快速进行格式复制的方法？

老师：这个有很多方法可以实现，我们逐一来研究一下。

（1）格式刷。

在"开始"选项卡中的"剪贴板"命令组中有一个"格式刷"按钮 格式刷，就是专门用来复制格式的。

它的使用方法可以概括为三步：第一，选中要复制的目标格式；第二，单击"格式刷"按钮（这时鼠标会变成刷子的图标）；第三，按住鼠标刷目标文本（即要套用格式的文本内容)。这时，被刷过文本就会自动变成要套用的目标格式。

单击格式刷按钮时，只能刷一次；双击格式刷按钮时，可以连续刷多次。如不想继续刷时，只需再次单击格式刷按钮即可。

2. 样式

格式刷只能用来快速复制格式，不能对格式进行保存。如果需要对格式进行保存以便以后使用，则需要使用样式来完成。

(1) 内置样式。

在"开始"选项卡中的"样式"命令组中，提供了一些 Word 内置的样式，这些样式只能修改，不能删除，如图 3-3-8 所示。

图 3-3-8　Word 2010 内置样式

(2) 新建样式。

选中需要创建为样式格式的文本内容，选择"开始"选项卡中的"样式"命令组右下角的"样式"按钮，打开"样式"对话框，单击左下角的"新建样式"按钮，打开"根据格式设置创建新样式"对话框，在"名称"框内输入样式名称（如"我的样式"），如图 3-3-9 所示。

(3) 使用样式。

使用样式有两种方法：一是通过"开始"选项卡中的"样式"命令组的内置样式；二是通过"样式"对话框进行。使用样式如图 3-3-10 所示。

(4) 修改样式。

在"样式"对话框中，找到需要修改的样式（如"我的样式"），单击下拉选项中的"修改"命令，打开"修改样式"对话框，可在对话框中修改字体、字号、字形、颜色等格式。还可以单击左下角的"格式"按钮，修改段落、边框等格式，如图 3-3-11 所示。

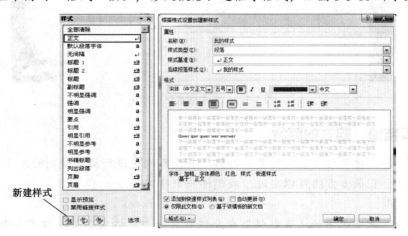

图 3-3-9　新建样式

图 3-3-10　使用样式

图 3-3-11　修改样式

试一试：修改样式后，使用过样式的文本格式是否发生变化了？

（5）删除样式。

同上，在"样式"对话框中，找到需要修改的样式（如"我的样式"），单击右侧的下拉选项中按钮。

选择"删除'我的样式'"命令，则会删除自己新建的"我的样式"，同时使用过自样式的所有文本也会自动还原。具体操如图 3-3-12 所示作。

图 3-3-12　删除样式

子任务二　完成专业简介海报制作

步骤一：文本框处理

1. 输入文本框内的文字

按照要求在文本框内输入文字内容。专业介绍的内容可以查看学院官网关于专业的介绍或者相关专业介绍资料。

2. 去掉文本框的边线

方法1：双击文本框边线，在"设计"选项卡中，选择"形状轮廓"按钮，在下拉选项中选择"无轮廓"。具体操作如图3-3-13所示。

方法2：鼠标右键单击文本框边线，在弹出的快捷菜单中选择"设置形状格式"，打开"设置形状格式"对话框，在"线条颜色"中选择"无线条"。具体操作如图3-3-13所示。

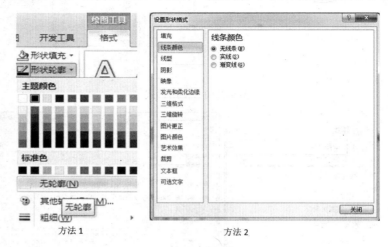

图 3-3-13　去掉文本框边框

步骤二：在表格中插入图片

1. 插入图片

将插入点放置于表格内，单击"插入"选项卡中"插图"命令组中的"图片"按钮，打开"插入图片"对话框，选择要插入的图片，调整图片大小。

2. 去掉表格线

选中表格，单击"开始"选项卡"段落"命令组中"边框和底纹"按钮，打开"边框和底纹"对话框，在"边框"标签的"设置"中选择"无"，"边框和底纹"对话框如图3-3-14所示。

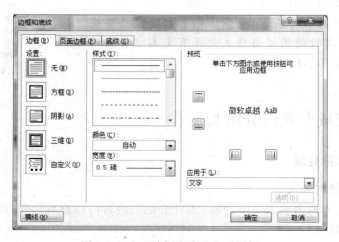

图 3-3-14　"边框和底纹"对话框

这时表格的边线会变成虚框（不可打印），选中表格后，在"布局"选项卡中，单击"表"命令组的"查看网格线"，可以显示/隐藏表格虚框。

通过表格来实现对图片的定位功能，隐藏虚框后，从整个版面上感觉不到表格的存在。插入图片后的设置效果如图3-3-15所示。

图3-3-15　插入图片后的设置效果

步骤三：插入艺术字及图形对象

1. 插入艺术字

单击"插入"选项卡→"文本"选项组→"艺术字"命令按钮，选择一种艺术字样式，可以在文档中插入艺术字。双击艺术字，在"格式"选项卡中设置艺术字的文本填充、文本轮廓和文本效果等。插入艺术字的效果如图3-3-16所示。

图3-3-16　插入艺术字的设置效果

2. 插入图形对象

选择"插入"选项卡的"插图"命令组中的"形状"命令按钮，可以插入各种图形对象，如图3-3-17所示。

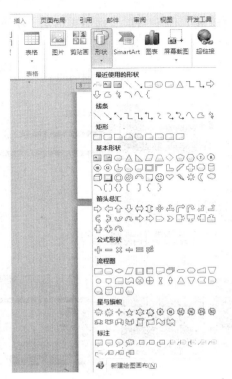

图 3-3-17　插入各类图形对象

选中需要插入的图形对象后，用鼠标拖曳即可在文档中插入图形对象，如果要在图形对象中输入文字，可以在图形对象上单击鼠标右键，在弹出的快捷菜单中选择"添加文字"即可。

通过拖曳图形对象的控点，可以实现对图形对象的缩放，拖曳绿色的旋转控点，可以实现对图形对象的自由旋转。

选中图形对象后，通过"格式"选项卡还可以对图形对象的形状填充、轮廓和效果等选项进行设置。

另外，还可以通过在图形对象上单击鼠标右键来实现对图形对象叠放次序的设置。

插入图形对象后的效果如图 3-3-18 所示。

图 3-3-18　插入图形对象的效果

至此，我们完成专业简介海报的全部制作过程。

知识链接

1. 文字环绕方式设置

小明：老师，为什么我的图形对象不能任意移动位置呢？

老师：这个是图形对象环绕方式设置的问题。

当我们插入一个图形图像对象时，默认的文字环绕为"嵌入式"，即将图形或图像对象作为字符来处理，可以进行缩进和对齐方式等设置。当需要对图形或图像对象进行拖曳移位时，应设置其他文字环绕方式。

设置文字环绕方式的操作为：使用鼠标右键单击图形对象，在弹出的快捷菜单中选择"大小和位置"→"其他布局选项"命令（如右击对象是图片对象，则在弹出的快捷菜单中选择"大小和位置"命令），如图 3-3-19 所示。在打开的"布局"对话框中，如图 3-3-20 所示，可以进行其他文字环绕方式的设置。

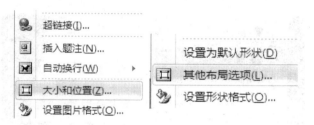

图 3-3-19　鼠标右击图形或图片对象后打开的快捷菜单

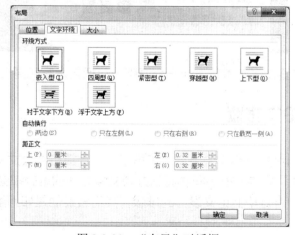

图 3-3-20　"布局"对话框

2. 对象的组合

小明：老师，在设计海报时，刚排列好的几个图形对象经常会发生位置错乱，有没有办法将两个或多个图形对象固定好位置，作为一个整体来进行处理？

老师：图形对象是可以组合的，组合后的图形对象就作为一个整体了。

按住键盘上的【Shift】或【Ctrl】键的同时，单击每个图形对象，可以选择多个图形对象。当鼠标箭头出现"十字箭头"的时候，单击右键，在弹出的快捷菜单中选择"组合"命令，即可对选中的多个图形对象进行组合，如图 3-3-21 所示。

图 3-3-21 图形对象的组合

课堂实验

1. 按照下图完成公司简介海报的制作。

2. 为第四届校园文化艺术节设计一个请柬（包括艺术字和图形）。

任务四 毕业论文排版

小明自从毛遂自荐担任系学生会宣传干事以来，计算机办公文档的处理水平进步很快，在系里有"电脑医生"之称。很多同学遇到办公文档处理的难题都会找到小明来解决，今天小明要帮助一位学姐进行毕业论文设计的排版，我们看看他是如何解决问题的……

任务要求

➢ 掌握自动生成目录的基本操作
➢ 掌握文档中的脚注及尾注的设置方法
➢ 熟悉长文档排版的基本操作手段

毕业论文是每个应届毕业生必须完成的环节之一，是对整个学习过程的总结、提高和升华，因此对学生来说至关重要。每个学校甚至每个专业对毕业论文的格式要求不尽相同，但总体来说大同小异。大多数毕业论文都包括首页、目录、内容提要、关键字、正文、致谢、参考文献等部分。一般来说，首页不显示页码；目录、内容提要和关键字要使用大写罗马数字页码，正文之后使用小写阿拉伯数字页码。毕业论文格式样例如图 3-4-1 所示。

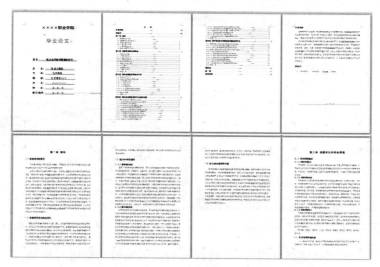

图 3-4-1　毕业论文格式样例

步骤一：自动生成目录

1. 设置标题级别

自动生成目录的前提是对章节标题设置相应的标题级别，这一步可以通过样式功能来完成。设置几级标题即可生成几级目录（Word 2010 最多可以设置 9 级标题），这里我们以设置 3 级标题为例。

选中第一章大标题，选择"开始"选项卡中的 "样式"命令组的"标题 1"命令按钮，将第一章大标题设置为"标题 1"的样式，"标题 1"样式默认格式为宋体二号字，两端对齐。我们也可以按照要求对"标题 1"的格式进行修改。

同样方法，将第二章至最后一张的章节大标题，还有致谢、参考文献等依次设置为"标题 1"的样式；将 1.1 的标题以及后续各章的二级标题依次设置为"标题 2"样式并按要求修改格式；将 1.1.1 的标题以及后续各章的三级标题依次设置为"标题 3"样式并按要求修改格式。完成全部标题级别的设置。

 思考

有没有比依次设置各标题级别更快捷、更高效的操作方法？

2. 自动生成目录

将插入点放置于要插入目录的位置，选择"引用"选项卡中"目录"命令组中的"目录"按钮，在下拉选项中选择"插入目录"命令，打开"目录"对话框，如图 3-4-2 所示。

在对话框中可以对标题级别、格式和前导符等内容进行设置。这里我们设置显示级别为"3"，格式为"正式"，单击"确定"按钮，即可在插入点处按照已经设置好级别的标题自动生成目录。

3. 自动更新目录

自动生成的目录可以根据论文内容的修改自动进行更新，具体操作方法如下：

在目录上单击鼠标右键，在弹出的快捷菜单中选择"更新域"命令，打开"更新目录"

对话框,如图 3-4-3 所示。

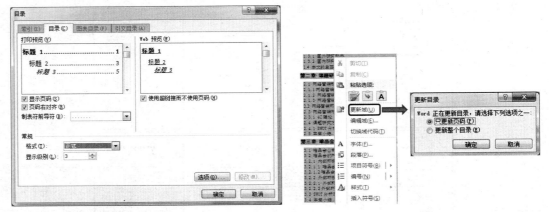

图 3-4-2　"目录"对话框　　　　图 3-4-3　打开"更新目录"对话框

在对话框中选择"只更新页码",可对目录的页码编号自动进行更新;
在对话框中选择"更新整个目录",则可对整个目录内容(包括页码)进行更新。
这里说明一下,对目录的格式的编辑,如字体格式、行间距等和普通文本的编辑方法相同。

步骤二:插入页码

由于毕业论文各部分的页码格式是不完全相同,所以需要先对文章进行分节,在不同的节中再插入相应格式的页码。

1. 插入分节符

将插入点定位在首页最后或者第二页目录开始处,单击"页面布局"选项卡→"页面设置"选项组→"分隔符"命令按钮,在下拉命令列表中选择"分节符(下一页)",如图 3-4-4 所示。

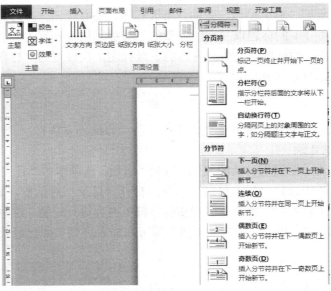

图 3-4-4　插入分节符

这时在草稿视图下可以看到插入的分节符，如图 3-4-5 所示。

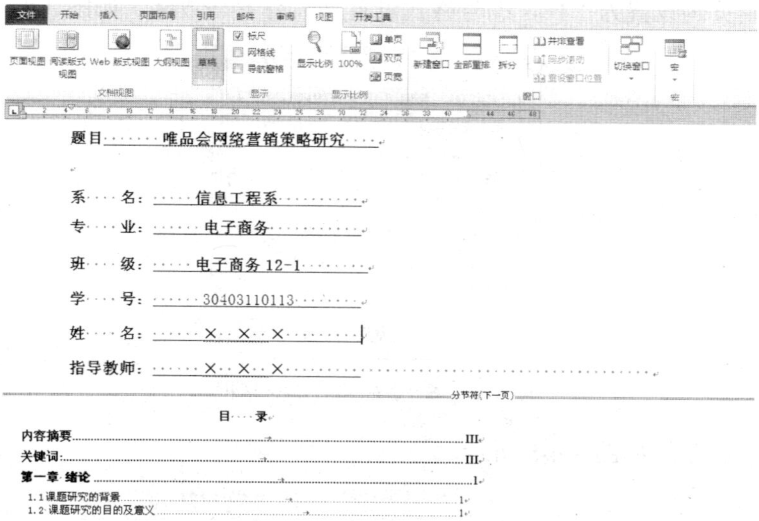

图 3-4-5　在草稿视图查看插入的分节符

2. 插入页码

按照样例要求，第一页封页不显示页码，第二页目录页至内容摘要和关键词页显示大写罗马数字页码，正文开始显示阿拉伯数字页码。

将插入点定位在第二页（目录页），选择"插入"选项卡中"页眉和页脚"命令组的中"页码"命令按钮，在下拉命令列表中选择"页面底端"中的"普通数字 2"，此时页面底端会居中插入默认的阿拉伯数字页码，如图 3-4-6 所示。

各个选项的含义如下：
- "普通数字 1"默认页码左对齐；
- "普通数字 2"默认页码居中对齐；
- "普通数字 3"默认页码居右对齐；
- "X/Y" X 指当前的页码，Y 指总页码数。

图 3-4-6　在页面底端插入页码

选中插入的页码，同上继续选择"设置页码格式"命令，打开"页码格式"对话框，在对话框中将起始页码设置为"1"，编号格式设置为大写罗马数字，如图 3-4-7 所示。

图 3-4-7 "页码格式"对话框

插入页码后的效果如图 3-4-8 所示。

图 3-4-8 插入页码后的效果

用同样方法将插入点定位在关键词页面最后或者正文页面开始处，再从正文页开始进行分节，对正文开始设置阿拉伯数字页码，完成全部论文页码的设置。

需要注意的是，选中插入的页码后，单击"页眉和页脚工具：设计"选项卡→"导航"选项组→"链接到前一条页眉"命令按钮（使其灰色暗淡显示），否则页码的修改会对上一节造成影响，如图 3-4-9 所示。

图 3-4-9 "链接到前一条页眉"命令按钮

步骤三：编辑脚注和尾注

1. 什么是脚注和尾注

脚注或尾注由两个链接的部分组成，即注解引用标记及相应的注释文本，默认情况下，脚注放置于每页的结尾处，而尾注放置于文档的结尾处，如图 3-4-10 所示。对脚注进行编号自动从"1"开始，对尾注进行编号自动从"i"开始，也可以选择不同的起始值。

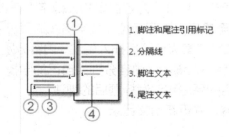

图 3-4-10　脚注和尾注示意图

2. 插入脚注和尾注

将插入点定位到需要插入脚注和尾注的位置，单击"引用"选项卡→"脚注"选项组→"插入脚注"或"插入尾注"命令按钮，即可插入脚注或尾注，如图 3-4-11 所示。

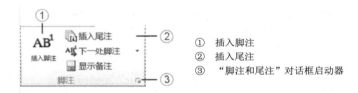

图 3-4-11　插入"脚注"和"尾注"

Word 2010 会自动对脚注和尾注进行编号。可以在整个文档中使用一种编号方案，也可以在文档的每一节中使用不同的编号方案。

试一试：可以使用组合键【Ctrl+Alt+F】来插入脚注，使用组合键【Ctrl+Alt+D】来插入尾注。

3. 删除脚注或尾注

要删除脚注或尾注时，是要删除文档窗口中的脚注或尾注引用标记（图 3-4-12），而非脚注或尾注中的文字。在文档中选定要删除的脚注或尾注的引用标记，然后按【Delete】键即可。删除了一个自动编号的脚注或尾注引用标记后，Word 会自动重新对脚注或尾注进行编号。

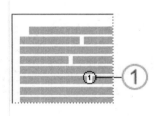

图 3-4-12　文档窗口中的注释引用标记

课堂练习

根据所给论文素材,完成下列操作
1. 设置纸张大小 A4,纵向,页眉和页脚距边界均为 1.5 厘米。
2. 自动生成三级目录。
3. 插入页码,首页无页码,目录、内容提要和关键字页在页面底端居中设置大写罗马数字格式的页码,正文开始至最后为小写阿拉伯数字格式的页码。
4. 在第一章、第二章和第三章大标题后插入尾注,内容分别为自己姓名、专业和学号;在致谢和参考文献大标题之后插入脚注,内容分别为自己的学校、自己的籍贯。
5. 删除第二章大标题后的尾注和致谢标题后的脚注。
6. 删除第四章整个内容,并更新论文目录。

项目四　Excel 2010 电子表格处理软件

任务一　船员信息登记表

小明是名实习生,刚到一家船公司工作,为了今后的员工资料便于导入数据库进行管理,公司要求每位新进人员,都需要用 Excel 2010 制作一份船员信息登记表。但是他的计算机基础很差,以前学过的电子表格制作软件版本也偏低,打开 Excel 2010 后不知所措。通过学习,他自己能顺利地制作出一份令领导满意的电子表格吗?

任务要求

- 了解 Excel 2010 的操作界面。
- 掌握工作簿和工作表的创建、重命名、复制、保存等基本操作。
- 熟悉不同类型数据的输入方法和有规律数字的输入技巧。
- 掌握表格格式外观的设置方法。

子任务一　创建工作簿和工作表

步骤一: 启动 Excel 2010

方法 1:执行"开始"→"所有程序"→"Microsoft Office"→"Microsoft Excel 2010"。
方法 2:通过双击打开已经存在的 Excel 工作簿来启动 Excel 2010。
方法 3:双击桌面的 Excel 2010 快捷方式图标。

Excel 2010 的打开方式和以前学过的 Word 2010 基本一致,但是打开后的窗口界面却大相径庭,包括有活动单元格、工作表标签、名称框、编辑栏等。与 Word 2010 相同的地方我们不再重复介绍,下面着重看一下这几个不同之处。

通过图 4-1-1 我们可以看到 Excel 2010 启动后的默认名称和 Word 2010 也是不同的。Excel 2010 启动后的默认名称为"工作簿 1",电子表格文件的默认扩展名为"xlsx"。图中灰虚线围成的一个个小方格叫做"单元格",其中黑色实线围着的叫做"活动单元格",只有活动单元格才能够进行各种操作,所以我们今后在进行函数计算等操作的时候,首先应用鼠标将单元格选为活动单元格。图中下部有名为"Sheet1"的工作表标签。

试一试: 除了新建空白工作簿之外,还可以用已安装的自带样本模板(图 4-1-2),或者联网使用 Office 的模板来建立工作簿。

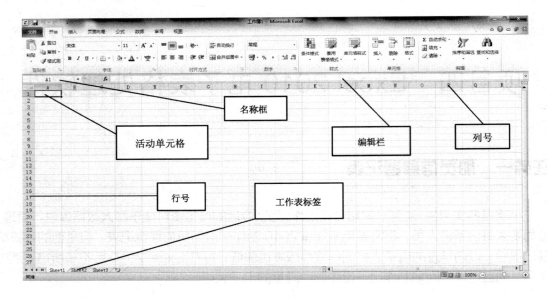

图 4-1-1　Excel 2010 启动界面

图 4-1-2　可用模板

选择"文件"→"新建"命令,弹出"可用模板"对话框,选择样本模板里的"销售报表",单击右侧的"创建"按钮。随后出现了新创建的包含四张工作表的"销售报表 1"工作簿,如图 4-1-3 所示。里面的内容数据都已经填写,使用时只需更改即可。

图 4-1-3　"销售报表 1"工作簿

知识链接

小明：刚才提到的工作表、工作簿、单元格之间有怎样的关系呢？

老师：工作簿里包含工作表，工作表又包含单元格。

● 单元格。单元格是指工作区中行和列交叉形成的矩形区域。每个单元格所对应的列字母和行数字组合起来构成一个地址标识，如第 1 行第 1 列的单元格表示为 A1。当一个单元格被选中时，该单元格的地址标识会显示在名称框中。单元格以粗线框显示时，表示该单元格为当前活动单元格，处于编辑状态。可将行号、列号作为按钮使用，用来选择工作表的行或列，也可以用于改变行高、列宽。

● 单元格区域。单元格区域是由多个相邻的单元格组成的区域，可以用该单元格区域左上角和右下角的单元格地址表示，两地址之间用冒号（：）分隔，例如，"A1:E5" 表示 1 行 1 列到 5 行 5 列的单元格区域。

● 工作簿。在 Excel 中创建的文件称为工作簿，其文件扩展名为 ".xlsx"。工作簿是工作表的容器，一个工作簿可以包含一个或多个工作表。当启动 Excel 2010 时，总会创建一个名为 "工作簿 1" 的工作簿，它包含 3 个空白工作表，可以在这些工作表中填写数据。在 Excel 2010 中打开的工作簿个数仅受可用内存和系统资源的限制。

● 工作表。工作表在 Excel 中用于存储和处理各种数据，也称电子表格。工作表始终存储在工作簿中。工作表由排列成行和列的单元格组成，工作表的大小为 1 048 576 行 × 16 384 列。默认情况下，创建的新工作簿总是包含 3 个工作表，它们的标签分别为 Sheet 1、Sheet 2 和 Sheet 3。若要处理某个工作表，也可单击该工作表的标签，使之成为活动工作表。若看不到所需标签，可单击标签滚动按钮以显示所需标签，然后单击该标签。在工作表最左侧一列即灰色的部分，是每一行的行号，用数字表示，记为 1、2、3……直到 1 048 576。使用快捷键【Ctrl+↓】可快速移到最后一行，【Ctrl+↑】可快速移到第一行。在工作表最上面一行即灰色的部分，是每一行的列号，用字母表示，记为 A、B、C……直到 XFD。共 16 384 列。用快捷键【Ctrl+→】可快速移到最后一列，用快捷键【Ctrl+←】可快速移到第一列。行号、列标可作为按钮使用，可用来选择工作表的行或列，也可用于改变行高、列宽。

步骤二：将工作表重命名

在实际应用中，可以对工作表进行重命名。右键单击工作表标签，在弹出的快捷菜单上选择重命名，然后输入 "个人信息" 后按回车键，见图 4-1-4。根据需要还可以添加更多的工作表。一个工作簿中的工作表个数仅受可用内存的限制。除了对工作表重命名之外，还有复制、移动、删除、隐藏、保护和设置标签颜色的操作。

如果要在工作簿中添加新的工作表，在工作表标签栏中单击 "插入工作表" 按钮，可以在最后一个工作表后面插入一个新的工作表。如果要插入多张工作表，可以在完成一次插入工作表之后，按【F4】键（重复操作）来插入多张工作表。还可以在工作表标签栏中选中要删除的工作表，单击鼠标右键，打开快捷菜单，选择 "删除" 命令。想要复制工作表必须在 "移动或复制工作表" 对话框中选中 "建立副本" 才可，否则仅能移动。此外，Excel 2010 也可以在不同的工作簿间进行移动和复制操作。为了便于多个工作表的区分，还可以根据自己喜好，为每张工作表设置不同的颜色。

图 4-1-4　工作表操作界面

步骤三：保存工作簿并退出

选择"文件"→"保存"命令，弹出"另存为"对话框，在"文件名"下拉列表框中输入文件名"船员信息登记表"，选择保存位置。然后单击"保存"按钮，编辑完成的表格即在指定位置保存。"另存为"对话框如图 4-1-5 所示。

图 4-1-5　"另存为"对话框

最后单击 Excel 2010 主窗口中的"关闭"按钮，或选择"文件"→"退出"命令，或者【Alt+F4】组合键可退出 Excel 2010。

 知识链接

小明：为什么我在单位电脑用 Excel 2010 保存的文档回家后用 Excel 2003 打不开呢？
老师：这是由于版本兼容问题造成的，解决方法如下。

选择"文件"→"保存"命令，弹出"另存为"对话框，在保存类型的下拉列表框里选择 Excel 97-2003 工作簿，如图 4-1-6 所示。这样，保存的文件在低版本的 Excel 软件上也可正常打开了。

项目四　Excel 2010 电子表格处理软件　/143

图 4-1-6　保存类型的选择

试一试：Excel 2010 也可以像 Word 2010 一样进行密码加密，具体操作方法是：选择"文件"→"信息"→"保护工作簿"→"用密码进行加密"命令，然后按照要求输入密码，如图 4-1-7 所示。

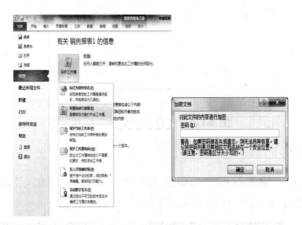

图 4-1-7　用密码进行加密

思考

如何插入和删除行、列、单元格？想插入多行的时候是否需要逐行插入操作？

子任务二　不同类型的数据输入

步骤一：选中单元格和合并单元格

想要输入数据，首先要用鼠标选择要输入的位置，即活动单元格。选择某一行或者某一列，可以用鼠标单击行号和列号来选取；选择多行和多列，用鼠标单击行号或列号，然后进行拖曳；选择连续的单元格区域，可以用鼠标直接拖曳，还可以单击第一个单元格，然后按住【Shift】键单击最后一个单元格；选择不连续单元格，需按住【Ctrl】键，再进行多次选取。

需要输入如图 4-1-8 中的"船员信息登记表"和"求职意向"等单元格内容，则先要对单元格进行合并居中，操作方法是：先选中 A1:E1 单元格，然后单击"开始"选项卡→"对齐方式"组→"合并后居中"按钮。"合并后居中"按钮如图 4-1-9 所示。拆分单元格也是通过这个按钮进行。

图 4-1-8　船员信息登记表

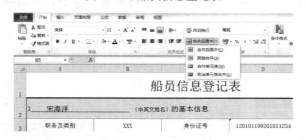

图 4-1-9　"合并后居中"按钮

步骤二：输入数据

按照图 4-1-10 所示，输入数据。如需插入图片，则单击"插入"选项卡→"插图"选项组→"图片"按钮，选择图片位置后单击"插入"。

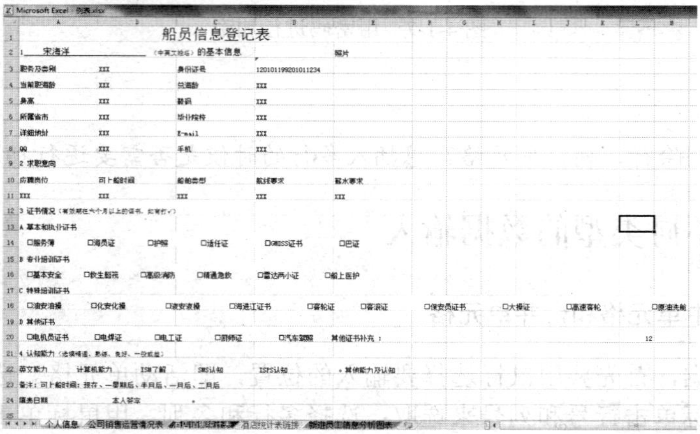

图 4-1-10　原始数据表格

知识链接一：常见的 Excel 2010 数据输入方法

小明：为什么我按照要求将数字输入到 Excel 2010 的单元格后，结果却总是和我想要的内容不一样呢？

老师：因为 Excel 2010 对数据的输入是有一些特定要求的，下面我就给你介绍一些常见的数据输入方法。

在 Excel 2010 中包含有三类数据，分别是字符型、数值型和逻辑型。字符型数据默认的对齐方式是靠左对齐，常见的字符型数据包括汉字、英文字母等；数值型数据默认的对齐方式是靠右对齐，常见的数值型数据包括整数、小数、负数、日期、时间等；逻辑型数据默认的对齐方式是居中对齐，逻辑型数据的结果只有 0 和 1。数据输入规则如下：

● 当输入一个超过标准单元格宽度的长数值时，Excel 通常会自动调整列宽来容纳所输入的内容，当输入数字的位数达到 12 位时，Excel 不再调整列宽，而以科学计数法表示数字，并四舍五入。

● 文本通常是指一些非数值的文字，如姓名、性别、单位或部门的名称等。此外，许多不代表数量、不需要进行数值计算的数字也可以作为文本处理，如编号、QQ 号码、手机号码、身份证号码等。Excel 将不能理解为数值、日期时间和公式的数据都视为文本。文本不能用于数值计算，但可以比较大小。

● 如果输入两位数的年份，Excel 按如下方式解释年份。00 至 29 解释为 2000 年至 2029 年。如果输入日期 8/15/98，Excel 将认为日期是 1998 年 8 月 15 日。

● 若字符数超过了单元格的范围，将鼠标指针指向单元格右边的边界上，当鼠标指针变成双向箭头形状时，双击边界，单元格的宽度将自动适应字符的长度。

● 输入类似邮政编码的数据之前。先选中单元格区域后单击鼠标右键，选择"设置单元格格式"命令，打开"设置单元格格式"对话框。单击"数字"选项卡分类列表中的"文本"，使输入数字以文本格式处理。

● 输入身份证号码或者以零开头的数字，要在英文输入法状态下输入单撇号【'】；输入分数"3/5"，要先输入"0"和空格，再输入分数，否则系统将作为日期"3 月 5 日"处理；输入当前日期可以按快捷键【Ctrl+;】，输入当前时间可以按快捷键【Ctrl+Shift+;】。

知识链接二：Excel 2010 数据输入的简便方法

小明：我有时想在很多表格输入相同的内容，有时想按照顺序输入一组数字，可是一个个输入太麻烦了，有没有简单的方法呢？

老师：你提出的问题很好解决，Excel 2010 具有很强大的自动输入和数据填充功能。

● 多个单元格输入相同内容，首先选择要输入数据的单元格（连续不连续均可），选好后松开鼠标，直接输入数据，然后按【Ctrl+Enter】组合键即可完成输入。

● 假如要向工作表输入一组按一定规律排列的数据，如一组时间、日期和数字序列，都可使用 Excel 的数据填充功能来完成。输入数字 1~10 有两种方法：第一种方法是在 A1 单元格中输入 1，在 A2 单元格中输入 2，选中 A1:A2 单元格区域，将鼠标光标指向单元格填充柄，当鼠标光标变成黑实心"十"字形光标时，向下拖动填充柄至 A10 单元格，自动填充数据。第二种只需在 A1 单元格中输入 1，然后按住【Ctrl】键，利用填充柄拖曳进行自动填充。如果是文本型数字，无需按住【Ctrl】键，直接拖曳填充柄即可。

● 需要填充等比序列等复杂序列的时候，如要填充一组以 2 的倍数增长的等比序列，一直到 65536：先在 A1 单元格输入 2，然后单击"开始"选项卡→"编辑"选项组→"填充"→"系列"按钮，弹出"序列"对话框。"序列"对话框如图 4-1-11。按照图中的示例进行选择后单击【确定】按钮即可完成序列的填充。

步骤三：数据的修改和确认

数据输入完成后，如果对内容不满意可以进行修改。修改内容的方法有两种：第一种是直接单击需要修改数据的单元格，然后输入新的数据。这种方法虽然快捷，但是完全替换了原有的内容，如果需要在原有数据内添加内容，则不能实现；第二种修改方法是单击需要修改数据的单元格，然后单击上方编辑栏，在编辑栏里进行修改，如图 4-1-12（还

图 4-1-11　"序列"对话框

可以通过双击单元格实现在原数据上添加内容）。最后想要确定输入可以直接按回车键，或者单击编辑栏左侧的"√"按钮确认输入。如果想要取消输入，则单击"×"按钮。

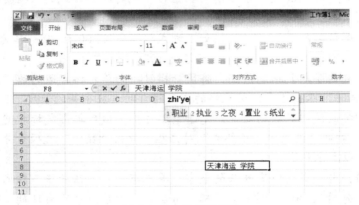

图 4-1-12　数据的修改

子任务三　表格格式设置

完成数据输入后，我们需要为整体表格进行格式设置，包括数字显示格式，对齐方式、字体设置、边框、填充底纹等操作，来达到表格的美化效果。

步骤一：调整行高列宽

将按照示例完成合并单元格操作的表格后，进行高度和宽度的设置，第一行行高 48 磅，第二、九、十二、二十一行行高为 40 磅，第三至第八行，行高 25 磅，其余行 30 磅。A 到 E 列的列宽均为 20 磅。

表格的行高和列宽都可以通过鼠标直接拖曳行号和列号中间的分割线来进行粗略调整，如果同时调整多行或者多列的宽度，需先选中多行或多列，再选任意一个进行调整，其余行列则整体跟随改变。想要设置具体行高或者列宽，可用鼠标右键单击行号或者列

号，在弹出的快捷菜单里选择行高或列宽，随后输入数值即可，如图 4-1-13 所示。

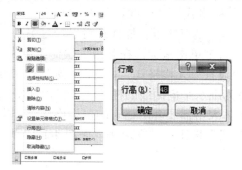

图 4-1-13　行高的设置

步骤二：设置数据格式与位置

表格标题行的"船员简介"设为黑体，28 号，垂直水平均居中对齐。A3:D8 与 A10:D11 单元格区域内的文字设为宋体，11 号，垂直水平均居中对齐。其余表格均垂直居中，水平文本左对齐。第二、九、十二、二十一行字体为宋体，14 号，其余行为 11 号。以上设置可通过"开始"选项卡内的"字体""对齐""数字"组来完成，如图 4-1-14 所示。

其中需要在单元格内换行的地方，按住【Alt+Enter】组合键可实现。全部设置完成后，效果应如图 4-1-15 所示。

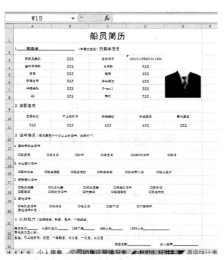

图 4-1-14　字体和对齐方式的设置　　　　图 4-1-15　"船员简历"最终效果图

步骤三：表格边框和底纹的修饰

最后一步，为完成的表格添加边框和底纹。第二、九、十二、二十一行填充底纹"蓝色，强调文字颜色 1，淡色 80%"，其余默认。表格外边框红色粗实线，内边框红色单实线。底纹的设置方法是选择需要设置的单元格区域，单击"开始"选项卡→"字体"选项组→"填充颜色"按钮，按照要求挑选格式。设置边框线同样要先选择整个表格区域，单击"开始"选项卡→"字体"选项组→"其他边框"按钮，在弹出的"设置单元格格式"对话框的"边框"选项卡中，先选线条样式粗，颜色红色，单击"外边框"，然后要求再设置线条样式细，颜色红色，单击"内部"，在预览图中观察设置后的样式是否和要求一致，最后单击【确定】按钮，完成设置，"设置单元格格式"对话框见图 4-1-16。

以上的对齐、字体、边框、填充等设置操作还可以通过另外一种方法来实现。首先，选中需要设置的单元格区域，右键单击鼠标，在弹出的快捷菜单中选择"设置单元格格式"，即可出现如图 4-1-16 里的"设置单元格格式"对话框，选择一个标签进行设置，例如，文字方向倾斜 45 度，填充图案为细水平剖面线的样式，表格内加斜线，文字下标，数字进行货币样式设置等操作。如果整体表格需要套用已有的表格格式，可以单击"开始"选项卡→"样式"选项组→"套用表格样式"按钮，进行选择，如图 4-1-17 所示。

图 4-1-16　边框格式设置

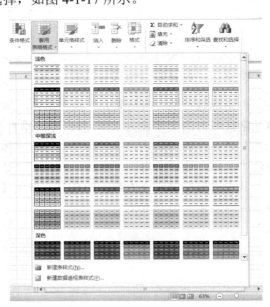

图 4-1-17　套用表格格式

 知识链接一：在 Excel 2010 表格中添加底纹

小明：我拿到一份成绩单，想给 90 分以上和不及格的成绩分别添加不同颜色底纹以便于区分，不知该如何设置？

老师：当数据量较大的时候，逐一设置十分耽误时间，而且容易产生遗漏，所以我们需要利用 Excel 2010 里的条件格式功能来进行操作。操作步骤如下：

选中所有要进行设置的单元格区域，单击"开始"选项卡→"样式"选项组→"条件格式"→"管理规则"按钮，在弹出的"条件格式规则管理器"对话框（图 4-1-18）中，单击"新建规则"按钮。

在弹出的"编辑格式规则"对话框中选择"单元格值"介于"90"到"100"，格式设置为蓝色底纹后单击"确定"按钮。重复上一步操作，单击"新建规则"按钮，继续设置单元格值为小于"60"，格式设置为红色底纹，如图 4-1-19 所示。

项目四 Excel 2010 电子表格处理软件 / 149

图 4-1-18 条件格式规则管理器　　　　图 4-1-19 设置条件格式

单击"确定"按钮后,选择好的数据区域按照我们新建的规则,分别标识不同条件的数据。条件格式效果如图 4-1-20 所示。

	A	B	C	I	J
3/4	序号	学号	姓名	总分	
5	1	30401140101	XXX	95	
6	2	30401140103	XXX	64	
7	3	30401140104	XXX	63	
8	4	30401140105	XXX	71	
9	5	30401140106	XXX		
10	6	30401140107	XXX	97	
11	7	30401140108	XXX	70	
12	8	30401140109	XXX	72	
13	9	30401140110	XXX	80	
14	10	30401140111	XXX	83	
15	11	30401140112	XXX	92	
16	12	30401140113	XXX	71	
17	13	30401140114	XXX		
18	14	30401140115	XXX	75	
19	15	30401140116	XXX	64	
20	16	30401140117	XXX		
21	17	30401140118	XXX	61	

图 4-1-20 条件格式效果

 知识链接二:对单元格添加注释

小明:在成绩单里,需要对作弊的成绩给予批注,如何实现?
老师:在 Excel 2010 中,可以通过插入批注来对单元格添加注释。添加注释后,可以编辑批注中的文字,也可以删除不再需要的批注。

● 选中需要添加批注的单元格,单击"审阅"选项卡→"批注"选项组→"新建批注"命令按钮,打开"批注"文本框,在文本框中输入批注内容,关闭文本框后单元格的右上角出现一个红色的三角。

● 将鼠标指针放在建有批注的单元格上,即可显示批注的内容。

● 选中有批注的单元格,单击"审阅"选项卡"批注"任务组中的"编辑批注"命令按钮,可以在打开的批注文本输入框中编辑批注;单击"删除"命令按钮,可以删除批注。

课堂实验

按要求完成下列上海顺义船务有限公司船舶轮机部航次工况报告。

制作要求：
1. 新建工作簿，命名为"船舶轮机部航次工况报告.xlsx"；
2. 删除多余工作表，重命名 Sheet1 为"工况报告"；
3. A～W 列宽为 3 磅，6～8 行高 40，其余行高 20 磅；
4. 文字输入，第一行：宋体、14 磅、加粗；第二行：Times New Roman、16 磅、加粗；第三行：宋体、14 磅、加粗；其余文字：宋体、12 磅；
5. 添加边框线和图形。

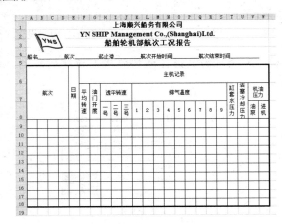

任务二　公司销售运营情况表

小明毕业后被分配到了一家大型企业做财务工作，在公司内，所有的销售运营数据都是以 Excel 电子表格的形式存储的，以方便各种数据计算。小明拿到后感觉压力很大，各种公式函数也记不全。他能完成领导的托付，做出一份销售运营表单么？

任务要求

➢ 了解数据有效性的设置。
➢ 熟悉单元格引用的规则。
➢ 掌握公式的计算方法。
➢ 掌握函数的计算方法。

子任务一　数据的有效性设置

小明在输入数据的时候，由于数字众多，难免眼花，输入的时候一时粗心也会造成数据输入错误。我们可以对数据输入范围的有效区域进行规定，来减少犯错误的机会，让计算机提醒我们可能出现的错误。首先，选择需要设置的区域，然后单击"数据"选项卡内的"数据工具"组中的"数据有效性"按钮,在弹出对话框的"设置""输入信息""出错警告"三个标签中填入相应内容,如图4-2-1所示,单击"确定"按钮后完成数据有效性的设置。

图 4-2-1 数据有效性的设置

设置完有效性的单元格,在我们输入的时候,会出现我们之前设置的提示,当输入数值不在我们允许的范围时,会出现出错警报,并提示重新输入,如图4-2-2所示。

图 4-2-2 有效性出错提示信息

子任务二 公式计算

公式是由常量、单元格引用、单元格名称、函数和运算符组成的字符串,也是在工作表中对数据进行处理的算式。公式可以对工作表中的数据进行加、减、乘、除等运算。在使用公式运算过程中,可以引用同一工作表中的不同单元格、同一工作簿不同工作表中的单元格,也可以引用其他工作簿中的单元格。

步骤一:打开公式的编辑状态

选中要输出结果的单元格B7,输入"="号,进入公式编辑状态。Excel中的所有的计算公式都是以"="开始,除此以外,它与数学公式的构成基本相同,也是由参与计算的参数和运算符组成。参与计算的参数可以是常量、变量、单元格地址、单元格名称和函数,但不允许出现空格。

步骤二：选择计算区域

在编辑栏输入"=B5×15%"，也可以在输入等号后，单击B5单元格，则能省去单元格坐标的输入操作，如图4-2-3所示。

	A	B	C	D	E	F	G	H	I	J	K	L	M	N
1							2014年公司销售运营情况表							
2	项目	一月	二月	三月	四月	五月	六月	七月	八月	九月	十月	十一月	十二月	全年
3	销售收入	3049215	1724215	3533678	4386947	3975875	4146935	4003715	3158794	4805836	5245193	4663628	3239865	45933896
4	商品成本	1754359	883296	1849235	2105312	1959943	2056578	1894532	1663561	2398741	2684325	2384169	1516786	23150837
5	毛利润	1294856	840919	1684443	2281635	2015932	2090357	2109183	1495233	2407095	2560868	2279459	1723079	22783059
6	员工工资	572800	572800	572800	572800	572800	572800	572800	572800	572800	572800	572800	572800	6873600
7	税费（毛利润的15%）	194228												
8	总盈利													
9	盈利是否超过平均值													
10	年平均盈亏		超过年平均的有几个月											

图4-2-3 公式计算1

在公式里面可以使用四种类型的运算符，运算符是连接数据组成的符号，公式中的数据根据运算符的性质和级别进行运算。四种运算符包括算数运算符：+（加），-（减），*（乘），/（除），%（百分号），^（乘方）；文本运算符：&；比较运算符：=（等于），>（大于），<（小于），>=（大于等于），<=（小于等于），<>（不等于）；引用运算符：空格（交叉运算符，产生同时隶属于两个引用单元格区域的引用），":"冒号（区域运算符，对在两个引用之内的区域所包含的所有单元格进行引用），","逗号（联合运算符，将多个引用合并为一个引用）。运算符的优先级为：①先计算括号内的运算；②先乘方、乘除，后加减；③同级运算按从左到右的顺序进行。

步骤三：输出结果

做完上述操作后，单击回车，则可出现计算结果。后面C7:M7单元格可以用填充柄自动填充，实现计算功能。

在默认情况下，Excel只在单元格中显示公式的计算结果，而不是计算公式，为了在工作表中看到实际隐含的公式，可以单击含有公式的单元格，在编辑栏中显示公式，或者双击该单元格，公式会直接显示在单元格中。

锁定公式就是将公式保护起来，别人不能修改。若不希望别人看到所使用的公式，可以将公式隐藏。需要注意的是，在锁定或隐藏公式后，必须执行"保护工作表"的操作，这样才能使锁定或隐藏生效。

要"锁定"和"隐藏"公式，必须要"保护工作表"。"保护工作表"与"锁定"和"隐藏"公式的操作顺序不能颠倒，如果先"保护工作表"，就无法对公式进行"锁定"和"隐藏"。

 知识链接

小明：进行公式计算的时候，为什么不直接输入B7单元格的数字而是要输入B7单元格的坐标？这样有什么好处和弊端呢？

老师：你问的这种情况叫做"引用"。使用"引用"可以为计算带来很多的方便，比如当你原来的位置数字改变了，后面的计算结果可以跟随着变动，不用再去逐一更改。但同时也会出现一些问题，尤其是在用户进行公式复制的时候。当把计算公式从一个单元格复制到另一个单元格后，公式会发生改变，改变的原因就是在创建公式时使用了引用。

单元格的引用可分为相对引用、绝对引用和混合引用。

● 相对引用：相对引用是指单元格引用会随公式所在单元格的位置变化而变化，公式中单元格的地址是指当前单元格的相对位置。当使用该公式的活动单元格地址发生改变时，公式中所引用的单元格地址也相应发生变化。

● 绝对引用：绝对引用是指引用特定位置的单元格，公式中引用的单元格地址不随当前单元格的位置改变而改变。在使用时，单元格地址的列号和行号前增加一个字符"$"。

● 混合引用：根据实际情况，在公式中同时使用相对引用和绝对引用称为混合引用。例如，"$A1"和"A$1"都是混合引用，其中"$A1"表示列地址不变，行地址变化，而"A$1"表示行地址不变，列地址变化。

试一试：根据题意，计算公司销售运营情况表里的总盈利为多少？

根据题目要求，在B8单元格输入公式"=B3－B4－B6－B7"就是总盈利金额，其余单元格利用填充柄自动计算，如图4-2-4所示。

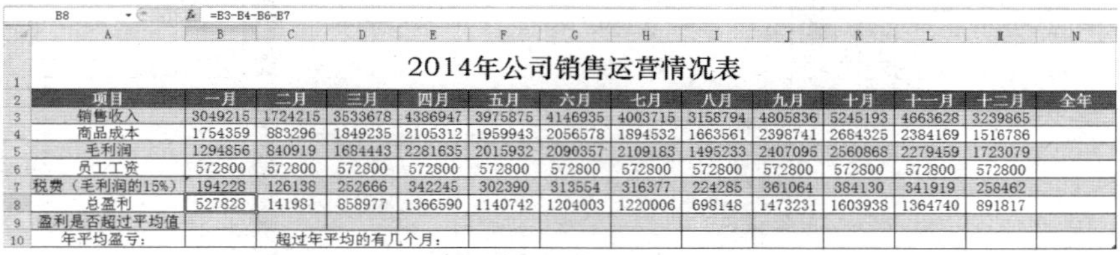

图4-2-4　公式计算2

子任务三　函数计算

函数是一些已经定义好的公式。大多数函数是经常使用的公式的简写形式。函数由函数名和参数组成，函数的一般格式为：函数名（参数）。

输入函数有两种方法。一种是在单元格中直接输入函数，这与在单元格中输入公式的方法一样，只需先输入一个"="，然后输入函数本身即可。另一种是通过命令的方式插入函数。

步骤一：计算全年总计

计算全年总计的时候，如果使用公式的方法也是可以的，但是比较烦琐，而使用函数的方法来计算就要简便很多。首先选中要输出结果的单元格"N2"，单击编辑栏前的"插入函数"按钮"fx"，如图4-2-5所示。

在弹出对话框的常用函数栏里，选择我们计算总数的函数"SUM"，见图4-2-6。

在选择函数区域的函数参数对话框里，我们用鼠标选择"B3:M3"区域，Excel 2010软件会智能识别我们要计算一月份到十二月的区域，并在区域显示栏里显示"表2[@[一月]:[十二月]]"，一般情况只会显示"B3:M3"。当我们单击"确定"按钮后，结果会出现在M3单元格，其余值我们利用填充柄自动计算，见图4-2-7。

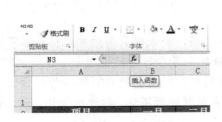
图 4-2-5　插入函数

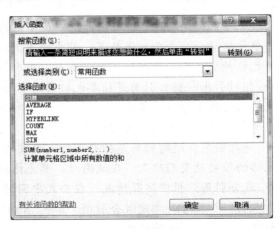
图 4-2-6　公式选择

图 4-2-7　函数参数

步骤二：计算年平均盈亏

平均值函数的计算与求和函数的计算基本一致，函数选择"AVERAGE"，计算区域为"B8:M8"。当单击 B10 单元格，编辑栏里最终显示"=AVERAGE(B8:M8)"即正确结果。

步骤三：利用 IF 函数判断每月盈利是否超过平均值

判断每个月的盈利是否超过年平均值应选用"IF"函数，该函数的参数设置项有三项。第一项是判断选中的单元格数据是否满足条件，如果条件成立，则输出结果为第二项的内容，不成立则输出结果为第三项的内容，见图 4-2-8 所示。由于已经计算出了全年盈利的平均值，只需将"B8"单元格的数据与"B10"单元格的数进行比较，就可判断出一月份盈利是否超平均值，判断结果"=IF(B8>B10,"是","否")"将输出显示在 B9 单元格。其余单元格可以自动填充计算。

图 4-2-8　判断函数参数设置

步骤四：利用 CONUT IF 函数计算超过平均值的月份有几个

统计一年中有几个月份盈利超过全年的平均值，实现这个功能需要使用统计函数 COUNT IF，第一项选择要统计的区域，第二项填自定义的条件。根据题意，我们在 F10 单元格打开函数计算，填写如图 4-2-9 的内容，单击"确定"按钮。

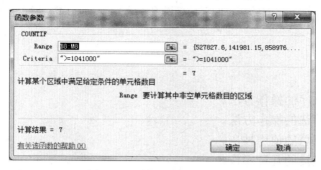

图 4-2-9 统计函数参数设置

 知识链接

小明：我想统计一下单位运动会的各部门成绩排名，应该用什么函数？使用中还需要注意些什么问题？

老师：排名的函数是 RANK，在计算的时候容易出现不同成绩却相同排名的情况，这是由范围没有绝对引用造成的，因为总的成绩区域是固定不变的，不能随着我们填充柄来进行改变，所以需要在行号和列号前加"$"符号。

课堂实验

按要求完成下图所示的电子表格：
制作要求：
1. 计算所有同学的总成绩，结果填在"G3:G12"区域；
2. 计算所有同学的平均成绩，结果填在"H3:H12"区域；
3. 找出全部同学里最高分，结果显示在"D13"单元格；
4. 统计平均分在 80 分以上的人数，结果显示在"D14"单元格。

	A	B	C	D	E	F	G	H
1	学生成绩表							
2	姓名	性别	语文	数学	计算机	英语	总分	平均分
3	吴海	男	89	91	71	87		
4	高士民	男	78	65	54	45		
5	马小伟	男	90	65	91	65		
6	高阳	男	65	52	97	87		
7	张出	男	78	71	62	87		
8	徐玉同	女	45	65	87	76		
9	万闪	女	76	78	65	67		
10	杨开守	女	71	86	90	56		
11	刘杰力	女	78	84	42	76		
12	王为	女	98	76	56	91		
13	总分最高分							
14	平均分80分以上的人数							

任务三 酒店销售统计表

小明是酒店专业的大三学生，写毕业论文的时候需要用到一份关于酒店的销售情况表，根据已有的统计表数据，他要汇总分析出一些结论，可是面对繁多的数据和类别，小明感觉有点力不从心。他能熟练使用数据排序、筛选和分类汇总等功能，得出满意的结果，来完成自己的毕业论文么？

任务要求

- 掌握数据排序的操作方法。
- 掌握数据筛选的操作方法。
- 掌握分类汇总的使用技巧。
- 熟悉数据连接的几种操作。

子任务一 数据排序

小明拿到表单，首先想要了解一下这些酒店销售额的排名情况，只要进行如下操作，就可实现目的。

步骤一：选择排序功能

在进行排序操作的时候，不同于公式和函数计算，无需选择排序的区域，只要把鼠标点在有数据的区域即可。然后单击"数据"选项卡→"排序和筛选"选项组→"排序"按钮，如图 4-3-1 所示。

步骤二：进行排序条件设置

在弹出的排序对话框内，选择主要关键字为"利润额"，排序依据"数值"，次序"降序"，如图 4-3-2 所示。

图 4-3-1 排序按钮

图 4-3-2 排序条件设置

试一试：当排序数据（主要关键字）相同的时候，我们还可以添加"次要关键字"的条件，这样排序就有据可循了。

排序是根据一定的规则，将数据重新排列的过程。在 Excel 2010 中可以对一列或多列中的数据按文本（升序或降序）、数字（升序或降序）、日期和时间（升序或降序）进行排序，也可以按自定义序列（如大、中和小）或格式（包括单元格颜色、字体颜色或图表集）进行排序。在 Excel 2010 中，最多可以包含 64 个数据排序条件，而早期版本的 Excel 只支持 3

个排序条件。

主关键字是数据排序的依据,在主关键字相同时,按次要关键字进行排序,当第一次要关键字相同时,按第二次要关键字排序,以此类推,同学们可以在实际应用中自行摸索。

步骤三:快速排序法

当我们排序的条件要求很简单,只是单纯的某一列升序降序,还可以使用快速的排序方法:鼠标选中需要排序列的任意位置,然后单击"数据"选项卡→"排序和筛选"选项组→↓↑ 或 ↑↓ 按钮,或者单击"开始"选项卡→"编辑"选项组→"排序和筛选"下拉菜单升序和降序按钮,如图4-3-3所示。

图4-3-3 排序快捷按钮

子任务二 数据筛选

将酒店销售统计表里员工数在400以上的酒店显示出来。

步骤一:选择筛选功能

鼠标单击表单中有数据的任意单元格区域,然后单击"数据"选项卡→"排序和筛选"组→"筛选"按钮,如图4-3-4所示。

图4-3-4 筛选按钮

或者单击"开始"选项卡→"编辑"选项组→"排序和筛选"下拉菜单→"筛选"按钮,同样都可以在标题行的所有列标题下出现一个下拉列表的三角形按钮,如图4-3-5所示。

图4-3-5 下拉三角按钮

步骤二:设置筛选条件

单击需要筛选的列标题下拉三角按钮,在弹出的快捷菜单中选择数据筛选,根据题意再选择"大于…",如图4-3-6所示。

在弹出的"自定义自动筛选方式"的对话框里,根据题意输入数值"400",单击"确定"按钮,完成操作,如图4-3-7所示。

图 4-3-6 数字筛选　　　　　　　　图 4-3-7 "自定义自动筛选方式"对话框

筛选就是显示出符号设定条件的表格数据，隐藏不符合设定条件的数据。在 Excel 中提供有"自动筛选"和"高级筛选"命令。为了能清楚地看到筛选结果，系统将不满足条件的数据暂时隐藏起来，当撤销筛选条件后，这些数据又重新出现。设置完自动筛选后，再次单击"筛选"按钮，可以取消筛选，回到原始状态。

 思考

如果需要筛选两个条件的数据，如何操作？是否需要将原筛选条件去除？

子任务三　分类汇总

分类汇总表是办公中常用的报表形式，分类汇总也是对数据的分析、统计的过程。Excel 具有强大的数据分类汇总功能，能满足用户对数据进行汇总的各种要求。统计不同品牌酒店的平均利润额是多少，就属于 Excel 2010 分类汇总功能可以解决的问题。

步骤一：对分类字段进行排序

在进行分类汇总前，需要对分类字段进行排序，使数据按类排列。排序的方法在上一个任务里已经讲述过，这里不再重复。在操作的时候，需要特别注意的是排序前弄清分类字段选择哪一列，因为后面的操作都是在这一步的基础上进行的。本题需要根据品牌排序，升序、降序随意。

步骤二：设置汇总方式，选定汇总项

单击"数据"选项卡→"分级显示"选项组→"分类汇总"按钮，在弹出的"分类汇总"对话框内，将文类字段选为品牌，汇总方式为"平均值"，选定汇总项为"利润额"，其余默认，如图 4-3-8 所示。单击"确定"按钮完成操作。

图 4-3-8 "分类汇总"对话框

 知识链接

小明：做完分类汇总后，我想使表格恢复到初始的状态，如何操作？

老师：分类汇总后，如果想删除，可以单击"数据"选项卡→"分级显示"选项组中→"分类汇总"→"全部删除"，即使表单恢复初始对话框。

子任务四　数据链接

方法一：利用选择性粘贴进行数据链接。

单击"酒店销售统计表"工作表标签，选择相应的员工数单元格进行复制，再单击"酒店统计表链接"工作表标签，在需要填入数据链接的单元格位置右键单击，在弹出的快捷菜单里，如图 4-3-9 所示。选择"选择性粘贴"里的"📎"按钮，就可完成操作。

方法二：利用函数进行数据链接。

首先，在"酒店统计表链接"工作表的界面，打开"插入函数"对话框，选择"SUM"求和函数，单击"确定"按钮，然后单击"酒店销售情况表"将需要计算的区域选中，确定后即可在"数据表统计链接"工作表中显示结果。

图 4-3-9　选择性粘贴

试一试：用上面两种方法完成数据链接操作后，单元格编辑栏里的内容有何不同？

课堂实验

按要求完成下图所示船务公司运行数据汇总表。

	A	B	C	D	E	F	G
1	2013年度各船务公司运行数据汇总						
2	船务公司	归属	员工人数	营业收入	运营成本	总盈利	盈利是否超平均值
3	上海龙达	国内	783	3049215	1343420		
4	福建冠海	国内	600	3789076	2009800		
5	Klsid	国外	670	1920108	1000020		
6	Secord.LD	国外	349	2130987	1240560		
7	Wuiree.CLR	国外	490	2243000	1100678		
8	WD	国外	908	3490880	1935680		
9	HKL	国外	802	3340934	1789080		
10	扬航	国内	112	1100234	589200		
11	DFGledd	国外	290	2023567	998020		
12	L.FH.D	国外	589	4400338	2890092		
13	大连英航	国内	730	4000550	2290780		
14	国达	国外	320	2300220	1008900		
15	DIK.DE	国外	810	4200560	2568900		
16	PEEWLD	国外	619	3000210	1799800		
17	易远达	国内	450	3100199	1899800		
18	FU.RGF	国外	380	2768000	1002300		
19	长航国际	国内	1000	5466800	3208870		
20	东方海外	国内	320	2400234	1190340		
21	阿达尼船务	国外	1200	5998820	3678900		
22	Jeek	国外	1012	5688700	3100380		
23	中泉船务	国内	523	3508560	2090080		
24	中国远洋	国内	1893	6453200	4002680		
25	因帕船务	国外	980	5000220	3800670		
26	达飞轮船	国外	997	4999900	3678900		
27	年平均盈亏						
28							

制作要求：

1. 计算总盈利：总盈利=运营收入-运营成本。
2. 计算年平均盈亏：年平均盈亏=总盈利的平均值（结果填在 F27 单元格中）。

3．计算盈利是否超平均值：若总盈利超过年平均盈亏则为"是"，否则为"否"。

4．筛选出运营成本在 2 000 000 与 3 000 000 之间的国内船务公司；并按照员工人数升序排序。

5．复制"Sheet 1"工作表，在"Sheet 1"中取消筛选，按照归属对总盈利的平均值进行分类汇总。

任务四　新进员工信息分析图表

小明是某公司人力资源部的职员，因工作需要，要将单位所有员工的工作年限进行统计，为了更直观地体现出统计结果，小明想把统计结果用图表的形式表示出来，这都需要进行哪些操作呢？

任务要求

- 掌握数插入图表的基本方法。
- 掌握图表选择的方法。
- 掌握更改图表类型的方法。
- 熟悉图表美化的技巧。

子任务一　图表的创建

图表是以图形表示工作表中数据的一种方式，将实际工作中呆板的数据转化成形象的图表，不仅具有较好的视觉效果，也能直观地表现出工作表包含数据的变化信息，为工作决策提供依据。

如果说用 Excel 电子表格只是将数据信息进行简单的罗列，那么在表格信息的基础之上建立图表，则是对数据进行一种形象化的再加工。图表是办公环境中经常使用的工具，它不但可以清晰地显示数据本身的变化，也可以提供数据以外的信息，扩大数据信息含量。

在 Excel 中有两类图表，如果建立的图表和数据是放在一起的，这样的图和表结合就比较紧密、清晰、明确，也更便于对数据进行分析和预测，此种图表称之为内嵌图表。如果建立的图表不和数据放在一起，而是单独占用一个工作表，则简称为图表工作表，也叫独立图表。

想要创建一个图表非常简单，只要将鼠标放在工作表有数据的位置，然后单击"插入"选项卡→"图表"选项组中的任一图表类型按钮，就能完成，如图 4-4-1 所示。用户还可以通过按键盘【Alt+F1】或【F11】组合键的方法快速创建独立图表和内嵌式图表。

子任务二　图表的修改

一般情况下首次创建的图表，并不能达到用户满意的效果，我们还需要对图表的类型、数据等进行修改。根据本任务的要求，我们应对该表的"姓名"和"工作年限"两列数据进行绘制，图表类型也不能选用折线图，而要改为三维簇状柱形图。

项目四　Excel 2010 电子表格处理软件　/ 161

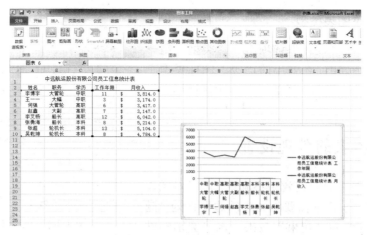

图 4-4-1　插入图表

步骤一：更改数据选择

鼠标首先单击已经存在的图表，这时在选项卡一栏会多出"图表工具：设计""图表工具：布局""图标工具：格式"三个选项卡，如图 4-4-2 所示。

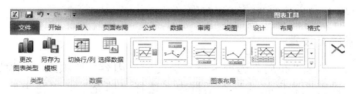

图 4-4-2　"图表工具"选项卡

单击"图表工具：设计"选项卡→"数据"组→"选择数据"按钮，在弹出的"选择数据源"对话框中，用鼠标框选"A2:A10"，按住【Ctrl】键再选"D2:D10"区域，就是我们需要作图的"姓名"和"工作年限"这两列的数据，如图 4-4-3 所示。完成上述操作后，Excel 2010 仅对我们需要的数据进行绘制图表。用户还可以在原有的工作表数据区域中增加、删除和更新数据。

试一试： 在选择数据源里，有一个"切换行/列"选项，单击之后图表会有什么变化？

图 4-4-3　选择数据源

步骤二：更改图表类型

单击图表工具："设计"选项卡→"类型"组→"更改图表类型"按钮，在弹出的"更改图标类型"对话框内，选择"柱形图"里的"三维簇状柱形图"，如图4-4-4所示。

子任务三　图表的外观设置

如果用户对创建的图表效果不满意，可以对图表的外观进行设置，本任务需要将图表的边框设为"圆角"，背景填充设置为"花束"效果，水平类别的姓名全部负六十度，需要如下操作。

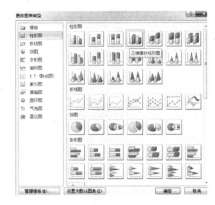

图4-4-4　更改图表类型

步骤一：边框圆角设置

选择图表区后，单击"图表工具：布局"选项卡→"当前所选内容"选项组→"设置所选内容格式"按钮，在弹出的"设置图表区格式"对话框内设置"边框样式"，在最下面的"圆角"复选框内打上对勾，如图4-4-5所示。

步骤二：背景填充设置

选择图表区后，单选"布局"选项卡→"当前所选内容"选项组→"设置所选内容格式"按钮，在弹出的"设置图表区格式"对话框内，选择"填充"→"花束"效果，如图4-4-6所示。

图4-4-5　设置"边框和样式"

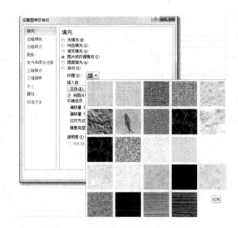

图4-4-6　设置"填充"效果

步骤三：文字设置

双击文字区域，会自动弹出"设置坐标轴格式"对话框，选择"对齐方式"将自定义角度设置为"-60°"，如图4-4-7所示。

用户还可以格式化标题、添加注释、调整和改变图表类型、添加趋势线。利用"标签"组件，可以给图表添加标题和坐标轴标题。在"背景"任务组中，选择"图表背景墙"下拉按钮，可以改变图表的背景样式。单击"布局"选项卡，在"分析"任务组中可以设置趋势线的格式和颜色等，希望大家自己探索。

图 4-4-7　设置坐标轴格式

 知识链接

小明：终于完成了表格操作，我想将表格打印出来，可是打印出来的结果却和电脑屏幕上看到的不同。这是什么原因呢？

老师：我们在打印电子表格前，都需要进行打印预览和页面设置，当预览结果满意再打印，就不会出现上述问题了。

● 页面设置。

切换到"页面布局"选项卡，单击"页面设置"组中的"纸张大小"按钮，从下拉列表框中选择纸张大小类型"A4"。工作表中出现横、竖两条虚线示意打印区域。单击"页面设置"组的"页边距"按钮，从下拉列表框选择"窄"命令。设置完纸张大小和页边距后，再调整行高、列宽，使其占满页面空间，但不超过虚线的范围。

单击"页面设置"选项组的按钮，打开"页面设置"对话框，切换到"页边距"选项卡，在"居中方式"栏选中"水平"和"垂直"两个复选项，完成后单击"确定"按钮。

● 打印工作表。

单击"文件"菜单项，选择"打印"命令，出现打印预览视图。如果预览没有发现问题，可直接单击"打印"按钮，如果还需对表格进行修改，可切换到"开始"标签返回工作表的普通视图进行修改。

单击"打印"按钮后，将弹出"打印内容"对话框。在"名称"下拉列表框中选择已安装的打印机名称，在"打印范围"栏中单击选择"全部"单选项，最后单击"确定"按钮，即可开始打印。

还可以在"份数"选项中设置打印文件的份数。在"设置"选项中选择打印活动的工作表。完成设置后，单击"确定"按钮，打印机打印输出登记表。

课堂实验

按要求完成以下月均工资表的图表。

制作要求：

1. 根据表中"姓名"和"月平均"两列数据创建嵌入式簇状柱形图；
2. 图表布局为"布局3"，图标样式为"样式28"；
3. 数据标签为"居中"；
4. 图表标题：各月份工资统计表。Y轴标题：工资值；
5. 插入到表的"A7:F25"单元格区域内。

	A	B	C	D	E	F
1	姓名	2015/7/1	2015/8/1	2015/9/1	2015/10/1	月平均
2	孟冬	2300	5720	3806	4886	
3	刘刚	8700	7800	6686	7325	
4	郑玲	5400	4508	7331	8326	
5	谭丽	7600	7563	6758	4399	

月均工资表

项目五　PowerPoint 2010 演示文稿处理软件

任务一　制作班级风采相册演示文稿

 任务要求

小明作为系学生会宣传干事，接到了为主题班会制作展示相册的任务，这是 PowerPoint 的强项，也是小明的强项，他胸有成竹地接下了这个任务，我们一起来看一下小明是如何完成任务的。

➢ 熟悉 PowerPoint2010 的操作界面。
➢ 掌握文档的创建、保存等基本操作。
➢ 掌握幻灯片中文字、图片、剪贴画、声音文件的插入与编辑方法。
➢ 掌握添加、编辑和管理幻灯片的基本操作。

为珍藏大学期间的美好回忆，信息工程系新生召开主题班会，制作关于班级风采照片的演示文稿。利用 PowerPoint 2010 自带的相册模板就能实现这个任务，效果如图 5-1-1 所示。

图 5-1-1　班级风采照片

子任务一　启动 PowerPoint 2010

步骤一：启动 PowerPoint 2010

方法 1：执行"开始"→"所有程序"→"Microsoft Office"→"Microsoft PowerPoint 2010"。

方法 2：选择桌面上快捷方式图标，界面如图 5-1-2 所示。

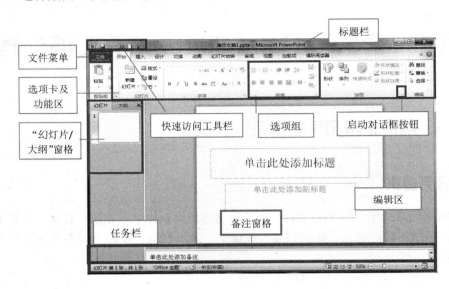

图 5-1-2　PowerPoint 工作界面

步骤二：使用模板创建现代型相册

（1）单击"文件"菜单。

（2）单击"新建"命令，在"可用的模板和主题"列表中选择"样本模板"。

（3）在"样本模板"列表中选择"现代型相册"模板，单击"创建"按钮，创建一个现代型风格相册，如图 5-1-3 所示。

图 5-1-3　"已安装的模板"列表

步骤三：保存演示文稿

方法 1：单击"快速访问工具栏"中的"保存"按钮，命名为"班级风采相册.pptx"。

方法 2：单击"文件"选项卡，在 Backstage 视图中选择"保存"命令。

方法 3：按【Ctrl+S】快捷键。

思考

Backstage 视图的优势？

新增的 Microsoft Office Backstage 视图替换了传统的文件菜单，只需几次单击即可保存、共享、打印和发布演示文稿。"Backstage 视图"如图 5-1-4 所示。

图 5-1-4　Backstage 视图

试一试： 在 Backstage 视图中，选择"另存为"命令，将演示文稿保存为".pdf"格式文件。

 知识链接

小明：PowerPoint 2010 的工作界面中有很多窗格，它们的区别是什么呢，各自有何功能和特点？

老师：PowerPoint 2010 的工作界面和 Word 2010 有所不同，下面我来具体讲一讲不同之处。

PowerPoint 2010 工作界面是由标题栏、"文件"菜单、快速访问工具栏、选项卡和功能区、"幻灯片/大纲"窗格、编辑区、备注窗格和状态栏组成。有些特有的部分与 Word 2010 软件相同，下面具体介绍不同之处：

● 编辑区（工作区）：用于显示和编辑幻灯片，可以添加幻灯片的标题、正文、图片、表格等对象来美化幻灯片。

● "幻灯片/大纲"窗格：提供演示文稿幻灯片方式和大纲方式的切换。用于显示整个演示文稿的结构，包括幻灯片的数量及位置，可以快速查看整个演示文稿中的任意一张幻灯片。

● 备注窗格：用来显示制作者或演讲者的说明和注释信息。

小明：老师，我是初学者，感觉演示文稿很难学，我将如何入手呢？

老师：其实演示文稿很容易，我们先从创建一个简单的演示文稿开始吧！

启动 PowerPoint 2010 后，系统将自动创建一个默认名为"演示文稿 1.pptx"的空白演示文稿。幻灯片是演示文稿的组成部分，通常演示文稿都由若干张幻灯片组成。创建新的演示文稿，分为三种情况：

1. 创建空白演示文稿

方法 1：单击"文件"菜单，打开 Backstage 视图，单击"新建"命令，创建空白演示文稿，如图 5-1-5 所示。

图 5-1-5　新建空白演示文稿

方法 2：单击快速访问工具栏中的"新建"按钮 ，快速创建新空白演示文稿。

方法 3：按【Ctrl+N】快捷键。

2. 创建指定模板的演示文稿

模板提供了不同设计风格的演示文稿范本，如培训、相册、项目报告、简介等专业演示文稿。用户可以直接采用其中包含的内容和设计风格，也可以根据需要修改其中的内容，以便得到自己所需的演示文稿。

3. 创建指定主题的演示文稿

用户最常用的方式，提供大量专业的设计方案，可以使整个演示文稿具有统一的外观风格。使用模板和主题的最大区别是：模板中包含多种元素，如文字、图片、表格、动画等，而主题不包括这些元素，只是一个带有主题颜色、主题效果、主题字体的空演示文稿。

单击"文件"菜单，打开 Backstage 视图，单击"新建"命令，在"可用的模板和主题"列表中选择"主题"选项，如图 5-1-6 所示。

图 5-1-6　新建指定主题演示文稿

小明：老师，为什么我设置的动画效果不播放呢？

老师：那是因为你的视图方式选择得有问题，下面我来具体讲一讲 PowerPoint 的 5 种视图模式的区别。

为了满足不同需求，PowerPoint 2010 提供了多种视图模式，可以帮助编辑查看演示文稿。包括普通视图、幻灯片浏览视图、阅读视图、幻灯片放映视图、备注页视图。

可以在"视图"选项卡中进行几种视图的切换，或者单击 PowerPoint 窗口右下角的"视图切换"按钮，如图 5-1-7 所示。

图 5-1-7　视图切换按钮

1. 普通视图

普通视图是默认的、最常用的一种视图模式。用于编辑单张幻灯片中的内容。

2. 幻灯片浏览视图

幻灯片浏览视图，是可以在屏幕上看到演示文稿的所有的幻灯片，并以缩略图的形式显示的视图模式。因此，在幻灯片浏览视图中，可以方便实现添加、移动和删除幻灯片等操作，还可以设置或预览多张幻灯片上的动画效果，但不能对单张幻灯片的内容进行编辑。幻灯片浏览视图如图 5-1-8 所示。

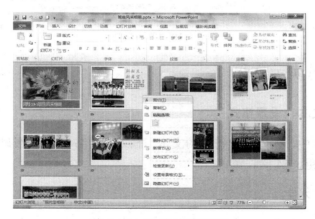

图 5-1-8　幻灯片浏览视图

3. 幻灯片放映视图

以全屏幕放映的方式来显示演示文稿中的幻灯片，用于预览幻灯片在制作完成后的放映效果。幻灯片放映视图如图 5-1-9 所示。

图 5-1-9　幻灯片放映视图

在放映过程中可以使用【Esc】键结束放映。

4. 阅读视图

主要用于浏览幻灯片的内容。该视图模式下，演示文稿的幻灯片以窗口大小进行放映。

5. 备注页视图

显示当前幻灯片及其备注内容，在幻灯片放映时备注信息并不显示，内容可以打印。备注视图如图 5-1-10 所示。

图 5-1-10　备注页视图

子任务二　编辑演示文稿

步骤一：输入文本、设置格式

在第一张幻灯片中，删除占位符中的文本，输入"网络 13-1 班级风采相册"，字体设置为"华文隶书"、加粗、54 磅、黄色。

步骤二：插入艺术字

（1）单击"插入"选项卡，在"文本"组中单击"艺术字"按钮，在下拉列表中选择如图 5-1-11 所示的艺术字样式。

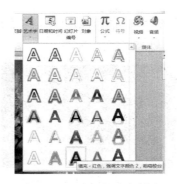

图 5-1-11　选择艺术字样式

（2）删除文本框中的文字，输入"青春的足迹"，字体设置为"方正姚体"、80 磅。

（3）在"格式"选项卡的"艺术字样式"组中单击"文本效果"按钮，在弹出的下拉列表中选择"转换"→"弯曲"→"双波形 2"命令，选择"映像"→"紧密映像，接触"命令，具体操作如图 5-1-12 所示。第一张幻灯片效果如图 5-1-13 所示。

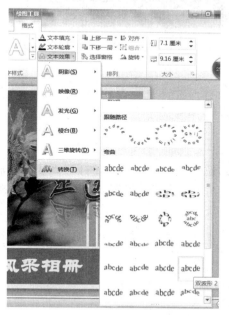

图 5-1-12　"文本效果"设置

图 5-1-13　第一张幻灯片效果

步骤三：添加幻灯片

（1）选中第二张幻灯片，在"开始"选项卡的"幻灯片"组中单击"新建幻灯片"下拉列表按钮，选择"2 栏横（带标题）"版式，新建第三张幻灯片。插入图片，添加文字。同理更改第 5 张幻灯片为"2 混向栏（带标题）"版式。第 3、5 张幻灯片效果如图 5-1-14 所示。

图 5-1-14　第 3、5 张幻灯片效果

（2）创建第 8、9 张幻灯片，版式分别为"3 混向栏""全景（带标题）"，效果如图 5-1-15 所示。

图 5-1-15　第 8、9 张幻灯片效果

步骤四：插入图片

（1）在第二张幻灯片中，删除图片。单击左侧占位符中的图片标志，打开"插入图片"对话框，插入素材图片。在右侧占位符中输入文字，并进行格式化设置。第 2 张幻灯片效果如图 5-1-16 所示。

图 5-1-16　第 2 张幻灯片效果

（2）同理在第 4、6、7 张幻灯片中插入相应图片、输入文字。

（3）第 6 张幻灯片中，选中第 1 张图片，单击"图片工具：格式"选项卡，在"图片样式"中设置"映像右透视"效果，效果如图 5-1-17 所示。其余两张图片样式为"旋转、白色""松散透视，白色"，效果如图 5-1-18 所示。

步骤五：插入影片和声音

（1）选中第 1 张幻灯片，执行"插入"选项卡→"媒体"选项组"音频"→"文件中的音频"命令，在弹出的"插入音频"对话框中选择"相亲相爱的一家人.mp3"文件。插入音频的操作如图 5-1-19 所示。

（2）执行"播放"选项卡→"开始"下拉列表框→"跨幻灯片播放"命令，选择"循环播放，直到停止"选项，如图 5-1-20 所示。此时幻灯片中显示"声音"图标，将其移动到幻灯片右下角即可。

项目五　PowerPoint 2010 演示文稿处理软件　/173

图 5-1-17　"映像右透视"图片样式

图 5-1-18　第 6 张幻灯片效果

图 5-1-19　插入音频

图 5-1-20　显示"声音"图标

 知识链接

小明：老师，什么是幻灯片版式，这章的内容好难！

老师：这个知识点我们首次接触，是演示文稿中独有的概念，也是非常重要的！

PowerPoint 2010 给用户提供了多种预先设计好的不同类型的幻灯片版式，以帮助用户设计每一张幻灯片的结构与布局。

每一种版式由若干占位符组成，占位符就是带有提示文字的虚线框，提示用户在此处插入何种信息。例如，占位符中可放置文字（如标题、副标题、文本）和内容（如图片、表格、图表）等不同类型的对象。幻灯片版式如图 5-1-21 所示。

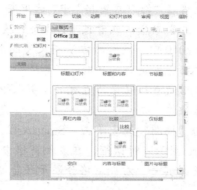

图 5-1-21　幻灯片版式

添加一张幻灯片时，通过幻灯片版式的选择来设计幻灯片的布局结构，直接根据提示说明单击添加文本，或是在占位符中央有一个快捷工具箱，单击不同按钮并插入相应的对象。占位符布局如图 5-1-22 所示。

在正式开始演示文稿制作之前，应该先想好如何设计，然后从这些版式中选择一个大致适合的，然后修改，这样会减少很多工作量。

图 5-1-22　占位符布局

小明：老师，如何添加一张幻灯片呢？和以往移动、复制、删除知识点一样吗？

老师：这个问题很简单，且它们之间有很多相似之处！

1. 创建新幻灯片

方法 1：执行"开始"选项卡→"幻灯片"组→"新建幻灯片"命令，选择版式则在当前幻灯片之后插入一张新的空白幻灯片。

方法 2：在"幻灯片窗格"中单击鼠标右键，从快捷菜单中选择"新建幻灯片"命令。

2. 复制幻灯片

方法 1：在"幻灯片窗格"中右击要选定的幻灯片，单击"复制"，移到所需位置，"粘贴"或按下【Ctrl】键，单击要复制的幻灯片，同时移动鼠标，移到所需位置，释放鼠标，即可完成复制幻灯片操作。

方法 2：切换到"幻灯片浏览视图"，复制幻灯片的操作也可在其中实现。

3. 移动幻灯片

切换到幻灯片浏览视图或者在"幻灯片窗格"中，选定要移动的幻灯片，按住左键，拖动鼠标到新位置即可。

4. 删除幻灯片

切换到幻灯片浏览视图或者在"幻灯片窗格"中，选中要删除的幻灯片，单击鼠标右键，在快捷菜单中选择【删除幻灯片】命令，或者按【Delete】键。

小明：老师，PowerPoint 2010 中有没有好方法将文字图形化显示，效果更直观？

老师：当然有呀，SmartArt 图形是新增功能。

SmartArt 图形可以把文字信息直接转换为直观的、令人印象深刻的图形表达，且可针对图形进行相应的编辑、格式化操作。

（1）在"插入"选项卡的"插图"组中单击"SmartArt"按钮。

（2）打开"选择 SmartArt 图形"对话框，在左侧窗格中选择类型，中间列表中出现该类型的所有 SmartArt 图形，选择其一，右侧窗格会显示预览效果。"选择 SmartArt 图形"对话框如图 5-1-23 所示。

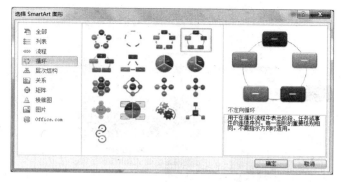

图 5-1-23 "选择 SmartArt 图形"对话框

（3）选择"循环"类型→"不定向循环"命令，即可插入图形，输入文字，如图 5-1-24 所示。

（4）在"设计"选项卡中，更改图形颜色、SmartArt 三维样式，如图 5-1-25 所示。

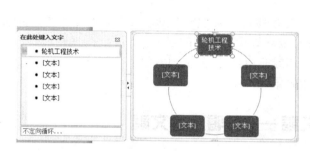
图 5-1-24 制作"不定向循环"图形

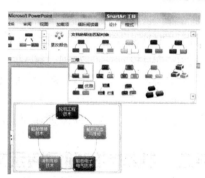
图 5-1-25 图形颜色、样式设置

小明：老师，为了使演示文稿内容更丰富，能不能插入视频文件？Power Point 2010 支持哪些影片格式？

老师：当然可以，Power Point 2010 支持的常用影片格式有 MPEG、AVI、WMV、非压缩格式的 AVI 文件都可以。

（1）插入声音文件和影片文件的方法相似。执行"插入"选项卡→"媒体"选项组→"视频"→"文件中的视频"命令，在弹出的"插入视频文件"对话框中选择"少年派奇幻漂流.wmv"文件。具体操作如图 5-1-26 所示。

图 5-1-26 插入视频

（2）影片插入后，在当前幻灯片中会出现一个影片图标，可以移动位置并调整大小，以便在放映时得到所需要的画面尺寸，如下图所示。

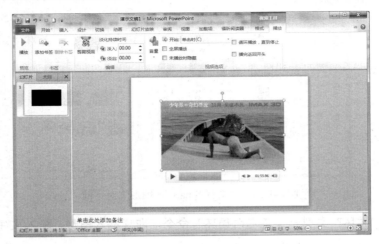

课堂实验

用所学的知识制作演示文稿：

1. 以"自我介绍"为题，建立至少由 5 张幻灯片组成的演示文稿。包含标题、目录、个人介绍、单位介绍、兴趣爱好介绍等，要求每页有相应内容；
2. 插入艺术字、图形、图片、照片对象并进行适当的编辑美化；
3. 插入音频文件，并设置循环播放效果。

任务二　制作学院简介演示文稿——编辑演示文稿

小明制作了学院简介演示文稿，其中包括文本、艺术字、图片和视频，但是还觉得不太满意，为了使演示文稿更具观赏性！希望有更美观的外观效果，需要进一步对幻灯片进行设置。

任务要求

➢ 掌握演示文稿主题、背景、配色方案、幻灯片母版等外观修饰方法。
➢ 掌握演示文稿设置超链接的三种方法。

子任务一　幻灯片外观设计

步骤一：主题设置

（1）打开"天津海运职业学院.pptx"演示文稿。
（2）执行"设计"选项卡→"主题"选项组→"网格"主题命令。主题设置效果如图 5-2-1 所示。

图 5-2-1　主题设置效果

步骤二：添加学院校徽图片

（1）单击"视图"选项卡→"母版视图"组→"幻灯片母版"按钮，进入到"幻灯片母版"编辑状态，如图 5-2-2 所示。

（2）在"网格 幻灯片母版：由幻灯片 1～7 张使用"中插入学院校徽图片，调整大小及位置，放置在幻灯片的右上角，如图 5-2-3 所示。切换到普通视图中，幻灯片每一页右上角显示校徽图片。

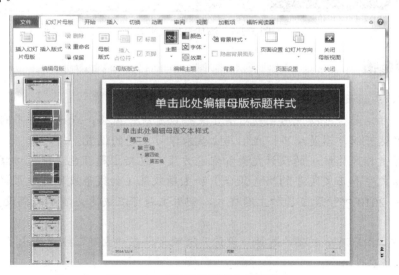

图 5-2-2　"幻灯片母版"编辑状态

步骤三：为演示文稿添加页眉页脚

执行"插入"选项卡→"文本"选项组→"页眉和页脚"命令，打开"页眉和页脚"对话框,如图 5-2-4 所示。选择幻灯片包含的日期和时间、幻灯片编号、页脚内容。为幻灯片添加页眉页脚效果如图 5-2-5 所示。

图 5-2-3　插入校徽图片

图 5-2-4　"页眉和页脚"对话框

图 5-2-5　添加页眉页脚效果

知识链接

1. 给演示文稿设置主题或更改主题

小明:老师,是否可以使用主题对演示文稿设置统一风格,或是多种不同风格?

老师:当然可以,不是难事!我们马上就来学习主题的设置。

(1)主题是指风格统一的设计元素和配色方案,包括主题颜色(配色方案的集合)、主题文字(标题文字和正文文字的格式集合)和主题效果(如线条或填充效果的格式集合)。在 PowerPoint 2010 中预设了多种主题样式,利用主题可以快速为演示文稿设置统一的外观效果。

(2)方法:打开演示文稿,选择"设计"选项卡,在"主题"组中列出了多种可供选择的主题,如图 5-2-6 所示。

试一试:在某个主题上右键单击,在出现的菜单中选择"应用于选定的幻灯片",这样就只有选定的幻灯片有改变,而其他的维持原样。

项目五　PowerPoint 2010 演示文稿处理软件　/ 179

图 5-2-6　预设的主题样式

（3）更改主题根据需要可以单击"主题"功能组右侧的"颜色"、"字体"或"效果"按钮，来调整该主题的颜色、字体和效果。主题的颜色、字体、效果选项如图 5-2-7 所示。将演示文稿应用"流畅"主题，主题颜色为"活力"型，主题字体为"市镇"型。更改主题效果对比如图 5-2-8 所示。

图 5-2-7　主题颜色、字体、效果选项

图 5-2-8　更改主题效果对比

如果对当前显示的颜色搭配方案不满意的话，可以执行"新建主题颜色"命令，如图 5-2-9 所示。在打开的"新建主题颜色"对话框中，进行颜色设置并保存为"我的主题颜色 1"，如图 5-2-10 所示。

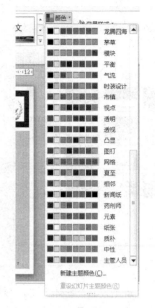

图 5-2-9　更改主题颜色　　　　图 5-2-10　"新建主题颜色"对话框

同样，可更改主题字体和效果。然后保存自定义主题，以便应用于其他演示文稿。单击"主题"组中的"更多"按钮，打开主题列表框，单击"保存当前主题"命令，打开对话框，命名为"我的主题 1"即可，如图 5-2-11 所示。新主题将自动添加到主题列表中。

图 5-2-11　保存自定义主题

2. 给演示文稿设置背景

小明：想让幻灯片的背景内容更丰富，能有好办法吗？

老师：这不是难事，很好解决！

要想获得更好的幻灯片效果可以进行背景设置。用户可以为每张幻灯片设置相应的背景色彩或图案。

方法：执行"设计"选项卡→"背景"选项组→"设置背景格式"命令，打开"背景样式"列表，如图 5-2-12 所示。如果对当前效果不满意，可以执行"设置背景格式"命令，打开相应对话框，设置更丰富效果，共有四种方式可以选择，如图 5-2-13 所示。

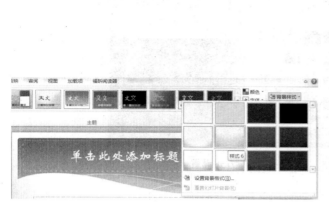

图 5-2-12 "背景样式"列表

图 5-2-13 "设置背景格式"对话框

 思考

执行"设计"选项卡→"背景"选项组→"隐藏背景图形"命令，会有什么结果呢？

1. 纯色填充

选择"纯色填充"单选按钮，单击"颜色"后的向下箭头来选择幻灯片背景的颜色；透明度滑块可以改变的透明度百分比范围是从 0（完全不透明，默认设置）到 100%（完全透明）。"纯色填充"方式设置如图 5-2-14 所示。

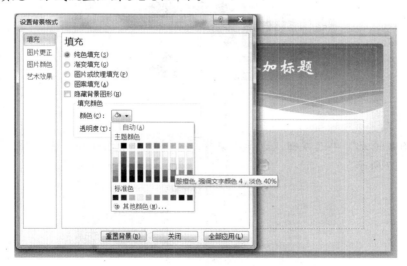

图 5-2-14 "纯色填充"方式设置

2. 渐变填充

选择"渐变填充"单选按钮，可以设置填充颜色，渐变的类型（线性、射线、矩形等）、方向、角度、渐变光圈、透明度等属性。"渐变填充"方式设置如图 5-2-15 所示。

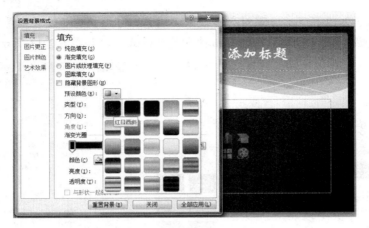

图 5-2-15 "渐变填充"方式设置

3. 图片或纹理填充

选择"图片或纹理填充"单选按钮，可以单击"文件"或是"纹理"按钮，选择图片或是纹理填充效果。"图片或纹理填充"方式设置如图 5-2-16 所示。

图 5-2-16 "图片或纹理填充"方式

4. 图案填充

选择"图案填充"单选按钮，选择图案样式，搭配前景色和背景色。"图案填充"方式设置如图 5-2-17 所示。

图 5-2-17 "图案填充"方式设置

试一试: 在"设置背景格式"对话框中,单击右下角的"全部应用"按钮,则背景效果将应用于全部幻灯片。

小明:老师,幻灯片的版式没有太合适的,怎么解决呢?

老师:可以解决,自己创建就可以了!

3. 给演示文稿设置版式

(1) 更改版式

如果当前幻灯片的结构需要修改,可以在标准版式中选择。

方法:选中幻灯片,单击"开始"选项卡→"幻灯片"选项组→"版式"按钮,进行重新选取。版式更改效果如图 5-2-18、5-2-19 所示。

图 5-2-18 "标题、文本与内容"版式效果　　图 5-2-19 "标题和内容在文本之上"版式效果

(2) 新建版式

在幻灯片设计时如果找不到合适的标准版式,我们可以自定义版式。

方法:①选择"视图"选项卡,在"母版视图"组中单击"幻灯片母版"按钮,进入幻灯片母版的编辑状态,如图 5-2-20 所示。

图 5-2-20 "幻灯片母版"选项卡

② 在"编辑母版"组中单击"插入版式"按钮,则在版式列表出现一个"自定义版式",如图 5-2-21 所示:

图 5-2-21 自定义版式

③ 单击"母版版式"组中的"插入占位符"按钮，出现如图 5-2-22 所示下拉菜单。分别单击菜单中的"文本""图片""内容（竖排）"选项。在编辑区合适的位置按下鼠标左键并拖动，绘制出占位符。新版式如图 5-2-23 所示。

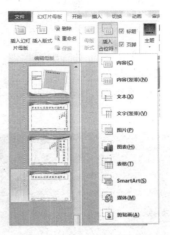

图 5-2-22　占位符类型

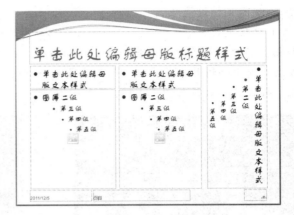

图 5-2-23　新版式

④ 在"幻灯片母版"选项卡，"编辑母版"组中单击"重命名"按钮，保存为"我的自定义版式 1"。单击"关闭母版视图"按钮，退出幻灯片母版的编辑状态，新建的版式出现在标准的内置版式列表中。保存新建版式如图 5-2-24 所示。

4．给演示文稿添加 Logo 图片、日期和编号

小明：想为每张幻灯片添加 Logo 图片、日期及编号，有没有简便的方法？

老师：当然有了，使用母版就可以轻松实现，下面我们就来学习一下！

幻灯片母版是一张特殊的幻灯片，使用母版可以控制幻灯片并使其具有一致的外观特征。如果演示文稿要求统一的外观，最好在幻灯片母版上进行设置，而不是对幻灯片进行逐张修改。

母版主要存储如下信息：占位符的大小、位置及格式、背景、颜色主题、效果和动画等。通过母版更改版式如图 5-2-25 所示。

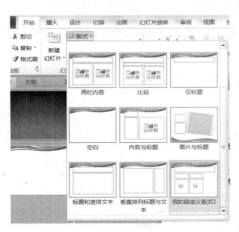

图 5-2-24　保存新建版式

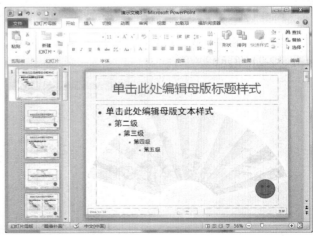

图 5-2-25　通过母版更改格式

子任务二　实现超级链接

步骤一：创建超级链接

将演讲文稿中的第二张幻灯片对应的内容概要，与后面的相应幻灯片建立超级链接。

（1）选择第 2 张幻灯片——目录页，选中要设置超级链接的文字"学院简介"，单击"插入"选项卡→"链接"选项组→"超链接"按钮。超链接选项如图 5-2-26 所示。

（2）在弹出的"插入超链接"对话框中，单击"本文档中的位置"选项，再选择"3. 学院简介"选择项。"插入超链接"对话框如图 5-2-27 所示。

（3）单击"确定"按钮，即创建了新的超链接。

（4）重复执行上述操作，将目录页的其他标题，依次链接到第 4～7 张幻灯片，效果如图 5-2-28 所示。不过超链接颜色不满意可以通过主题颜色进行更改。更改后的超链接效果如图 5-2-29 所示。

图 5-2-26　超链接选项

图 5-2-27　"插入超链接"对话框

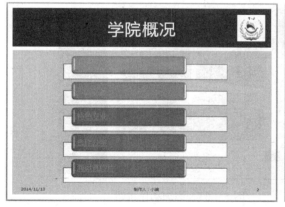

图 5-2-28　添加超链接

图 5-2-29　更改后的超链接颜色

步骤二：添加动作按钮

（1）选中第 3 张幻灯片，单击"插入"选项卡→"插图"选项组→"形状"按钮，在列表中选择"动作按钮"分类中任一命令，然后在幻灯片左下方拖动鼠标绘制该按钮。"动作按钮"形状列表如图 5-2-30 所示。

（2）打开"动作设置"对话框，切换至"单击鼠标"选项卡，在"超链接到"列表中选择"幻灯片…"选项，如图5-2-31所示。

图5-2-30　"动作按钮"形状列表　　　　图5-2-31　"动作设置"对话框

（3）打开"超链接到幻灯片"对话框，在"幻灯片标题"列表框中选择"2.学院概况"，单击"确定"按钮。"链接到幻灯片"对话框如图5-2-32所示。

（4）选中此按钮，将其复制粘贴到其余4～7张幻灯片中。添加动作按钮效果如图5-2-33所示。

图5-2-32　"链接到幻灯片"对话框　　　　图5-2-33　添加动作按钮

知识链接

小明：老师，为什么要为对象设置"超链接"或"动作按钮"呢？

老师：这个问题，下面我给大家具体讲解！

PowerPoint中的超链接和Internet中的超链接效果类似。当用鼠标单击幻灯片中的对象时将会链接到本演示文稿的其他幻灯片、其他演示文稿的幻灯片、文件、电子邮件地址、网页等，实现快速跳转的功能，从而使得演示文稿获得的信息量更加丰富。

实现超链接的方法有三种：一是直接插入超链接，二是创作动作按钮的方式，三是使用

"动作设置"的方式。

1. 使用"超链接"命令创建超链接

方法 1：单击"插入"选项卡→"链接"选项组→"超链接"按钮。

方法 2：右键单击选择【超链接...】命令。

这两种方式，都会打开"插入超链接"对话框。为了实现不同位置的超链接，PowerPoint 2010 提供了【链接到】的四种选项：

● 原有文件或网页：可以超链接到其他文件，如一个声音文件，也可以是一个网页，还可以是另一个演示文稿。

● 本文档中的位置：可以超链接到本文档中的任一页幻灯片。

● 新建文档：可以新建一个文件的同时创建超链接。

● 电子邮件地址：可以链接到一个电子邮件地址。

创建好超级链接后，添加超级链接的文本会添加下划线，并且显示成主题指定的颜色。单击超级链接跳转到指定位置后，该超链接颜色会发生变化，可通过颜色区分已访问和未访问的超级链接。已访问和未访问的超链接的颜色对比如图 5-2-34 所示。

图 5-2-34　已访问和未访问的超链接的颜色对比

试一试：通过新建主题颜色来调整超链接和已访问超链接的颜色。观察文字颜色的变化。

2. 使用"动作设置"创建超链接

单击"插入"选项卡→"链接"选项组→动作"按钮。打开"动作设置"对话框，有"单击鼠标"和"鼠标移过"两种完成动作设置方式。"动作设置"按钮如图 5-2-35 所示。

图 5-2-35　"动作设置"按钮

3. 使用"动作按钮"命令建立超链接

动作按钮列表包含 12 种不同形态的按钮并呈现各自功能，如可以是上一张、下一张、第一张和最后一张幻灯片链接的动作按钮，也可以是自定义链接的动作按钮，还有专门播放电影和声音链接的动作按钮。"动作按钮"列表如图 5-2-36 所示。

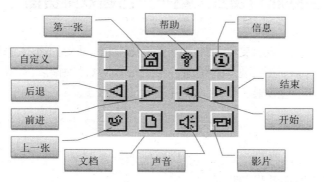

图 5-2-36　"动作按钮"列表

课堂实验

按要求完成"奥斯卡奖"演示文稿的制作,效果如下图所示。

制作要求:

1. 使用"透视"主题创建演示文稿。
2. 至少包含 9 张幻灯片,版式分别设置为:
   ① 标题幻灯片;②图片与标题;③标题和内容;④比较;⑤自定义版式;⑥两栏内容;⑦自定义版式;⑧空白。
3. 添加文字和图片信息。
4. 更改主题颜色为"奥斯汀";字体为"市镇"。
5. 为上述 1~9 张幻灯片添加页眉和页脚,包括当前日期、幻灯片编号、制作人信息。
6. 将上述第 2 张幻灯片中对应的内容,与后面的相应幻灯片建立超级链接(共 3 处)。
7. 在第 4、6、7 张幻灯片的下方加一个"返回"按钮(棱台效果),回到第 2 张幻灯片。

任务三　制作学院简介演示文稿——动画效果设置

小明制作了学院简介演示文稿,并进行了美化编辑。但是还不太满意,为了在放映演示文稿时更具趣味性,能够吸引观众的眼球,希望每张幻灯片都能动起来并以不同方式出现,还需给演示文稿添加动画效果、切换效果并设置放映方式。

 任务要求

- 掌握自定义动画效果的设置,能较灵活地设置文字、图片等对象的动画效果。
- 掌握幻灯片切换效果的设置。

项目五　PowerPoint 2010 演示文稿处理软件　/189

> 掌握演示文稿的放映方式。
> 熟悉幻灯片的打包和打印方法。

子任务一　在幻灯片内添加动画效果

步骤一：设置幻灯片内的动画效果

（1）打开"天津海运职业学院.pptx"演示文稿。

（2）选择第 3 张幻灯片，选中"标题"文本框，在"动画"选项卡的"动画"组中选择"浮入"动画效果。如图 5-3-1 所示。

（3）依次选取"文字"文本框、四张图片对象，分别设置为"轮子""形状""翻转式由远及近""旋转""缩放"动画效果，如图 5-3-2 所示。

图 5-3-1　选择"浮入"动画效果

图 5-3-2　添加动画效果

（4）在"动画"选项卡的"计时"组中，将"开始"设置为"上一动画之后"，将"持续时间"设置为"03:00"（中速 3 秒）。具体参数设置如图 5-3-3 所示。

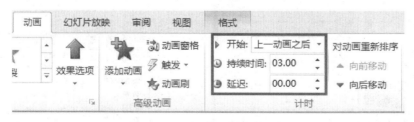

图 5-3-3　"计时"组参数设置

步骤二：动画预览

（1）单击"动画"选项卡→"高级动画"选项组→"动画窗格"按钮，页面右侧出现"动画窗格"对话框。

（2）单击"动画窗格"中的"播放"按钮，在幻灯片编辑区开始本页幻灯片的放映预览。"动画窗格"对话框如图 5-3-4 所示。

图 5-3-4 "动画窗格"对话框

 知识链接

小明：老师，幻灯片中动画能不能自动放映呀？

老师：当然可以，能设置为单击鼠标播放或是自动播放。

为了避免在放映演示文稿时，一张幻灯片内的所有对象一次性全部出现，需要给每个对象添加动画效果，包括添加对象的进入、退出效果，自定义动作路径，确定动画的时间、速度等属性效果。

1. PowerPoint 2010 提供了两种设置动画的方法

方法 1：在"动画"选项卡的"动画"组中，选择列表中的动画效果。

方法 2：在"动画"选项卡的"高级动画"组中，单击"添加动画"按钮，如图 5-3-5 所示。

在下拉菜单中选择"进入""强调""退出"效果或是选择"更多进入效果"命令，打开"添加进入效果"对话框，如图 5-3-6 所示。

图 5-3-5 "添加动画"列表　　　　图 5-3-6 "添加进入效果"对话框

2. 动画类型

（1）进入：动画进入到幻灯片的效果、包含"基本型""细微型""温和型""华丽型"四种类型，每一种类型又包括了很多的样式。

（2）强调：有很多可供选择的动画，也包含有"基本型""细微型""温和型""华丽型"四种类型，每一种类型又包括了很多的样式。

（3）退出：和"进入"类型相反。

（4）动作路径：通过路径来指引对象动画的运动方向，包含"基本""直线和曲线""特殊"和绘制自定义路径。

3. 动画的属性

动画的属性主要有"开始方式""持续时间""延迟""动画顺序"等。

（1）开始方式：分为三种，单击时（该动画在单击鼠标时出现）、与上一动画同时（该动画与上一动画同时出现）、上一动画之后（该动画在上一动画之后出现）。

（2）持续时间：动画的速度，分为五档，即非常慢（5秒）、慢速（3秒）、中速（2秒）、快速（1秒）、非常快（0.5秒）。

（3）延迟：即为两个动画之间的时间间隔。

（4）动画顺序：对象添加动画后，将按照添加的先后顺序排列，可以根据需要，调整先后顺序。

动画属性的设置方法：

方法1：在"动画"选项卡的"计时"组中，进行相关属性设置。

方法2：单击"动画窗格"列表中动画条目右侧的向下箭头按钮，如图5-3-7所示，在出现的菜单中选择"效果选项"命令，打开动画属性设置对话框，可以更详细设置动画属性。"上浮"动画属性设置如图5-3-8所示。

图5-3-7　"效果选项"命令

图5-3-8　"上浮"对话框

子任务二　在幻灯片之间添加切换效果

步骤一：设置幻灯片之间的切换效果

（1）在大纲区的列表中选择第一张幻灯片。

（2）在"切换"选项卡的"切换到此幻灯片"功能组中，选择一个幻灯片切换效果，如"分割"。

（3）在"计时"组的"声音"下拉列表中选择所需的声音，如"鼓掌"。

（4）在"持续时间"数字框中输入"03:00"。

（5）在"计时"组中，换片方式选择"设置自动换片时间：00:03:00"。"切换"选项卡内的相关参数设置如图5-3-9所示。其他幻灯片可以逐一进行设置或是全部应用。

图5-3-9　"切换"选项卡内的相关参数设置

 知识链接

小明：老师，每张幻灯片间能不能设置动画效果呀？

老师：当然可以，幻灯片间设置切换效果可以使播放时过渡更加自然连贯。

幻灯片切换效果是指在幻灯片放映过程中，从一张幻灯片移到下一张幻灯片时出现的过渡效果。幻灯片效果可使两张幻灯片切换时衔接和过渡自然。可以为每张幻灯片设置不同的切换效果，并可以控制速度、换片方式及添加声音效果。

1. 设置幻灯片切换效果

PowerPoint 2010 包含三类幻灯片切换效果：细微型、华丽型、动态内容。若要查看更多切换效果，在"切换到此幻灯片"列表中单击"其他"按钮 。幻灯片切换效果如图5-3-10所示。

每一页幻灯片的切换效果可以单独设置，若要设置统一幻灯片切换效果，则单击"计时"组中"全部应用"按钮即可。将鼠标移至任一切换效果的图标上，选定的幻灯片将显示该效果的预览。

图5-3-10　幻灯片切换效果

2. 切换声音和持续时间

可以为幻灯片的切换效果增加声音效果和速度设置。其中的声音下拉菜单中罗列了风铃、鼓掌、微风、炸弹等十几种声音效果。

持续时间为幻灯片切换效果的播放速度，00.00代表"秒.毫秒"。

3. 换片方式

换片方式有两种：单击鼠标时切换和一段时间后自动切换两种，可以同时选上。一般而言，为了幻灯片的放映效果更佳，各幻灯片一般采用不同的切换效果。

（1）单击鼠标换页：表示放映幻灯片时手动换页。

（2）设置自动换片时间：表示放映幻灯片时每隔一段时间自动换页。00:00.00代表"分:秒.毫秒"。

试一试：应用切换效果后，在"切换到此幻灯片"组中单击"效果选项"按钮，可以更改切换效果的方向。

子任务三　演示文稿的放映及打包

步骤一：设置幻灯片放映方式

（1）单击"幻灯片放映"选项卡，在"设置"组中单击"设置幻灯片放映"按钮，打开"设置放映方式"对话框。

（2）选择"放映类型"是"演讲者放映（全屏幕）"方式。"设置放映方式"对话框如图 5-3-11 所示。

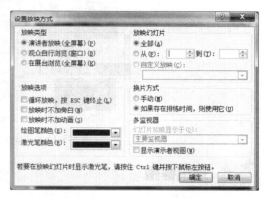

图 5-3-11　"设置放映方式"对话框

步骤二：排练计时

如果对幻灯片的整体放映时间难以把握，那么采用排练计时功能来设置演示文稿的自动放映时间就非常有用。在正式演示之前可以排练演示文稿，以确保它满足特定的时间框架。进行排练时，幻灯片计时功能可记录演示每张幻灯片所需的时间，然后再向观众演示时，可使用记录的时间自动播放幻灯片。

（1）单击"幻灯片放映"选项卡，在"设置"组中单击"排练计时"按钮。

（2）进入幻灯片播放并计时状态，计时窗口如图 5-3-12 所示。7 张幻灯片播放结束后，出现如图 5-3-13 所示的对话框，显示演示文稿放映的总时间并提示是否保存记录的幻灯片计时，单击"是"选项。

图 5-3-12　排练计时状态

图 5-3-13　结束放映后是否保存计时时间

① 单击前进到下一幻灯片　② 暂停计时　③ 当前幻灯片的放映时间　④ 重复放映　⑤ 文稿的总放映时间

（3）此时将进入"幻灯片浏览视图"，并显示演示文稿中每张幻灯片的时间。"幻灯片浏览视图"下的效果图如图 5-3-14 所示。

步骤三：放映演示文稿

按【F5】功能键开始从头放映演示文稿。

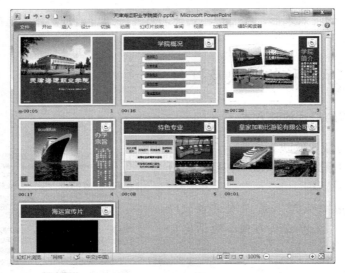

图 5-3-14 "幻灯片浏览视图"下的效果图

 知识链接

小明：老师，放映幻灯片时想从当前开始放映，如何来实现呢？为什么我放映时都是从第一张开始放映呢？

老师：因为 PowerPoint 中放映的方式有多种！

演示文稿编辑完成后，最终要放映给观众欣赏。

1. 设置幻灯片放映方式

（1）放映类型。

● 演讲者放映（全屏幕）：以全屏幕方式放映演示文稿。演示者具有对放映的完全控制，可自动或以人工方式运行幻灯片放映，这是最常用的方式。

● 观众自行浏览（窗口）：放映的演示文稿出现在窗口中。

● 在展台浏览（全屏幕）：以全屏幕方式在展台上演示幻灯片。应用于在展示会场或会议中需要运行无人值守的幻灯片放映，并且在每次放映完毕后自动重新开始。

（2）放映幻灯片。

"放映幻灯片"选项用于设定幻灯片的放映范围，可以指定放映全部幻灯片、一部分连续的幻灯片或者放映一个自定义放映的幻灯片。

（3）放映选项。

"放映"选项用以指定声音文件、解说或动画在演示文稿中的运行方式。

（4）换片方式。

"换片方式"选项指定从一张幻灯片移动到另一张幻灯片的方式，有两种选择：

● 手动：在演示过程中手动前进到每张幻灯片。

● 如果存在排练时间，则使用它：在演示过程中使用幻灯片排练时间自动前进到每张幻灯片。

2. 演示文稿的放映

设置好演示文稿的动画、切换效果后，就可以对演示文稿进行播放。在 PowerPoint 2010

中播放演示文稿有四种方法：

方法 1：单击演示文稿窗口右下角的"幻灯片放映"按钮，如图 5-3-15 所示。

方法 2：单击"幻灯片放映"选项卡→"开始放映幻灯片"选项组→"从当前幻灯片开始"按钮。

方法 3：单击"幻灯片放映"选项卡→"开始放映幻灯片"选项组→"从头开始"按钮。"幻灯片放映"选项卡如图 5-3-16 所示。

图 5-3-15 "幻灯片放映"按钮

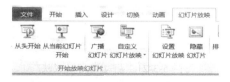

图 5-3-16 "幻灯片放映"选项卡

方法 4：【F5】功能键。

前两种方式是从当前选定的幻灯片开始放映，后两种方式是从演示文稿的第一张幻灯片开始放映。

结束演示文稿的放映，使用【Esc】退出键，或者在放映过程中右键单击，或者单击屏幕左下角的 ■ 按钮，在打开的快捷菜单中选择"结束放映"命令。"结束放映"快捷菜单如图 5-3-17 所示。最快捷的方法是使用【Esc】键。

3. 自定义放映

有的时候，并不需要放映演示文稿的所有幻灯片，而只是需要放映其中的一部分来满足适合不同观众、不同场合的要求。此时，可以使用自定义放映的功能，建立一个临时放映组合，即将不同的幻灯片组合起来并加以命名，形成一个自定义放映。

（1）单击"幻灯片放映"选项卡，在"开始放映幻灯片"组中单击"自定义幻灯片放映"按钮，在列表中单击"自定义放映"按钮，打开"自定义放映"对话框，单击"新建"

图 5-3-17 结束放映快捷菜单

按钮，出现"定义自定义放映"对话框，具体操作如图 5-3-18、图 5-3-19 和图 5-3-20 所示。

图 5-3-18 "自定义放映"按钮

图 5-3-19 "自定义放映"对话框

图 5-3-20 "定义自定义放映"对话框

（2）在"幻灯片放映名称"文本框中输入名称，单击"确定"即可。

（3）从"演示文稿中的幻灯片"列表中选取需要放映的幻灯片添加到右侧的列表中，并且可以重新排列幻灯片的顺序。

（4）如果要启动自定义放映，则在弹出的对话框中，单击"放映"按钮，否则单击"关闭"按钮。启动"自定义放映"对话框，如图 5-3-21 所示。

（5）"自定义幻灯片放映"列表中，出现自定义放映"我的放映 1"，如图 5-3-22 所示。

图 5-3-21　启动自定义放映

图 5-3-22　可供选择的自定义放映

步骤四：演示文稿的打包

打包演示文稿主要是利用"打包"工具将演示文稿和它所链接的声音、影片、文件等组合在一起，成为一个包，以便用 U 盘携带。到达目的地时，只需复制文件包就可以播放演示文稿，而不必要求有 PowerPoint 环境。

（1）单击"文件"选项卡，选择"保存并发送"→"文件类型"→"将演示文稿打包成 CD"命令，在右侧窗口中单击"打包成 CD"按钮，打开"打包成 CD"对话框，如图 5-3-23 所示。

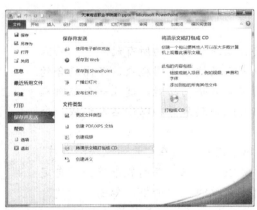
图 5-3-23　"打包成 CD"按钮

（2）输入要打包的文件夹的名称，单击"选项"按钮，打开"选项"对话框。设置包含的文件、字体以及密码选项。具体操作如图 5-3-24 和图 5-3-25 所示。

图 5-3-24　"打包成 CD"对话框

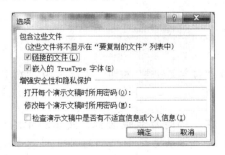
图 5-3-25　"选项"对话框

（3）在"打包成CD"对话框中单击"复制到文件夹"按钮，打开"复制到文件夹"对话框。在"文件夹名称"后的文本框中显示打包的文件夹名称，单击"浏览"按钮，在出现的对话框选择文件夹保存位置，如图5-3-26所示。

（4）单击"确定"按钮，显示"正在将文件复制到文件夹"，如图5-3-27所示。打包完成，单击"打包成CD"对话框中的"关闭"按钮，即关闭该对话框。

图5-3-26 "复制到文件夹"对话框

图5-3-27 "正在将文件复制到文件夹"对话框

课堂实验

用所学的知识完成奥斯卡奖演示文稿的动画制作。

制作要求如下：

（1）为每三张幻灯片的标题添加进入动画效果为"展开"，速度为"中速"，图片的进入动画效果为"缩放：从屏幕中心放大"，速度为"快速"，文本动画效果为"淡出"，速度为"中速"。其他幻灯片的动画效果自行设置。

（2）要求为每张幻灯片设置不同幻灯片切换效果，速度任意。

（3）使用排练计时功能记录演示每张幻灯片所需的时间。

项目六　计算机网络基础与 Internet 应用

任务一　走进神秘的网络世界

在当今信息迅猛发展的今天，网络促使人类社会的发展，小明也想畅游一下神秘的网络世界，探究其中的奥秘，他能走进神秘的网络世界之门吗？

任务要求

- 了解计算机网络定义和发展历程。
- 了解计算机网络的特点和分类。
- 掌握计算机网络的概念和拓扑结构。

子任务一　了解计算机网络的概念

计算机网络（Computer Network）是计算机技术与现代通信技术相结合的产物，它的诞生使计算机的体系结构发生了巨大变化，推动了计算机应用的发展。

现在，计算机网络的应用遍布各个领域，并已成为人们社会生活中不可缺少的重要组成部分。从某种意义上讲，计算机网络的发展水平不仅反映了一个国家的计算机科学和通信技术的水平，也是衡量其国力及现代化程度的重要标志之一。

步骤一：了解计算机网络的发展历程

众所周知，任何事物的发展都会经历一个从低级到高级，从简单到复杂的过程，计算机网络也是如此。计算机网络从 20 世纪 60 年代开始发展至今，经历了从简单到复杂、从单机到多机、由终端与计算机之间的通信演变到计算机与计算机之间的直接通信。

计算机网络的发展经历了以下几个阶段。

1. 以单计算机为中心的联机系统——构成了面向终端的计算机网络，以数据处理为目的

自从第一台计算机问世之后的十年甚至更长的时间里，计算机和通信并没有什么直接关系，用户必须带着资料去计算机中心机房使用计算机完成工作。自 1954 年设计了具有收发功能的终端设备（Terminal）后，用户就可以利用终端设备通过线路将数据发送到远程的计算机上，便形成了面向终端的远程联机集中处理计算机系统。

在第一代计算机网络系统中除了主机外（Host），其余终端不具备自主处理功能。主机是网络的中心和控制者，终端分布在各地与主机相连，用户通过本地的终端使用远程的主机。在计算机通信技术应用于民用系统方面，20 世纪 60 年代初美国航空公司与 IBM 公司联合研制的预订飞机票系统 SABRE-1，由一个主机和 2000 多个终端组成，是一个典型的面向终端

的计算机网络,如图 6-1-1 所示。

面向终端的计算机网络的特点是网络上用户只能共享一台主机中的软件、硬件资源,不提供相互的资源共享,网络功能以数据通信为主。

第一代网络的缺点:
- 主机负荷较重,效率较低;
- 通信线路的利用率低;
- 集中控制方式,可靠性低。

2. 以通信子网为中心的计算机——计算机网络,以数据通信为目的

构成了由多个主计算机通过通信线路互联的计算机——计算机网络。20 世纪 60 年代中期到 70 年代中期,出现了多个计算机互联的计算机网络,这种网络将分散在不同地点的计算机经通信线路互联。利用通信线路将多台计算机连接起来,为用户提供服务。它由通信子网和资源子网(第一代网络)组成,如图 6-1-2 所示,主机之间没有主从关系,网络中的多个用户通过终端不仅可以共享本主机上的软、硬件资源,还可以共享通信子网中其他主机上的软、硬件资源,故这种计算机网络也称共享系统资源的计算机网络。第二代计算机网络的典型代表是 20 世纪 60 年代美国国防部高级研究计划局的网络 ARPANET(Advanced Research Project Agency Network)。第二代计算机网络的特点是网络上的用户可以共享整个资源子网上所有的软件、硬件资源。该阶段也可以称为面向通信的计算机网络,因为该阶段主要以资源共享为主要目的。

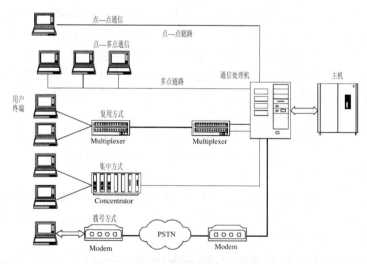

图 6-1-1 面向终端的计算机网络

ARPANET 的主要特点是:资源共享;分散控制;分组交换;采用专门的通信控制处理机;分层的网络协议。这些特点往往被认为是当代计算机网络的典型特征。

广域网,特别是国家级的计算机网络大多数采用这种形式,这种网络允许异种机入网,不仅具有较好的兼容性,而且通信线路利用率较高,是计算机网络概念最全、设备最多的一种形式。

第二代网络的缺点:
- 主机负载减轻;

- 通信线路线路利用率相对较高；
- 分散控制可靠性高；
- 采用分组交换技术进行通信；
- 网络按照逻辑功能分为资源子网和通信子网。

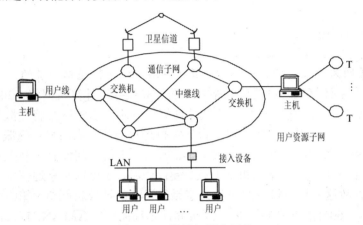

图 6-1-2　计算机通信网络

ARPANET 是第一个计算机广域网，也是第一个包交换网。

ARPANET 的重要贡献是奠定了计算机网络技术的基础，它是当今 Internet 的雏形。

3. 以 OSI/RM 为核心——网络体系结构的标准化，以资源共享为目的

随着计算机技术与通信技术的发展，需要将多台面向终端的计算机联机系统互相连接起来，组成以多处理机为中心的网络，构成面向应用的计算机网络。

为了促进网络产品的开发，各大计算机公司制定出了自己的网络技术标准，最终促成了国际标准的指定。这个过程大致分为两个阶段：

（1）各个计算机制造厂商网络结构标准化。

1974 年，IBM 公司的系统网络体系结构（Systems Network Architecture，SNA）在世界上首先提出了完整的计算机网络体系标准化的概念，宣布了 SNA 标准。后来各种不同的网络系统体系结构便应运而生了。

这样就存在一个问题，网络通信市场这种各自为政的状况使得用户在投资方向上无所适从，也不利于多家厂商的公平竞争，于是要求制定统一技术标准的呼声越来越高。

（2）国际网络体系结构标准化。

国际标准化组织 ISO（International Standard Organization）在 1977 年成立了一个分委员会来专门研究网络通信的体系结构问题，并提出了开放系统互连 OSI（Open System Interconnection）参考模型，它是一个异构计算机系统互连标准的框架结构。OSI 为面向分布式应用的"开放"系统提供了基础。所谓"开放"是指：任何两个系统只要遵守参考模型和有关标准都能实现互连。缩写为 ISO/OSI，OSI 参考模型采用了层次化结构，共分成七层。

标准化网络结构示意图如图 6-1-3 所示。

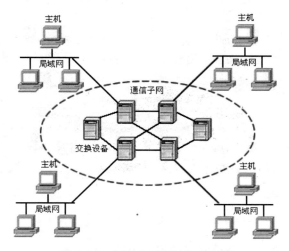

图 6-1-3 标准化网络结构示意图

OSI 参考模型具有以下特性：
● 它是一种异构系统互连的体系结构，提供了互连系统通信规则的标准框架；
● 它定义了一种抽象结构，而并非具体实现的描述；
● 不同系统上的相同层的实体称为同等层实体，同等层实体之间的通信由该层协议来管理；
● 同一系统上相邻层之间接口定义了原语操作和低层向高层提供的服务；
● 定义了面向连接和无连接的数据交换服务；
● 直接的数据传送仅在最低层实现；
● 每层完成所定义的功能，修改本层的功能并不影响其他层。

4. 网络互连与高速网络

进入 20 世纪 90 年代，计算机技术、通信技术以及建立在互联计算机网络技术基础上的计算机网络技术得到了迅猛的发展。特别是 1993 年美国宣布建立国家信息基础设施（National Information Infrastructure，NII）后，全世界许多国家纷纷制订和建立本国的 NII，从而极大地推动了计算机网络技术的发展，使计算机网络进入一个崭新的阶段，这就是计算机网络互联与高速网络阶段。

目前，全球以 Internet 为核心的高速计算机互联网络已经形成，Internet 已经成为人类最重要的、最大的知识宝库。网络互联和高速计算机网络就成为第四代计算机网络。

1993 年，信息高速公路（National Information Infrastructure，NII）的提出标志了 Internet 的应用与高性能网络技术的发展。

1993 年，美国宣布建立国家信息基础设施后，全世界许多国家都纷纷制定和建立本国的 NII，从而极大地推动了计算机网络技术的发展，使计算机网络的发展进入一个崭新的阶段，这就是计算机网络互连与高速网络阶段。现代计算机网络逻辑结构示意图如图 6-1-4 所示。

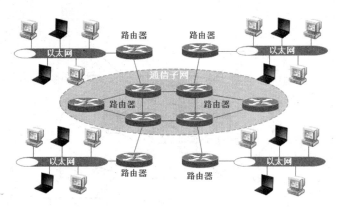

图 6-1-4 现代计算机网络逻辑结构示意图

通常，网络互连和高速计算机网络被称为第四代计算机网络。

在 20 世纪 70 年代中期，计算机网络开始向体系结构标准化的方向迈进，即正式步入网络标准化时代。1984 年，ISO 正式颁布了一个开放系统互连参考模型的国际标准 ISO7498。模型分为七个层次，有时也被称为 ISO 七层模型。

作为国际标准，OSI 规定了可以互联的计算机系统之间的通信协议，遵循 OSI 协议的网络通信产品都是所谓的开放系统。

 知识链接

1. 网络时代三大定律

第一定律：摩尔定律。微处理器的速度会每 18 个月翻一番。这就意味着每五年它的速度会快 10 倍，每 10 年会快 100 倍。同等价位的微处理器会越变越快，同等速度的微处理器会越变越便宜。可以想见，在未来，世界各地的人不但都可以通过自己的计算机上网，而且还可以通过他们的电视、电话、电子书和电子钱包上网。

第二定律：吉尔德定律。在未来 25 年，主干网的带宽将每 6 个月增加一倍。其增长速度超过摩尔定律预测的 CPU 增长速度的 3 倍！今天，几乎所有知名的电信公司都在乐此不疲地铺设缆线。当带宽变得足够充裕时，上网的代价也会下降。在美国，今天已经有很多的 ISP 向用户提供免费上网的服务。

第三定律：麦特卡尔夫定律。以太网的发明人鲍勃·麦特卡尔夫告诉我们：网络价值同网络用户数量的平方成正比。如果将机器联成一个网络，在网络上，每一个人可以看到所有其他人的内容，100 人每人能看到 100 人的内容，所以效率是 10 000。10 000 人的效率就是 10 000 000！

2. 第四代网络及其未来发展趋势

• Internet 是覆盖全球的信息基础设施之一；

• Internet 提供 E-mail、WWW、FTP、News、Telnet 等面向应用的大众化、多元化、信息化的服务；

• 高性能网络技术发展主要表现在宽带综合业务数据网 B-ISDN、异步传输模式 ATM、高速局域网、交换局域网与虚拟网络上；（高的数据传输速率和吞吐量。）

• C/S → B/S → P2P；

- 最终实现电信网络、有线电视网络和计算机网络的三网合一；
- 个人通信与个人通信网实现五个 W 的个人通信要求（Whoever，Whenever，Wherever，Whomever，Whatever）；
- IPV6（网络安全性考虑）；
- 网格技术；
- 无线局域网技术；
- 物联网技术。

在生活中，人们常利用网络来完成各种各样的工作，如网上购物、网上报名考试、网上银行办理业务等。另外，在计算机机房或办公室里，不同位置的计算机可以互相连接、互相访问、协同工作等，这些都归功于计算机网络给我们带来的便利。

步骤二：了解计算机网络的概念

小明：老师，现在电视、电脑、手机等电子设备都可以上网，我们已经进入了网络时代，身边时时处处都离不开网络，那什么是计算机网络呢？

老师：这个问题我们接下来就会讲到。

提到计算机网络的概念，需要从以下几个角度考虑：

一般地说，将分散的多台计算机、终端和外部设备用通信线路互联起来，彼此间实现互相通信，并且计算机的硬件、软件和数据资源大家都可以共同使用，实现资源共享的整个系统就叫做计算机网络。

从应用角度讲，只要将具有独立功能的多台计算机连接在一起，能够实现各种计算机间信息的互相交换，并可共享计算机资源的系统便可称为网络。

总之，计算机网络就是利用通信设备和线路将地理位置不同的、多个具有独立功能计算机系统相互连起来，以功能完善的网络软件（如网络通信协议、信息交换方式以及网络操作系统等）来实现网络中信息传递和资源共享的系统。

网络定义的含义：

（1）两台或两台以上的计算机相互连接起来才能构成网络，达到资源共享的目的。

（2）两台或两台以上的计算机连接，互相通信交换信息，需要有一条通道。这条通道的连接是物理的，由硬件实现，这就是连接介质（有时称为信息传输介质）。

（3）计算机系统之间的信息交换，必须有某种约定和规则，这就是协议。这些协议可以由硬件或软件来完成。

步骤三：了解计算机网络的特点

从 80 年代末开始，计算机网络技术进入新的发展阶段，它以光纤通信应用于计算机网络、多媒体技术、综合业务数字网络（ISDN）、人工智能网络的出现和发展为主要标志。90 年代至下个世纪初将是计算机网络高速发展的时期，计算机网络的应用将向更高层次发展，尤其是 Internet 网的建立，推动了计算机网络的飞速发展。

开放式的网络体系结构的作用：使不同的软硬件环境、不同网络协议的网可以互连，真正地达到资源共享、数据通信和分布式处理的目标；向高性能发展；追求高速、高可靠和高安全性，采用多媒体技术，提供文本、声音、图像等综合性服务；计算机网络的智能化，提高了网络的性能和综合的多功能服务，并更加合理地进行网络各种业务的管理，真正以分布和开放的形式向用户提供服务。

计算机网络具有以下特点：

1. 可靠性

在一个网络系统中，当一台计算机出现故障时，可立即由系统中的另一台计算机来代替其完成所承担的任务。同样，当网络中的一条链路出了故障时可选择其他的通信链路进行连接。

2. 高效性

计算机网络系统摆脱了中心计算机控制结构数据传输的局限性，并且信息传递迅速，系统实时性强。网络系统中各相连的计算机能够相互传送数据信息，使相距很远的用户之间能够即时、快速、高效、直接地交换数据。

3. 独立性

网络系统中，各相连的计算机是相对独立的，它们之间的关系是既互相联系，又相互独立。

4. 扩充性

在计算机网络系统中，人们能够很方便、灵活地接入新的计算机，从而达到扩充网络系统功能的目的。

5. 廉价性

计算机网络使微机用户也能够分享到大型机的功能特性,充分体现了网络系统的"群体"优势，能节省投资和降低成本。

6. 分布性

计算机网络能将分布在不同地理位置的计算机进行互连，可将大型、复杂的综合性问题实行分布式处理。

7. 易操作性

对计算机网络用户而言，掌握网络使用技术比掌握大型机使用技术简单，实用性也很强。

随着信息科学的进一步发展，对计算机网络的发展提出了更高的要求，同时也对计算机网络的发展起到了推动作用。由于计算机网络与通信网的有机结合，使得人们在处理文字、数据、图像、影音等数据的同时，还可以把这些数据发送到全世界的任何一个地方，从而真正地达到信息交换的目的。

步骤四：了解计算机网络的功能

通过一个实例了解一下计算机网络的功能：在图 6-1-5 中，李先生和王先生可以通过网络彼此看到对方的报告，而且他们可以共享一台打印机，实现将报告打印输出的效果。

不难发现，通过网络，您可以和其他连到网络上的用户一起共享网络资源，如磁盘上的文件及打印机、调制解调器等，也可以和他们互相交换数据信息。

图 6-1-5　计算机网络的功能

计算机网络主要有四个功能：

1. 数据交换和通信

计算机网络中的计算机之间或计算机与终端之间，可以快速可靠地相互传递数据、程序或文件。计算机网络使分散在不同部门、不同单位，甚至是不同省份、不同国家的计算机与计算机之间可以进行通信，互相传送数据，方便地进行信息交换。例如，使用电子邮件进行通信，在网上语音聊天等。

2. 资源共享

充分利用计算机网络中提供的资源（包括硬件、软件和数据）是计算机网络组网的目标之一。这是计算机网络最有吸引力的功能，在网络范围内，用户可以共享软件、硬件、数据等资源，而不必考虑用户及资源所在的地理位置。比如图书馆将其书目信息放在校园网上，学校的师生就可以通过校园网迅速找到自己感兴趣的图书的有关信息，不必总是跑到图书馆去了。

3. 提高计算机系统的可靠性和可用性

网络中的计算机可以互为后备，一旦某台计算机出现故障，它的任务可由网络中的其他计算机取而代之，提高了计算机系统的可靠性。当网中某台计算机负荷过重时，网络可将新任务分配给较空闲的计算机去完成，从而提高了每一台计算机的可用性能。

4. 促进分布式数据处理和分布式数据库的发展

由于有了计算机网络，许多大型信息处理问题可以借助于分散在网络中的多台计算机协同完成，解决单机无法完成的信息处理任务。特别是分布式数据库管理系统，它使分散存储在网络中的不同系统中的数据，使用时就好像集中存储和集中管理那样方便。

当然，建立计算机网络的基本目的是实现数据通信和资源共享。

子任务二　了解计算机网络的分类和组成

由于计算机网络自身的特点，其分类方法有多种。根据不同的分类原则，可以得到不同类型的计算机网络。

步骤一：了解计算机网络的分类

因为计算机网络的广泛使用，目前在世界上出现了各种形式的计算机网络，从不同的角度观察和划分网络，有利于充分了解网络系统的各种特性。

（1）按照网络的作用范围，可以将计算机网络划分为以下几种：

● 局域网（Local Area Network，LAN），是一种在小范围内实现的计算机网络，一般在一个建筑物内，或一个工厂、一个企事业单位内部，为单位独有。局域网距离可在几米到十几公里，使用专用的高速通信线路，信道传输速率很高，结构简单，布线容易，如校园网就是局域网的典型应用。局域网连接示意图如图 6-1-6 所示。

● 城域网（Metropolitan Area Network，MAN），城域网作用范围在广域网和局域网之间，如在一个城市内部组建计算机信息网络，来提供全市的信息服务。城域网的信道传输速率相当高，目前，我国许多城市正在建设城域网。城域网

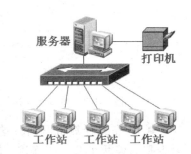

图 6-1-6　局域网连接示意图

的运行方式与局域网相似。城域网连接示意图如图 6-1-7 所示。

● 广域网（Wide Area Network，WAN）。广域网范围很广，距离可在几到几十公里，可以分布在一个省、一个国家或几个国家。广域网信道传输速率较低，结构比较复杂。广域网速连接示意图如图 6-1-8 所示。

(2) 按照通信介质的不同，可以将计算机网络划分为以下几种：

● 无线网。采用卫星、微波、蓝牙等无线形式进行传输数据的网络。

● 有线网。采用同轴电缆、双绞线和光纤等物理介质来传输数据的网络。

(3) 按照通信传播方式的不同，可以将计算机网络划分为以下几种：

● 点对点传播方式网。利用点对点的连接方式，把各个计算机连接起来，这种传播方式的主要拓扑结构有：星形、树形、环形和网形。

● 广播式传播方式网。利用一个共同的传播介质把各个计算机连接起来的，主要包括以同轴电缆连接起来的总线形网和以微波、卫星方式传播的广播形网。

(4) 按照通信速率的不同，可以将计算机网络划分为以下几种：

● 低速网。网上数据传输速率在 1.4Mb/s 及以下的系统，一般借助调制解调器并利用电话网来实现的。

● 中速网。网上数据传输速率在 1.5Mb/s～45Mb/s 的系统，主要是传统的数字式公用数据网。

● 高速网。网上数据传输速率在 50Mb/s～1000Mb/s 的系统，如信息高速公路的数据传输速率。

(5) 按照使用范围的不同，可以将计算机网络划分为以下几种：

● 公用网。又称为公众网。为全社会所有符合拥有网络使用权的人提供服务的网络。

● 专用网。只为一个或几个部门提供网络服务，不向以外的人提供网络服务。

(6) 按照网络控制方式的不同，可以将计算机网络划分为以下几种：

● 集中式计算机网络。这种网络处理的控制功能高度集中在一个或少数几个节点上，所有的信息流都必须经过这些节点之一。这种方式的网络的主要优点是实现简单，比如星型网络和树型网络都是典型的集中式网络。

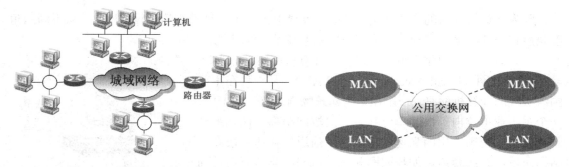

图 6-1-7　城域网连接示意图　　　　图 6-1-8　广域网连接示意图

● 分布式计算机网络。这种网络中不存在一个处理的控制中心，网络中的任一节点都至少和另外两个节点相连接，信息从一个节点到另一个节点时，可能有多条路径。网状型网络是典型的分布式计算机网络。

(7) 按照网络环境的不同，可以将计算机网络划分为以下几种：

● 部门网络（Departmental Network）。部门网络是局限于一个部门的 LAN。一般供一个处（科）室、一个分公司、一个课题组等使用，可以使其内部共享一台打印机等资源，部门网络规模小但是技术成熟，目前比较流行的是总线型以太网，传输速率 10/100MB/s。

● 企业网络（Enterprise-wide Network）。在一个公司、工厂或大型商场等中等规模的企业中配置的能覆盖整个企业的计算机网络。企业网络不仅要求规模大，而且可能拥有多种类型的网络，这就需要配置大量的、品种繁多的硬件和软件资源，因为任何部门如果出现网络故障，则会影响整个企业的工作，因此在企业网络中对关键部件都采用了容错技术。当然，日常的维护也是很重要的。

● 校园网络（Campus Network）。校园网络是指在学校中配置的覆盖整个学校的计算机网络，如清华大学、北京大学等都建成了校园网。

步骤二：了解计算机网络系统的组成

一个完整的计算机网络系统是由网络硬件和网络软件所组成的。计算机网络系统如图 6-1-9 所示。网络硬件是计算机网络系统的物理实现，网络软件是网络系统中的技术支持。两者相互作用，共同完成网络功能。

（1）计算机网络硬件系统是由计算机（主机、客户机、终端）、通信处理机（集线器、交换机、路由器）、通信线路（同轴电缆、双绞线、光纤）、信息变换设备（Modem，编码解码器）等构成。计算机网络硬件如图 6-1-10 所示。

（2）在计算机网络系统中，除了各种网络硬件设备外，还必须具有网络软件。计算机网络软件如图 6-1-11 所示。

计算机网络中的软件按其功能可以划分为数据通信软件、网络操作系统和网络应用软件。计算机网络软件包括以下内容：

图 6-1-9 计算机网络系统　　　　　　　图 6-1-10 计算机网络硬件

图 6-1-11 计算机网络软件

● 网络操作系统。网络操作系统是网络软件中最主要的软件，用于实现不同主机之间的用户通信，以及全网硬件和软件资源的共享，并向用户提供统一的、方便的网络接口，便于用户使用网络。目前网络操作系统有三大阵营：UNIX、NetWare 和 Windows。目前，我国最广泛使用的是 Windows 网络操作系统。

● 网络协议软件。网络协议软件是网络通信的数据传输规范，网络协议软件是用于实现网络协议功能的软件。

目前，典型的网络协议软件有 TCP/IP 协议、IPX/SPX 协议、IEEE802 标准协议系列等。其中，TCP/IP 是当前异种网络互连应用最为广泛的网络协议软件。

● 网络管理软件。网络管理软件是用来对网络资源进行管理以及对网络进行维护的软件，如性能管理、配置管理、故障管理、记费管理、安全管理、网络运行状态监视与统计等。

● 网络通信软件。网络通信软件是用于实现网络中各种设备之间进行通信的软件，使用户能够在不必详细了解通信控制规程的情况下，控制应用程序与多个站进行通信，并对大量的通信数据进行加工和管理。

● 网络应用软件。网络应用软件是为网络用户提供服务，最重要的特征是它研究的重点不是网络中各个独立的计算机的功能，而是如何实现网络特有的功能。

子任务三　了解计算机网络的拓扑结构

步骤一：了解什么是拓扑结构

拓扑（Topology）是从图论演变而来的，是一种研究与大小形状无关的点、线、面特点的方法。

拓扑学是几何学的一个分支。拓扑学首先把实体抽象成与其大小、形状无关的点，将连接实体的线路抽象成线，进而研究点、线、面之间的关系，即拓扑结构（Topology Structure）。

在计算机网络中，抛开网络中的具体设备，把服务器、工作站等网络单元抽象为"点"，把网络中的电缆、双绞线等传输介质抽象为"线"。

计算机网络的拓扑结构就是指计算机网络中的通信线路和结点相互连接的几何排列方法和模式。拓扑结构影响着整个网络的设计、功能、可靠性和通信费用等许多方面，是决定局域网性能优劣的重要因素之一。

按网络拓扑结构可分为总线形网络、星形网络、环形网络、树形网络和网状网络。

步骤二：了解计算机网络常用的拓扑结构

1. 总线形网络

总线形网络采用单一电缆作为传输介质（称为总线），所有站点通过专门的连接器连到这条电缆上，任何一个站点发送的信号都沿着介质传输，并且能够被总线上其他站点接收，总线形拓扑结构和简图如图 6-1-12 所示。总线形网络是一种广播网，但在同一时刻只能允许一对结点占用总线通信。总线形拓扑的优点是结构简单，易实现，易维护，易扩充；缺点是故障检测比较困难。局域网技术中的以太网是总线形网络的一个实例。

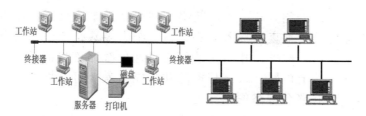

图 6-1-12　总线形拓扑结构和简图

2. 星形网络

星形网络中各结点都与中心结点连接，呈辐射状排列在中心结点周围，星形拓扑结构和简图如图 6-1-13 所示。网络中任意两个结点的通信都要通过中心结点转接。星形拓扑结构是符合令牌协议的高速局域网络。它是以中央结点为中心，把若干外围结点连接起来的辐射式互连结构。星形拓扑的优点是结构简单，控制处理简便，易扩充，单个结点的故障不会影响到网络的其他部分；缺点是网络性能过于依赖中心结点，中心结点的故障会导致整个网络的瘫痪。

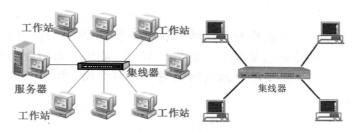

图 6-1-13　星形拓扑结构和简图

3. 环形网络

环形网络，中各结点连接到闭环上，环中的数据沿着一个方向绕环逐站传输，链路大多数是单方向的，即数据在环上只沿一个方向传输。环路中各结点的地位和作用是相同的，因此容易实现分布式控制。环形拓扑的优点是结构简单、成本低；缺点是网络中的任意一个结点或一条传输介质出现故障都将导致整个网络的故障。局域网技术中的令牌环网是环形网的一个实例。环形拓扑结构和简图如图 6-1-14 所示。

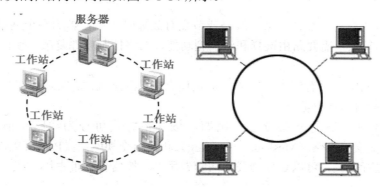

图 6-1-14　环形拓扑结构和简图

4. 树形网络

树形网络是星形网络的一种变体，结点按层次进行连接，树形拓扑结构和简图如

图 6-1-15 所示。像星形网络一样，树形网络的网络结点都连接到控制网络的中央结点上。但并不是所有的设备都直接接入中央结点，绝大多数结点是先连接到次级中央结点上再连到中央结点上。树形拓扑结构的优点是通信线路连接简单，网络管理软件也不复杂，维护方便，易于扩展；缺点是资源共享能力差，可靠性低，任何一个工作站或链路的故障都会影响整个网络的运行。

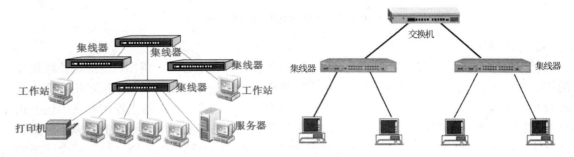

图 6-1-15　树形拓扑结构和简图

5. 网状形网络

网状形网络的每一个结点都与其他结点有一条专用线路相连。网状形拓扑结构如图 6-1-16 所示。这种网络的可靠性和稳定性较好，一般用于通信业务量大或需重点保证的部门或系统。例如，军事战略通信网采用网状网结构，可以有效地保证军事信息传递及指挥的可靠性。

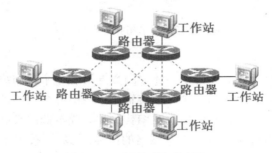

图 6-1-16　网状形拓扑结构

优点：具有较高的可靠性。某一线路或节点有故障时，不会影响整个网络的工作。

缺点：结构复杂，需要路由选择和流控制功能，网络控制软件复杂，硬件成本较高，不易管理和维护。

网状拓扑结构中的所有结点之间的连接是任意的，没有规律。实际存在与使用的广域网基本上都采用网状拓扑结构。

网络的分类还有其他一些分法。例如，按交换方式可分为线路交换网络（Circuit Switching）、报文交换网络（Message Switching）和分组交换网络（Packet Switching）；按网络的使用性质进行分类，可以划分为公用网和专用网；按信号频带占用方式，可分为基带网和宽带网等。

课堂实验

1. 到本地电脑商城或者利用网络，观察目前主流的计算机网络设备都有哪些？各自的主要用途和功能是什么？
2. 观察学校计算机实验室的网络结构是什么？有何特点？

任务二 畅游 Internet 海洋

小明已对网络的基本概念有所了解，他想畅游一下神秘的网络世界，解决日常生活中网络的应用。

任务要求

➢ 了解网络的体系结构和协议。
➢ 熟悉申请和使用电子邮箱，接入 Internet。
➢ 掌握浏览器搜索引擎以及主流网络应用工具的使用方法。

畅游 Internet 也可以说是网上漫步，即用户使用计算机连接到 Internet（互联网），然后通过浏览器，比如 IE（Internet Explorer）浏览器、Firefox 浏览器、搜狗浏览器、360 安全浏览器、QQ 浏览器等。利用它们都可以给使用者带来极大的方便与乐趣。

Internet 是世界上影响最大的国际性计算机网络，中文名叫"互联网""网际网"或"信息高速公路"等。对于 Internet 中各种各样的信息，人们都可以通过网络来共享使用。

子任务一 认识 Internet

步骤一：了解 Internet 的起源和发展

Internet 开始于 1969 年，由美国的 ARPANET 发展和演化而成的。1983 年，ARPANET 系统转而使用 TCP/IP 协议，此后，大量的网络、主机与用户都连入了 ARPANET，使得 ARPANET 得到了迅速发展。

其大致经历了以下阶段：

第一阶段：从 1970 年到 1991 年，这是一个通过路由硬件设备，经 TCP/IP 连接的年代，此间网络主要用于计算和电子邮件（E-mail）。

第二阶段：从 1991 年到 2003 年是 WWW（Web Wide Web）的年代。

第三阶段：从 2003 年至今，普遍认为 Internet 进入了 GGG（Great Global Grid）时代，即网格时代。

步骤二：了解 Internet 提供的服务

Internet 提供了内容众多、形式丰富的各种服务功能，从而使得人们可以用不同的方式从 Internet 上获取自己所需要的信息。

● 传统信息服务：电子邮件（E-mail）服务、文件传送（FTP）服务、远程登录（Telnet）服务；

● 专题组服务：网络新闻（USENET）服务、BBS 公告板、Web 专题讨论、实时聊天室（Chatting）；

● 信息查询与浏览服务：WWW（World Wide Web）服务、搜索引擎；

● 文本与多媒体信息实时传输：音频和视频对话、实时游戏、音频和视频实时点播、IP 电话、视频会议；

● 其他服务：Gopher 服务、广域信息服务系统（WAIS）……

下面介绍几个常用的服务：

1. 远程登录服务 Telnet（Remote Login）

远程登录是 Internet 提供的基本信息服务之一，是提供远程连接服务的终端仿真协议。它可以使你的计算机登录到 Internet 上的另一台计算机上，你的计算机就成为你所登录计算机的一个终端，可以使用那台计算机上的资源，如打印机和磁盘设备等。Telnet 提供了大量的命令，这些命令可用于建立终端与远程主机的交互式对话，可使本地用户执行远程主机的命令。

2. 文件传送服务 FTP

FTP 允许用户在计算机之间传送文件，并且文件的类型不限，可以是文本文件也可以是二进制可执行文件、声音文件、图像文件、数据压缩文件等。FTP 是一种实时的联机服务，在进行工作前必须首先登录到对方的计算机上，登录后才能进行文件的搜索和文件传送的有关操作。普通的 FTP 服务需要在登录时提供相应的用户名和口令，当用户不知道对方计算机的用户名和口令时就无法使用 FTP 服务。为此，一些信息服务机构为了方便 Internet 的用户通过网络使用他们公开发布的信息，提供了一种"匿名 FTP 服务"。

3. 电子邮件服务 E-mail（Electronic Mail）

电子邮件好比是邮局的信件一样，不过它的不同之处在于，电子邮件是通过 Internet 与其他用户进行联系的快速、简洁、高效、价廉的现代化通信手段。而且它有很多的优点，如 E-mail 比通过传统的邮局邮寄信件要快得很多，同时在不出现黑客蓄意破坏的情况下，信件的丢失率和损坏率也非常小。

4. 电子公告板系统（BBS）

"电子公告板系统"（Bulletin Board System，BBS），它是 Internet 上著名的信息服务系统之一，发展非常迅速，几乎遍及整个 Internet，因为它提供的信息服务涉及的主题相当广泛，如科学研究、时事评论等各个方面，世界各地的人们通过 BBS 可以开展讨论，交流思想，寻求帮助。BBS 站为用户开辟一块展示"公告"信息的公用存储空间作为"公告板"。这就像实际生活中的公告板一样，用户在这里可以围绕某一主题开展持续不断的讨论，可以把自己参加讨论的文字"张贴"在公告板上，或者从中读取其他人"张贴"的信息。电子公告板的好处是可以由用户来"订阅"，每条信息也能像电子邮件一样被拷贝和转发。

5. 万维网 WWW（World Wide Web）的中文译名为万维网或环球网。

WWW 的创建是为了解决 Internet 上的信息传递问题，在 WWW 创建之前，几乎所有的信息发布都是通过 E-mail、FTP 和 Telnet 等进行的。但由于 Internet 上的信息散乱地分布在各处，因此除非知道所需信息的位置，否则无法对信息进行搜索。它采用超文本和多媒体技术，将不同文件通过关键字建立链接，提供一种交叉式查询方式。

子任务二 熟悉网络的体系结构和协议

步骤一：了解计算机网络的体系结构的概念

计算机网络的各层及其协议的集合称为网络的体系结构（Architecture）。

它是对一个计算机网络及其部件所应完成的功能的精确定义。体系结构是抽象的，而实现则是具体的，是真正在运行的计算机硬件和软件。

步骤二：熟悉计算机网络体系结构

相互通信的两个计算机系统必须高度协调工作才行，而这种"协调"是相当复杂的。

"分层"可将庞大而复杂的问题，转化为若干较小的局部问题，而这些较小的局部问题就比较易于研究和处理。

1974 年，美国的 IBM 公司宣布了它研制的系统网络体系结构 SNA（System Network Architecture）。现在它是世界上使用得相当广泛的一种网络体系结构。

为了使不同体系结构的计算机网络都能互连，国际标准化组织 ISO 于 1977 年成立了专门机构研究该问题。之后，他们就提出一个试图使各种计算机在世界范围内互连成网的标准框架，即著名的开放系统互连基本参考模型 OSI/RM（Open Systems Interconnection Reference Model），简称为 OSI。

OSI/RM 定义了网络中设备所遵循的层次结构。

分层结构的优点：
- 简化网络的操作；
- 提供设备间兼容性和标准接口；
- 促进标准化工作；
- 结构上可以分割；
- 易于实现和维护；

1. 协议的概念

网络协议是通信双方共同遵守的规则和约定的集合。任何两个主机系统需要通信，必须要运行相同的网络协议，这样才能正确理解对方所传输的数据。

- 协议必须将各种不利的条件事先都估计到，而不能假定一切情况都是很理想和很顺利的。
- 必须非常仔细地检查所设计协议能否应付所有的不利情况。

整个计算机网络的实现体现为协议的实现。

2. 网络协议分层的必要性

相互通信的两个计算机系统必须高度协调工作才行，而这种"协调"是相当复杂的。"分层"可将庞大而复杂的问题转化为若干较小的局部问题，而这些较小的局部问题就比较易于研究和处理。

为了保证网络的各个功能的相对独立性，以及便于实现和维护，通常将协议划分为多个子协议，并且让这些协议保持一种层次结构，子协议的集合通常称为协议簇。

3. 划分层次原则

- 层次数目不能太少，若层数太少，就会使每一层的协议过度复杂。

● 层次数目不能太多，层数太多又会在描述和综合各层功能的系统工程任务时遇到较多的困难。

4. 协议分层的好处

● 网络协议的分层有利于将复杂的问题分解成多个简单的问题，从而分而治之；

● 分层有利于网络的互联，进行协议转换时可能只涉及某一个或几个层次而不是所有层次；

● 分层可以屏蔽下层的变化，新的底层技术的引入，不会对上层的应用协议产生影响；

● 有利于标准化；

● 方便实现和维护。

5. OSI 体系结构

1984 年，国际标准化组织（ISO）公布了一个作为未来网络协议指南的模型，该模型被称为开放系统互连参考模型 OSI，是指导信息处理系统互连、互通和协作的国际标准。

OSI 参考模型如图 6-2-1 所示。

OSI：Open System Interconnection，开放系统互连。

RM：Reference Model，参考模型。

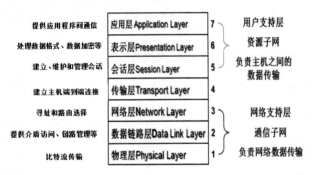

图 6-2-1　OSI 参考模型

参考模型从逻辑上把网络的功能分为七层，最底层为物理层，最高层为应用层。

6. OSI/RM 各层的功能

● 物理层：OSI 的最底层，它建立在物理通信介质的基础上，作为通信系统和通信介质的接口，用来实现数据链路实体间透明的比特（bit）流传输。为建立、维持和拆除物理连接，物理层规定了传输介质的机械特性、电气特性、功能特性和规程特性。

● 数据链路层：从网络层接收数据，并加上有意义的比特位形成报文头部和尾部（用来携带地址和其他控制信息），这些附加了信息的数据单元称为帧。数据链路层负责将数据帧无差错地从一个站点送达下一个相邻的站点，即通过一些数据链路层协议在不太可靠的物理链路上实现可靠的数据传输。这样数据链路层就加强了物理层的传输功能，建立了一条无差错的传输线路，查看及向数据上加入 MAC 地址；同时，还具有流量控制、差错检测等功能。

● 网络层：网络层关心的是通信子网的运行控制，主要解决如何使数据分组跨越通信子网从源传送到目的地的问题，这就需要在通信子网中进行路由选择。另外，为避免通信子网中出现过多的分组而造成网络阻塞，需要对流入的分组数量进行控制。当分组要跨越多个通信子网才能到达目的地时，还要解决网际互连的问题；向数据上加入网络地址，确定把数据包传送到其目的地的路径，根据目的网络地址为数据选择网络路径。

- 传输层：目的是在源端与目的端之间建立可靠的端到端的服务，将数据分段重组保证数据传输无误性。主要任务是向会话层提供服务，服务内容包括传输连接服务和数据传输服务。前者是指在两个传输层用户之间负责建立、维持和在传输结束后拆除传输连接；后者则要求在一对用户之间提供互相交换数据的方法。传输层的服务，使高层的用户可以完全不考虑信息在物理层、数据链路层和网络层通信的详细情况，方便了用户使用。
- 会话层：是网络对话控制器，它建立、维护和同步通信设备之间的交互操作，保证每次会话都正常关闭而不会突然中断，使用户被挂在一旁。会话层建立和验证用户之间的连接，包括口令和登录确认；它也控制数据交换，决定以何种顺序将对话单元传送到传输层，以及在传输过程的哪一点需要接收端的确认。为用户提供一个建立连接以及按照顺序传输数据的方法，也可以结束会话。
- 表示层：保证了通信设备之间的互操作性。该层的功能使得两台内部数据表示结构不同的计算机能实现通信。它提供了一种对不同控制码、字符集和图形字符等的解释，而这种解释使两台设备都能以相同方式理解相同的传输内容。表示层还负责为安全性引入的数据加密和解密，以及为提高传输效率提供必需的数据压缩及解压等功能。表示层将用户信息转换成易于发送的比特流，在目的端再转换回去。
- 应用层：是 OSI 参考模型的最高层，它是应用程序访问网络服务的窗口。这一层直接为网络用户或应用程序提供各种各样的网络服务，它是计算机网络与最终用户之间的界面。应用层提供的网络服务包括文件服务、打印服务、报文服务、目录服务、网络管理以及数据库服务等。应用层将用户请求交给相应应用程序，从而使用户能够使用网络服务。
- 在上述的七层中前五层一般由软件实现，而下面的两层由硬件和软件实现。

步骤三：了解 Internet 协议

为进行网络中的数据交换而建立的规则、标准或约定即称为网络协议。一个网络协议主要由以下三个要素组成：
- 语法，即数据与控制信息的结构或格式；
- 语义，即需要发出何种控制信息，完成何种动作以及做出何种响应；
- 规则，即事件实现顺序的详细说明，包括时序控制、速率匹配和定序。

1974 年，ARPA 的罗伯特·卡恩和斯坦福的温登·泽夫提出 TCP/IP 协议，定义了在电脑网络之间传送报文的方法。1983 年 1 月 1 日，ARPA 网将其网络核心协议由 NCP 改变为 TCP/IP 协议。

TCP（Transmission Control Protocol）即传输控制协议，IP（Internet Protocol）即网络互连协议，TCP/IP 协议是一组通信协议的代名词，是一组计算机通信协议的集合，它是互联网的核心，利用 TCP/IP 协议可以很方便地实现多个网络的无缝连接，通常所谓的"某台机器在互联网上"，就是指该主机具有一个互联网地址，运行 TCP/IP 协议，并可向互联网上所有其他主机发送 IP 数据报。

互联网服务提供商协议（Internet Service Provider，ISP），即向广大用户综合提供互联网接入业务、信息业务和增值业务的电信运营商。ISP 是经国家主管部门批准的正式运营企业，享受国家法律保护。目前，中国主要的网络运营商有中国电信、中国联通、中国移动。

步骤四：IP 地址与域名系统

根据 TCP/IP 协议，Internet 上进行信息交换的每台主机必须具有唯一的 IP 地址，就像日常生活中朋友之间相互通信需要写明通信地址一样。

1. IP 地址

Internet 地址分为两种形式：用数字表示的 IP 地址和用字母表示的域名地址。

例如："192.168.10.58"。

IP 地址是一个 32 位的二进制数，由地址类别、网络号和主机号三个部分组成，如图 6-2-2 所示。

图 6-2-2　IP 地址组成

为了表示方便，国际上通行一种"点分十进制表示法"：即将 32 位地址分为 4 段，每段 8 位，组成一个字节，每个字节用一个十进制数表示。每个字节之间用点号"."分隔。这样，IP 地址就表示成了以点号隔开的四个数字，每组数字的取值，范围是 0～255（即一个字节表示的范围如图 6-2-3 所示）。

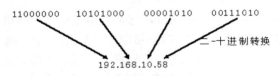

图 6-2-3　点分十进制表示法

IP 地址分成五类：A 类、B 类、C 类、D 类和 E 类，A～S 详细结构如图 6-2-4 所示。

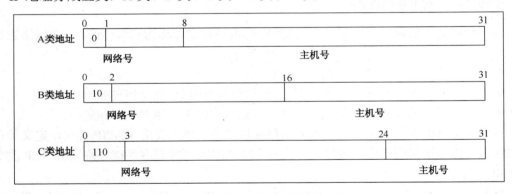

图 6-2-4　IP 地址分类

（1）A 类地址。

A 类地址网络号占一个字节，主机号占三个字节，并且第一个字节的最高位为 0，用来表示地址是 A 类地址，因此，A 类地址的网络数为 2^7（128）个，每个网络包含的主机数为 2^{24}（16 777 216）个，A 类地址的范围是 0.0.0.0～127.255.255.255。

由于网络号全为 0 和全为 1 用于特殊目的，所以 A 类地址有效的网络数为 126 个，其范围是 1～126。另外，主机号全为 0 和全为 1 也有特殊作用，所以每个网络号包含的主机数应该是 2^{24}-2（16 777 214）个。因此，一台主机能使用的 A 类地址的有效范围是 1.0.0.1～126.255.255.254。

（2）B 类地址。

B 类地址网络号、主机号各占两个字节，并且第一个字节的最高两位为 10，用来表示地址是 B 类地址，因此 B 类地址网络数为 2^{14} 个（实际有效的网络数是 2^{14}-2），每个网络号所包含的主机数为 2^{16} 个（实际有效的主机数是 2^{16}-2）。B 类地址的范围为 128.0.0.0～191.255.255.255，与 A 类地址类似（网络号和主机号全 0 和全 1 有特殊作用），一台主机能使用的 B 类地址的有效范围是：128.1.0.1～191.254.255.254

（3）C 类地址。

C 类地址网络号占三个字节，主机号占一个字节，并且第一个字节的最高三位为 110，用来表示地址是 C 类地址，因此 C 类地址网络数为 2^{21}（实际有效的为 2^{21}-2）个，每个网络号所包含的主机数为 256（实际有效的为 254）个。C 类地址的范围为 192.0.0.0～223.255.255.255，同样，一台主机能使用的 C 类地址的有效范围是：192.0.1.1～223.255.254.254

（4）D 类地址。

D 类地址用于多播，多播就是同时把数据发送给一组主机，只有那些已经登记可以接收多播地址的主机，才能接收多播数据包。D 类地址的范围是 224.0.0.0～239.255.255.255。

（5）E 类地址。

E 类地址是为将来预留的，同时也可以用于实验目的，它们不能被分。

IP 地址的使用范围见表 6-2-1 所示。

表 6-2-1　IP 地址的使用范围

网络类型	第 1 字节范围	可用网络号范围	最大网络数	每个网络中的最大主机数
A	1～126	1～126	126（2^7-2）	16 777 214（2^{24}-2）
B	128～191	128.0～191.255	16 384（2^{14}）	65 534（2^{16}-2）
C	192～223	192.0.0～223.255.255	2 097 152（2^{21}）	254（2^8-2）

2. 域名系统

TCP/IP 中的 IP 地址是由四段以"."分开的数字组成，记起来总是不如名字那么方便，所以，就采用了域名系统来管理名字和 IP 的对应关系。

虽然互联网上的节点都可以用 IP 地址唯一标识，并且可以通过 IP 地址被访问，但即使是将 32 位的二进制 IP 地址写成 4 个 0～255 的十位数形式，也依然太长、太难记。因此，人们发明了域名（Domain Name），域名可将一个 IP 地址关联到一组有意义的字符上去。用户访问一个网站的时候，既可以输入该网站的 IP 地址，也可以输入其域名，对访问而言，两者是等价的。例如，新浪的 Web 服务器的 IP 地址是 202.165.102.205，其对应的域名是"www.sina.com.cn"，不管用户在浏览器中输入的是 202.165.102.205 还是"www.sina.com.cn"，都可以访问其 Web 网站。

域名格式为"四级域名.三级域名.二级域名.顶级域名"。

例如，www.tju.edu.cn。顶级域名"cn"表示中国，二级域名"edu"表示教育科研网，三级域名"tju"表示天津大学，四级域名"www"表示万维网。

表 6-2-2 和表 6-2-3 分别给出了部分国家或地区和常见组织和机构的域名。

表 6-2-2　部分国家或地区域名

顶级域名	表示的国家或地区	顶级域名	表示的国家或地区	顶级域名	表示的国家或地区
au	澳大利亚	br	巴西	ca	加拿大
cn	中国	de	德国	es	西班牙
fr	法国	gr	希腊	uk	英国
it	意大利	jp	日本	sg	新加坡

表 6-2-3　常见组织和机构域名

顶级域名	表示的网络属性	顶级域名	表示的网络属性	顶级域名	表示的网络属性
com	商业实体	gov	政府机构	net	网络资源
edu	教育机构	org	社会组织	mil	军事机构
int	国际组织	biz	同 com	info	信息服务企业
name	个人	aero	航空业	coop	商业合作社
TV	电视台或频道	pro	医生、律师、会计师等专业人士		

子任务三　接入 Internet

步骤一：了解 ISP 的概念

Internet 网络中，有一类公司专门提供最终用户与 Internet 主干网之间的连接服务，我们把这类公司称为 ISP（Internet Service Provider）。

ISP 是用户接入 Internet 的入口点。一方面，它为用户提供 Internet 接入服务；另一方面，它也可以为用户提供各类信息服务。

步骤二：如何接入互联网

接入互联网的方法很多，通常有下面几种接入法。

1. 利用公共电话网接入

利用一条可以连接 ISP 的电话线、一个账号和调制解调器拨号接入。其优点是简单、成本低廉；缺点是传输速度慢，线路可靠性差，影响电话通信。

2. 综合业务数字网（Integrated Service Digital Network，ISDN）

窄带 ISDN（N-ISDN）以公共电话网为基础，采用同步时分多路复用技术。它由电话综合数字网（Integrated Digital Network）演变而来，向用户提供端到端的连接，支持一切话音、数字、图像、传真等业务。目前应用较广泛。虽然采用电话线路作为通信介质，但它并不影响正常的电话通信。而宽带 ISDN（B-ISDN）是以光纤干线为传输介质的，采用异步传输通信模式 ATM 技术。

3. 非对称数字用户线路（Asymmetric Digital Subscriber Line，ADSL）

ADSL 是以普通电话线路作为传输介质，在双绞线上实现上行高达 640 Kbps 的传输速度，下行高达 8 Mbps 的传输速度。只需在线路两端加装 ADSL 设备，就可获得 ADSL 提供的宽带服务。利用 ADSL 上网时，ADSL Modem 产生三个信息通道，即一个为标准电话通道；一个为 640 Kbps～1 Mbps 上行通道，一个为 1 Mbps～8 Mbps 的高速下行通道。电话通信使用 4Hz～4 kHz 的低频段（实际电话可以有 2 M 的带宽）。ADSL 在调制方式上采用离散多音复用技术,在一对铜线上用 0~4 kHz 传输电话音频,用 26 kHz~1.1 MHz 传输数据,并将它以 4 kHz 的宽度划分为 25 个上行子通道和 249 个下行子通道,输入的数据经过编码及调制后,送往子信道。传到数据机房后,经过分离器,语音信号送到程控机房,数据信号留在数据设备交互式终端接口(Interactive Terminal Interface,ITI)后接入互联网。

4. 有线电视网(Cable Modem)

有线电视网遍布全国,许多地方提供 Cable Modem 接入互联网方式,速率可达 10 Mbps 以上。但是 Cable Modem 是共享带宽的,在某个时段(繁忙时)会出现速率下降的现象。

5. 光纤接入(FDDI)

利用光纤电缆兴建的高速城域网,主干网络速率可高达几十 Gbps,并推出宽带接入。光纤可铺设到用户的路边或楼前,可以以 100 Mbps 以上的速率接入(光纤并不入户)。从理论上来讲,直接接入速率可以达到 100 Mbps(接入大型企事业单位或整个地区),但接入用户可以达到 10 Mbps 左右,目前在我国实际上的下行速率通常为 1~3 Mbps。

近年来,无线接入迅速推广,尤其给携带手提计算机的用户带来极大的便利。用户通过高频天线和 ISP 连接,一般距离在 10km 左右,在 3G 标准下速率可达 2~11 Mbps,目前实际上下行速率为 30 Kbps 左右,性价比很高,广受欢迎,但受地形和距离的限制较大。

6. 卫星接入

一些 ISP 服务商提供卫星接入互联网业务,适合偏远地区需要较高速率带宽的用户。需安装小口径终端(VSAT),包括天线和接收设备,下行数据的传输率一般为 1 Mbps 左右,上行通过 ISDN 接入 ISP。

7. DDN 专线

专线的使用是被用户独占的,费用很高,有较高的速率,有固定的 IP 地址,线路运行可靠,连接是永久的。带宽范围在 64 Kbps~8 Mbps。

当然,网络的使用是需要一定的费用的,需要用户向网络运营商缴费,一般 Internet 使用费用由三部分组成:开户费、Internet 使用费与电话费。

● 开户费。开户费是一次性支付的费用,是用户向 ISP 申请账号时的手续费与工本费。
● Internet 使用费。Internet 的使用费包括两部分:用户连接费用与占用磁盘空间的费用。
● 电话费。与 ISP 建立连接后,就需要按规定向电信部门交纳电话费。

总之,用户可以根据需要选择接入互联网的途径,目前,大多数用户已经选用了光纤接入的形式,其连接过程由网络运营商提供相关服务,用户不用考虑。

思考

现在我们已经完成了网络连接,那么利用网络我们能够做些什么呢?

子任务四 使用浏览器漫游互联网

用户选择了网络运营商后,运营商提供上门安装和调试网络,他们会为用户准备上网必备的网络硬件,如光纤、调制解调器,如果用户需要无线上网功能,则需要自行购买路由器,路由器的安装和使用是十分方便的,除了硬件外,还有软件,最基本的就是有浏览器,如 IE 浏览器或 360 浏览器等,均可以实现上网浏览网页功能。

步骤一:掌握浏览器的使用

Internet 连接了全球千万台 3W 或 Web 服务器。

Internet Explorer 11（简称 IE11）是微软开发的网页浏览器，是 Internet Explorer 10 的下一代，于 2013 年 11 月 7 日随 Windows 8.1 发行。来自 Net Application 的最新数据显示，IE11 已经成为了全球第二大桌面浏览器。

1. 打开浏览器

常用的方法有两种。

方法 1：双击桌面上的 图标。

方法 2：单击【开始】 图标，单击"所有程序"中的"Internet Explorer"。

2. 输入网址，浏览网页信息

在浏览器的地址栏中输入中华人民共和国教育部网址"http://www.moe.gov.cn"，回车后出现如图 6-2-5 所示内容。

图 6-2-5　用 IE11 打开网站

3. IE11 常用功能及使用技巧

（1）保存网页。

使用组合键【Ctrl+S】或在"文件"菜单中执行"另存为"命令均可实现对当前网页的保存功能，均出现图 6-2-6 所示的"保存网页"对话框。

图 6-2-6　"保存网页"对话框

如果打开的浏览器像图 6-2-5 所示那样，找不到菜单项，解决办法很简单：将鼠标定位在浏览器最上边的标题栏空白区域，然后右击地址栏外面的空白区域，则会出现快捷菜单，然后单击"菜单栏"即可出现各个菜单项，也可以单击其他功能选项，会有相应的实现结果和状态，可以自行演示，如图 6-2-7 所示。

图 6-2-7　显示菜单项

（2）使用 IE11 的快捷键。

在 IE11 中，可以使用快捷键【Ctrl + L】，实现快速返回地址栏，输入新的网址。这样的快捷键还有许多，如表 6-2-4 所示。

表 6-2-4　查看和浏览网页快捷键列表

快　捷　键	功　　能
F11	打开/关闭全屏模式
Tab	循环的选择地址栏，刷新键和当前标签页
Ctrl+F	在当前标签页查询字或短语
Ctrl+N	为当前标签页打开一个新窗口
Ctrl+P	打印当前标签页
Ctrl+A	选择当前页的所有内容
Ctrl+加号+	放大
Ctrl+减号-	缩小
Ctrl+0	恢复原始大小
Home	返回主页
Alt+左箭头←	返回后一页
Alt+右箭头→	返回前一页
F5	刷新
Ctrl+F5	刷新页面同时刷新缓存
Esc	停止下载页面
Ctrl+I	打开收藏夹
Ctrl+Shift+I	以固定模式打开收藏夹
Ctrl+B	整理收藏夹
Ctrl+D	将当前页添加到收藏夹
Ctrl+J	打开查看和下载跟踪下载项
Ctrl+Shift+J	以固定模式打开查看和下载跟踪下载项
Ctrl+H	打开历史记录
Ctrl+Shift+H	以固定模式打开历史记录

续表

快 捷 键	功 能
Ctrl+W/Ctrl+F4	关闭当前标签页（如果只有一个标签将关闭 IE）
Ctrl+Q	打开快速标签视图
Ctrl+T	打开一个新标签
Ctrl+Shift+Q	查看打开标签的列表
Ctrl+Tab	切换到下一个标签
Ctrl+Shift+Tab	切换到前一个标签
Alt+D	选择地址栏
F4	查看以前出入的地址
CTRL+E	选择搜索栏
ALT+C	打开收藏中心
CTRL+ALT+DEL	删除历史记录
ALT+L	打开帮助菜单

4．帮助

可以通过"帮助"菜单中的"关于 Internet Explorer（A）"命令查看 IE 浏览器当前版本信息，如图 6-2-8 所示。

5．利用超级链接跳转浏览相关网页

用鼠标指向想要查看的内容的标题，比如，指向图 6-2-7 所示网页上方第 3 列的红色文字"新闻"，这时候，鼠标指针变成了小手形状，同时新闻二字自动加上下划线，此时单击鼠标，即可进入有关新闻的网页，便可以从网上查看新闻了。

6．收藏夹的功能

浏览某个网站后，或浏览多个网站时，想把曾经浏览过的网站保存起来，便于以后方便进入，免得总在地址栏输入该网站的网址，那么解决的办法很简单，利用收藏夹即可实现。

图 6-2-8　关于 Internet Explorer（A）命令

在图 6-2-5 所示网页的右上方有个五角星的小工具，用鼠标单击它，便会出现图 6-2-9 所示的收藏夹信息。单击"添加到收藏夹"按钮，就可以把当前浏览的网页保存到收藏夹中。例如，在图 6-2-9 中，可以看到有"新浪首页"这几个字，用鼠标单击它，便可直接打开新浪主页，浏览新浪网页中的信息。在这里还可以通过右击鼠标，实现新建文件夹，从而分门别类地整理各种网址信息，如购物类网站都放入购物文件夹中，学习类网站都放入学习文件夹中。

图 6-2-9　收藏夹信息

步骤二：使用搜索引擎搜索相关信息

一般来讲，搜索引擎（Search Engines）是对互联网上的信息资源进行搜索整理，为了供用户查询信息的系统，它主要包括三个部分，信息搜集、信息整理和用户查询。不难想象，如果没有搜索引擎，用户需要查找某条信息，就像是大海捞针啊，所以，搜索引擎的存在，为用户查询信息提供了极大的方便。

常见的搜索引擎其实质也就是一个网站，以 Web 页的形式存在，供用户使用，一般能提供文字、图形图像、音频视频等多种信息的查询服务。

常用的搜索引擎有中文和英文两大类。其中 Google 属于英文搜索引擎，而中文搜索引擎一般有百度、搜狐、搜狗等。下面给出常用的搜索引擎的网址，见表 6-2-5 所示。

表 6-2-5　常用的搜索引擎的网址

搜索引擎	网址	搜索引擎	网址
百度	www.baidu.com	360 综合搜索	www.so.com
搜狗	www.sogou.com	搜搜	www.soso.com
必应	www.bing.com	谷歌中国	www.google.cn
有道	www.youdao.com	好 123	www.hao123.com

每个搜索引擎都有自己的查询方法，只有熟练地掌握才能灵活地运用并快速地搜索自己想要查找的信息，所以这里再介绍一些使用搜索引擎的技巧。

1. 使用双引号

当给需要查询的关键字加上英文状态的双引号时，便可以实现对该信息的精确匹配查询，不包括与该信息相关的演变形式。例如，在百度搜索引擎中输入"邓丽君"，将会显示只与邓丽君相关的信息，与不输入双引号所查询的结果是不同的。

2. 使用空格

在关键字中间加空格符，搜索引擎认为该关键字必须出现在搜索结果的网页上。例如，在百度搜索引擎中输入"大学 生活"，表示要查询的信息可以是"大学"，或者是"生活"或者是"大学生活"。

用户利用搜索引擎搜索到目标图片、音频和视频等信息后，不仅可以进行浏览，还可以进行下载。比如下载一首歌曲，如图 6-2-10 所示。在图中，看到了"下载"二字，方法是，将鼠标移至蓝色箭头处，便可以出现"下载"二字，然后用鼠标单击该箭头，即可下载本首歌曲，下载其他信息亦是如此。

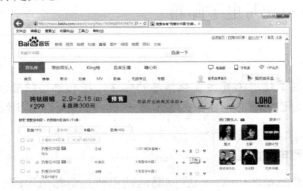

图 6-2-10　下载歌曲

步骤三：设置默认主页

图 6-2-11 "Internet 选项"对话框

为了浏览网页时比较方便、快捷，可以将某个网站的主页设置为默认浏览器的主页，这样一旦打开浏览器，便可打开该网页，设置主页的具体操作方法如下。

（1）打开 IE11 浏览器，单击"工具"菜单中的"Internet 选项"，打开"Internet 选项"对话框，选择"常规"选项卡，如图 6-2-11 所示。

（2）在主页文本框中输入需要设置主页的网址，这里设置的主页是"http://www.5566.net"，然后单击"确定"按钮。

（3）其他按钮的功能。

● "使用当前页"按钮用于将当前正在浏览的页面设置为主页。

● "使用默认值"按钮用于将默认的首页设置为主页。

● "使用空白页"按钮用于将空白页设置为主页。

（4）"退出时删除浏览历史记录"功能用于在退出浏览器的时候，将最近一次打开浏览器浏览过的所有网页的网址清空。

一旦设置好主页后，再打开浏览器时，将会自动显示主页的信息，在使用浏览器浏览了若干个网页时，这些网页以选项卡的形式显示在浏览器中，用户可以根据需要单击相应的选项卡来查看某个网页的信息，如果显示的网页太多，为了节省资源，可以将浏览过的或暂时不需要的网页关闭。那么在不关闭当前浏览器的情况下，如何再快速地显示主页？这就需要单击图 6-2-9 中右上角小房子图标，即可快速打开主页。

 思考

小明想能否设置多个主页呢？

下面帮助小明回答问题，试着在图 6-2-11 所示的主页文本框中输入图 6-2-12 所示情况，然后单击"确定"按钮。这样就可以实现每次打开浏览器时，会以选项卡的形式出现两个网站，一个是"http://www.5566.net"，另外一个是"http://www.hao123.com"，用户可根据需要选择使用。

图 6-2-12 设置多个主页

子任务五　申请和使用电子邮箱

 思考

小明已经基本掌握了使用浏览器查找信息的方法，现在他已经查询到自己想要的文档，但他想将该文档发给自己的朋友，自己也想保存一份，现在我们学习如何使用电子邮件来实现他的愿望。

步骤一：申请免费电子邮箱

介绍关于申请免费邮箱的步骤，以在网易网站申请免费邮箱为例进行描述。

1. 启动 IE11 浏览器，在地址栏输入"网易"主页的网址"www.163.com"。
2. 单击主页正上方"免费注册邮箱"，会弹出"注册网易免费邮箱网页"，见图 6-2-13 所示。

这里需要用户填写相关信息：

在"邮件地址"右侧的文本框中输入"xiaoming"后，显示图 6-2-14 所示内容，表示该用户名不能再使用了；电子邮件的地址是不能重复的，所以必须修改；改为"xiaoming20150218"后，则显示图 6-2-15 所示内容，表示可以使用该地址。只有计算机判断后显示该邮件地址可注册这样的信息后，才能继续下一步，下面输入密码"jsjyyjcjc201501"，需要输入两遍相同的密码，系统判断正确，即打对勾后，输入验证码。单击"立即注册"按钮，出现图 6-2-16 所示内容，表示小明的电子邮件注册成功，以后进入网易后，用这个用户名和密码就可以登录到这个邮箱了，下面就可以实现利用邮箱收发电子邮件了。

至此，小明的 E-mail 就是 xiaoming20150218@163.com。

当然，用户可以根据自己需要选择申请网易邮箱、新浪邮箱或腾讯 QQ 邮箱等，下面以网易邮箱为例描述收发邮件的过程。

图 6-2-13　注册网易免费邮箱网页　　　　图 6-2-14　不能使用的电子邮件地址

图 6-2-15　能使用的电子邮件地址　　　　图 6-2-16　邮件注册成功

邮箱已经申请成功了，不难发现，在图 6-2-15 中邮件地址的格式是有规定的，即电子邮件的地址格式：用户名@主机域名。

其中用户名就是在申请电子邮箱时用户所取的名字，对同一个邮件接收服务器来说，用户在申请电子邮箱时，只能用未占用的用户名。

"@"一般读作"at"，用来连接用户名和主机域名。

主机域名，用户电子邮箱所在的邮件接收服务器域名，用以标志其所在的位置。

只要保证在同一台主机上用户标识符唯一,就能保证每个 E-mail 地址在整个 Internet 中的唯一性,E-mail 的使用不要求用户与注册的主机域名在同一地区。

步骤二:使用电子邮件

1. 登录

在浏览器中打开网易网站,在网易主页中,单击正上方的"登录"按钮,则会出现输入电子邮件地址的文本框和输入密码的文本框,输入小明注册成功的信息即可,如图 6-2-17 所示,然后单击"登录"即可。输入正确的邮件地址和密码后,显示如图 6-2-18 所示界面,表示登录正确,在这里单击欢迎您右侧的用户名,将会出现下拉列表,用户可以根据需要进入相应的功能,实现所需。

图 6-2-17 登录

6-2-18 登录正确

2. 收发电子邮件

在图 6-2-18 所示界面中,单击"进入我的邮箱",出现图 6-2-19 所示界面,在这里可以看到左侧的"收信"和"写信"功能,在收信下方还有收件箱、草稿箱、已发送等功能按钮。下面主要介绍如何写信和收信,这里的写信是指给其他人发一封电子邮件,其内容可以是普通文字、图片或以附件的形式发送的文档等信息,当然其他人可以是一个人或多人。

（1）写信。

举例，业务员给他的三位客户发新春祝福的信息，可以参考图 6-2-20 所示操作。在"收件人："处输入三位客户的电子邮件地址，在"主题："处输入主题；除了文字若还想给他们发一首歌曲，可以单击"添加附件"，然后在您的电脑中选择需要发送的歌曲，如这里选择歌曲"难忘今宵.mp3"作为附件，显示上传完成即可。最后单击上方的"发送"按钮，看到"发送成功"页面后，就完成电子邮件发送的任务了。另外，在这里也给自己发送了一份同样的电子邮件，将来在学习或工作中，自己可以省去带 U 盘的烦琐事儿了，可以通过自己给自己发送电子邮件的形式进行文件的保存，等需要的时候，可以登录到自己的邮箱，下载文件到本地计算机就可以使用了。

（2）收信。

正确进入自己的电子邮箱后，单击图 6-2-19 中左侧上方的"收信"按钮，可看到了"收件箱"中有两封信，其中一封是关于新春祝福的，用黑色粗体显示，表示该信还未打开，如图 6-2-21 所示。

图 6-2-19　进入电子邮箱　　　　　　　　图 6-2-20　写信

图 6-2-21　收信

在图 6-2-21 所示的李强这封信中，可以看到来信的主题是"2015 新春快乐！"，后面还附带了一个像曲别针的图标，表示该信中还有附件，现在单击"2015 新春快乐！"，可以打开信件查看信息，还可以下载信中的附件。

在图 6-2-21 中，可以看到"通讯录"，单击它后，显示所有联系人，还可以"新建联系人"方便日后使用，尤其是针对总要收发电子邮件的工作者来说，有了通讯录是极其方便的事情，就像手机里的通讯录一样，想给谁打电话，直接找到姓名，直接拨打电话就可以了，这样就免去了输入电子邮件的工作。至此，收发电子邮件地址的任务已完成。

另外，电子邮件的收发是依靠两个协议来完成了，一个是 SMTP（Simple Mail Transfer Protocol）简单电子邮件传输协议，它是一组用于由源地址到目的地址传送邮件的规则，主要控制信件的中转方式。另外一个是 POP3（Post Office Protocol3）邮局协议第 3 个版本，它是规定了个人计算机如何连接到互联网上的邮件服务器进行收发邮件的协议。用户也可以使用 Outlook 2010 实现电子邮件收发、管理联系人、记日记、安排日程和分配任务等工作。

子任务六　网络与生活

思考

小明想和同学在线沟通，实现即时通信或网上交流。

步骤一：掌握腾讯 QQ 软件使用方法

1. 下载和安装 QQ 软件

（1）下载。

打开浏览器，搜索 QQ，按照图 6-2-22 所示操作即可：单击"立即下载"，将 QQ 安装程序下载到计算机 D 盘。

（2）安装。

双击 D 盘中的 QQ 安装程序，进入 QQ 应用软件的安装向导对话框，如图 6-2-23 所示。

图 6-2-22　搜索并下载 QQ 软件　　　　　图 6-2-23　开始安装 QQ

单击"立即安装"按钮，依次出现正在安装界面，如图 6-2-24 所示。图 6-2-25 所示界面表示 QQ 软件安装完毕。注意，在本界面中，有 4 个复选框，如果不想安装附带程序，取消相关项前的复选框的选中状即可，最后单击"完成安装"按钮，表示 QQ 软件安装结束。

图 6-2-24　安装 QQ 过程中　　　　　图 6-2-25　QQ 安装完毕

2. 使用 QQ 软件

（1）打开 QQ 软件。

双击桌面上的图标，出现图 6-2-26 所示的 QQ 登录界面。

（2）注册 QQ 账号

对于没有 QQ 账号的用户而言，必须先注册 QQ 账号，单击图 6-2-26 中的"注册账号"按钮，则会在浏览器中出现注册账号的页面，用户按照要求注册就可以了。

（3）登录 QQ 软件。

用户注册好 QQ 账号后，可以使用注册成功的账号和密码进行登录。在图 6-2-26 所示的 QQ 登录界面中，输入 QQ 账号和密码，再单击"记住密码"，以便在今后登录时免去输入密码的操作，但是在公共机房登录 QQ 时不要进行记住密码的操作。然后，单击"登录"按钮。登录成功后，出现图 6-2-27 所示的 QQ 好友界面。

图 6-2-26　QQ 登录界面

（4）修改个人资料。

如果在注册 QQ 过程中还有遗漏信息，可以通过修改个人资料功能将信息补充完整。方法是双击图 6-2-27 左上方的 QQ 昵称"教师"二字，在出现的对话框中单击右上方的"编辑资料"按钮，出现图 6-2-28 所示对话框，在这里就可以将注册时遗漏的信息补充完善。

图 6-2-27　QQ 好友界面

图 6-2-28　修改个人资料

（5）管理好友。

● 添加好友。在 QQ 主界面中，单击下方的"查找"按钮，将会出现"查找"对话框，在对话框的文本框里输入需要查找的好友的 QQ 号就可以了。当然，这里除了添加一个好友外，还可以添加 QQ 群。

● 删除好友。在 QQ 主界面中，找到想要删除的好友，右击，在快捷菜单中选择"删除好友"命令，在出现的删除好友对话框中单击"确定"按钮即可。

● QQ 群。当需要多人共同聊天或进行文件传输时，可以建立一个 QQ 群。在 QQ 主界面中,单击 图案按钮,可以创建群,在群里可以加入好友,共同聊天或传输文件。

(6) 与朋友聊天。

● 文字聊天。想和谁聊天,双击该好友的头像就可以了。如图 6-2-29 所示的与好友天马行空的聊天界面,在此可向好友发送消息"2015 新春快乐!"单击"发送"即可,当好友收到本条消息后,会给出回复,如图 6-2-30 所示。

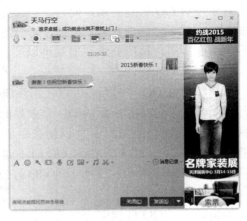

图 6-2-29 与好友文字聊天　　　　　　　　图 6-2-30 好友回复

● 语音聊天。在聊天界面中单击 ,呼叫好友,好友接听后,二人可以用语音聊天。
● 视频聊天。在聊天界面中单击 ,呼叫好友,好友接听后,二人可以用视频聊天。

(7) 传输文件。

将需要发送的文件直接粘贴在图 6-2-29 中发送文字的文本框中即可向好友传输文件,如果对方当时不在线,发送方可以选择离线发送,等待接收方上线后接收。

(8) QQ 安全设置。

在 QQ 主界面中,单击左下角的"打开系统设置"按钮,会显示"系统设置"对话框,如图 6-2-31 所示。这里包括基本设置、安全设置和权限设置,用户可根据需要进行设置。

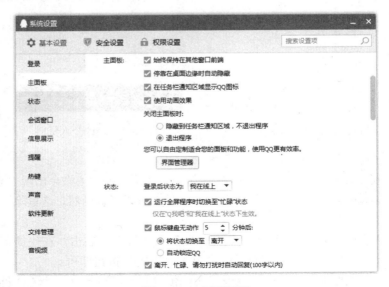

图 6-2-31 系统设置

目前即时通信类软件还有很多，比如微信、飞信等。

步骤二：掌握百度云盘的使用

目前，云盘种类繁多，如百度云网盘、360云盘、QQ腾讯微云等，本书以百度云网盘为例进行介绍。

打开浏览器，打开百度主页，在搜索文本框中输入"网盘"，在打开的网页中第一行找到"百度云网盘-自由存，随心享"链接，如图6-2-32所示，单击该链接，会出现如图6-2-33所示的百度云注册网页，在这里按照要求进行注册，然后登录就可以使用了。

图 6-2-32　"百度云网盘-自由存，随心享"链接

登录后，用户可以在网盘中建立自己的文件夹，然后上传本地的文件或文件夹至网盘的文件夹中，这样就可以将本地信息保存至网盘中，免得带 U 盘等移动存储设备，但是云盘唯一的缺点即必须有网络才可使用。

除了使用百度云盘外，还可以使用 360 云盘，如图 6-2-34 所示，操作与百度云类似。

图 6-2-33　百度云注册页面

图 6-2-34　360 云盘

步骤三：了解网上办事的流程

现如今，随着信息化的建设步速的加快，越来越多的用户都能灵活地运用网络来为生活服务，如在京东商城购买物品（图 6-2-35），既可以不用跑路又可以节约时间，甚至还有优惠；用户可以坐在家里为自己的手机充值，如图 6-2-36 所示的网页，进入中国联通主页后再进入缴费网页，就可以直接为自己的手机缴纳话费，既可以不用在营业厅排队等候，又可以享受一点儿优惠，诸如此类的生活事实不胜枚举。我们今天的生活是网络化的生活，已经离不开计算机网络了，网络给我们的生活带来了极大的帮助。

图 6-2-35　京东商城

图 6-2-36　在中国联通网上营业厅缴纳电话费

课堂实验

1. 举例说明 Internet 提供的服务有哪些？

2. 注册 360 云盘，并将个人文件上传至云盘进行保存。思考除了云盘还有哪些手段可以利用网络保存个人文件。

3. 利用百度搜索"网上购物注意事项"，将搜集到的相关内容进行保存，并以附加形式发送电子邮件至老师的QQ邮箱。

4. 利用浏览器搜索自己喜欢的歌曲，至少 50 首，下载到"D:"盘歌曲文件夹中并通过 QQ 发至给好友。再任意选择其中的 5 首歌曲，以附件的形式发送到 3 位朋友的邮箱、自己的邮箱和网盘中。

任务三　身边处处有网络

小明已经掌握了计算机网络的概念和 Internet 的基本知识，准备开始享受丰富多彩的网络世界，但互联网的应用种类繁多，都有哪些是和我们学习、生活息息相关的呢？

任务要求

- 掌握宽带上网的操作。
- 掌握利用 Windows 7 系统共享 Internet 的操作方法。
- 掌握搭建 FTP 服务器的操作方法。
- 掌握网上银行的使用方法。
- 掌握无线路由器的使用方法。

子任务一 通过宽带连接互联网

小明家里申请了宽带上网的业务,但看到说明书上各种网络地址的设置时,小明糊涂了,怎么才能通过宽带上网呢?下面我们就为计算机网络初学者讲解一下宽带的连接设置。

步骤一:设置网络连接

为了使计算机能够连接网络,我们先为计算机设置一个 IP 地址"192.168.64.77",子网掩码设置为"255.255.255.0",网关设置为"192.168.64.1",具体步骤如下:

(1)打开控制面板,单击"网络和共享中心"图标,如图 6-3-1 所示。
(2)在弹出的"网络和共享中心"窗口中,单击"本地连接"链接,如图 6-3-2 所示。
(3)在弹出的对话框中单击"属性"按钮,打开"本地连接属性"对话框,如图 6-3-3 所示。
(4)双击"Internet 协议版本 4(TCP/IPv4)"选项,打开"Internet 协议版本 4(TCP/IPv4)属性"对话框,如图 6-3-4 所示。

图 6-3-1 "网络和共享中心"图标

图 6-3-2 "网络和共享中心"窗口

(5)单击"使用下面的 IP 地址",输入 IP 地址"192.168.64.77",子网掩码为"255.255.255.0",网关为"192.168.64.1",单击"确定"按钮。

配置后,进行网络验证,测试主机间的网络是否通畅。实际使用中,用户也可选择"自动获取 IP 地址"的方式进行设置。计算机将自动从网络的 DHCP(动态主机配置协议)服务器上获取 IP 地址、子网掩码及网关地址等信息。

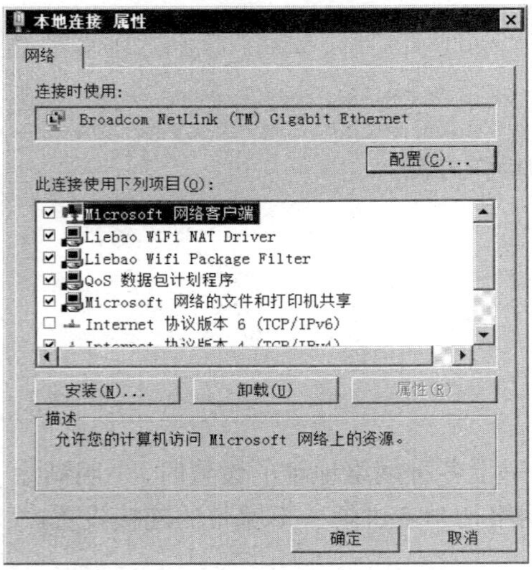

图 6-3-3 "本地连接属性"对话框 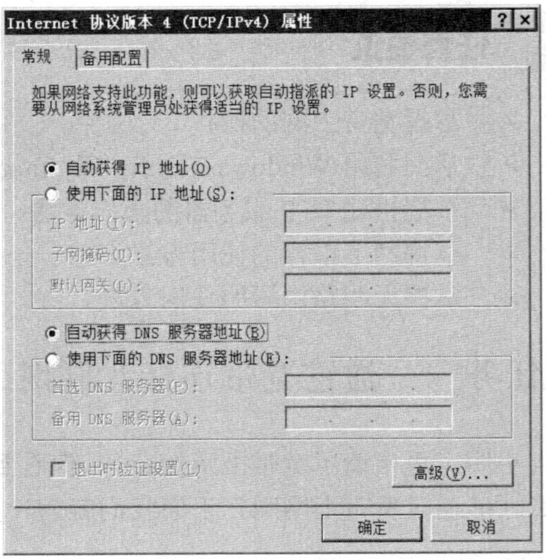　　图 6-3-4 "Internet 协议版本 4（TCP/IPv4）属性"对话框

步骤二：连接 Internet

非对称数字用户环路（Asymmetric Digital Subscriber Line，ADSL）是一种新的数据传输方式。它因为上行和下行带宽不对称，因此称为非对称数字用户线环路。它采用频分复用技术把普通的电话线分成了电话、上行和下行三个相对独立的信道，从而避免了相互之间的干扰。即使边打电话边上网，也不会发生上网速率和通话质量下降的情况。通常 ADSL 在不影响正常电话通信的情况下可以提供最高 3.5Mbps 的上行速度和最高 24Mbps 的下行速度。下面介绍一下如何通过 ADSL 连接到 Internet。

（1）打开"控制面板"单击"网络和共享中心"，在弹出的窗口中单击"设置新的连接或网络"，选择"宽带（PPPoE）"，如图 6-3-5 所示。

（2）输入 ISP 服务提供商（如移动、联通等）提供的账号、密码等相关信息，单击"连接"按钮即可，如图 6-3-6 所示。

图 6-3-5　设置新的连接

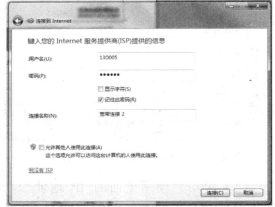

图 6-3-6　输入 ISP 信息

子任务二　利用 Windows 7 共享 Internet 连接

小明的两台笔记本都安装了 Windows 7 操作系统，但只有一台可以连接互联网，小明又没有路由器，这种情况下怎样才能让两台机器共享网络呢？

下面我们就介绍一下利用 Windows 7 操作系统共享 Internet 的操作。

想利用 Windows 7 操作系统共享 Internet 连接，首先要保证进行共享的两台笔记本都能连接到无线网络，具体操作步骤如下：

步骤一：以管理员身份运行命令提示符，在打开的命令编辑窗口中输入以下命令，启用虚拟无线网卡（相当于打开路由器）：

netsh wlan set hostednetwork mode=allow ssid=myRouter key=mypassword

该命令中：

- "mode"为是否启用虚拟 WiFi 网卡，"disallow"则为禁用，"allow"表示启用；
- "ssid"为指定无线网络的名称，最好为英文，本例中的名字为"myrouter"；
- "key"为指定无线网络的密码，该密码用于对无线网进行安全的 WPA2 加密，本例中的密码为"mypassword"，输入完成后，应出现如图 6-3-7 的界面。

以上三个参数可以单独使用，若只使用"mode=disallow"可以直接禁用虚拟 WiFi 网卡。开启成功后，网络连接中会多出一个网卡为"Microsoft Virtual WiFi Miniport Adapter"的无线连接 2，如图 6-3-8 所示。

图 6-3-7　启用无线虚拟网卡

图 6-3-8　新增无线连接

步骤二：启用"Internet 连接共享"功能，打开"网络连接"窗口，右键单击已连接到 Internet 的网络连接，选择"属性"，切换到"共享"选项卡，选择"允许其他网络用户通过此计算机的 Internet 连接来连接"项，在这里即前面生成的"Microsoft Virtual WiFi Miniport Adapter"无线连接 2，如图 6-3-9 所示。

步骤三：开启无线网络，以管理员身份运行命令提示符，在打开的命令编辑窗口中输入 "netsh wlan start hostednetwork"，即可开启之前设置好的无线网络（相当于打开路由器的无线功能），如图 6-3-10 所示。

图 6-3-9　"本地连接 属性"设置　　　　图 6-3-10　开启无线网络

步骤四：WiFi 基站已组建好，主机设置完毕。客户端搜索到无线网络"MyRouter"，输入密码"mypassword"，就能实现两台笔记本共享 Internet 连接的操作，如图 6-3-11 所示。

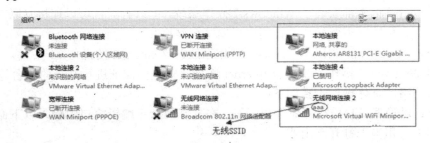

图 6-3-11　查看无线网络连接状态

子任务三　搭建 FTP 服务器

小明：老师，我的同学在宿舍，想要我发送个文件给他，但是文件太大了，有 80G，用 QQ 的传送文件功能实在是太慢了，怎么才能快速地将文件发送过去呢？

老师：如果计算机是在同一个局域网的话，我们可以通过搭建 FTP 服务器来进行快速的文件传输，下面我们就学习一下如何在 Win7 系统中搭建 FTP 服务器。

步骤一：安装 IIS 服务

互联网信息服务（IIS，Internet Information Services），是由微软公司提供的基于运行 Microsoft Windows 的互联网基本服务，是一种 Web（网页）服务组件，其中包括 Web 服务器、FTP 服务器、NNTP 服务器和 SMTP 服务器，分别用于网页浏览、文件传输、新闻服务和邮件发送等，它使得在网络（包括互联网和局域网）上发布信息成了一件很容易的事。

安装 IIS 服务组件的具体步骤如下：

（1）打开"控制面板"，依次选择"程序和功能"→"打开或关闭 Windows 功能"，如图 6-3-12 所示。

（2）在弹出的对话框"Windows 功能"中，勾选 Internet 信息服务中 FTP 服务器相关选项，单击"确定"按钮，如图 6-3-13 所示。

图 6-3-12　打开或关闭 Windows 功能　　　　图 6-3-13　添加 IIS 服务组件

（3）完成安装后，依次打开"控制面板"→"管理工具"，单击"Internet 信息服务（IIS）管理器"，如图 6-3-14 所示。

（4）如果"Internet 信息服务（IIS）管理器"窗口能够正常打开，则表示该服务安装成功，下面就可以配置 FTP 服务了，图 6-3-15 为"Internet 信息服务（IIS）管理器"窗口。

图 6-3-14 "管理工具"界面

图 6-3-15 "IIS 信息服务（IIS）管理器"窗口

步骤二：配置 FTP 服务

（1）打开"信息服务（IIS）管理器"窗口，右键单击计算机名，在弹出的菜单中选择"添加 FTP 站点…"，如图 6-3-16 所示。

（2）输入 FTP 站点名称为"system"，物理路径为"E:\FTP 文件"，此路径为共享的磁盘文件夹，单击"下一步"按钮，如图 6-3-17 所示。

图 6-3-16 添加 FTP 站点

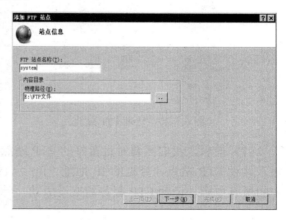

图 6-3-17 FTP 站点信息

（3）在"绑定"选项组中，将 IP 地址设置为"全部未分配"；在"SSL"选项组中选择"允许"单选按钮，其他设置可以不用更改，单击"下一步"按钮，如图 6-3-18 所示。

（4）在"身份验证和"选项组中，选择"匿名"复选框；在"授权"选项组中，将"允许访问"选择为"所有用户"，"权限"勾选为"读取"，单击"完成"按钮，如图 6-3-19 所示。

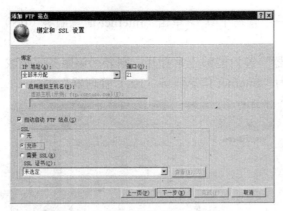
图 6-3-18 "绑定和 SSL 设置"窗口

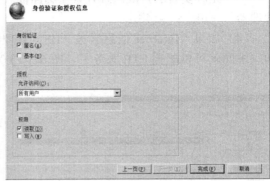
图 6-3-19 "身份验证和授权信息"窗口

(5) 配置完成后,打开"Internet 信息服务(IIS)管理器"窗口,在左侧目录中可以查看到设置好的 FTP 站点"system"并进行管理,如图 6-3-20 所示。

(6) 在防火墙设置中,开启 FTP 服务器的运行程序。依次打开"控制面板"→"Windows 防火墙",单击左侧"允许程序或功能通过 Windows 防火墙",弹出如图 6-3-21 所示的"允许的程序"对话框,在其中勾选"FTP 服务器"选项后面的两个复选框,单击"确定"按钮。

图 6-3-20 管理 FTP 站点

图 6-3-21 设置 Windows 防火墙

(7) 最后,我们需要对设置好的 FTP 站点进行验证。在另一台互联计算机的浏览器中,输入架设 FTP 站点计算机的 IP 地址"ftp://192.168.64.77",如能看到对方"E:\FTP"文件中的所有内容,证明 FTP 服务器架设成功。

子任务四 使用网上银行

小明:老师,我想给朋友汇款过去,但又懒得去银行排队,现在银行都开通了网上银行的业务,但具体怎么使用呢?

老师:想在网上银行进行交易,必须要到银行柜台去开通这项业务,然后就可以在自己的电脑上进行操作了,咱们以光大银行的网上银行系统为案例具体来学习一下吧。

步骤一:打开浏览器,在地址栏中输入"http://www.cebbank.com",打开光大银行网站,如图 6-3-22 所示。

步骤二：点选网页左侧"个人网上银行"选项，单击"登录"按钮，进入个人网上银行登录页面，如图 6-3-23 所示。

图 6-3-22　光大银行网上银行主页

图 6-3-23　网上银行登录页面

步骤三：在登录页面输入账号、密码等信息，单击"登录"按钮，将弹出网银版本的选择页面，光大银行网上银行分为"大众版"和"专业版"两种，其中"大众版"只提供查询功能，如果要享受所有功能，需点选"用手机动态密码"或"用令牌动态密码"登录个人网上银行进行交易，这里我们选择"用手机动态密码"进行登录，如图 6-3-24 所示。

步骤四：在网银操作页面中，可以查询银行卡明细和余额，并可进行同行、他行之间的快速转账汇款。还可使用"资金归集"功能，根据客户的约定，即时或定期将一个或多个指定账户的资金全部或部分转入另一个指定账户。除此之外，网上银行还可进行缴费充值、投资理财、个人贷款、个人外汇等多项功能的操作。图 6-3-25 为网上银行操作页面。

图 6-3-24　选择网银版本

图 6-3-25　网上银行操作页面

子任务五　无线路由器的使用

小明：老师，我家买了一台无线路由器，方便手机和平板电脑上网，但在安装的过程中遇到些问题，不知该如何处理，您给我讲讲吧。

老师：现在无线路由器的品牌和型号有很多，但安装的操作流程基本相同，下面我就以 TP-LINK 品牌的路由器为例，讲讲路由器安装、设置的方法。

无线路由器是应用于用户上网、带有无线覆盖功能的路由器。可以将它看作一个转发器，将电信运营商提供的宽带网络信号通过天线转发给附近的无线网络设备，如笔记本电脑、平板电脑、手机等，最终实现宽带共享的功能。设置路由器的具体步骤如下：

步骤一：根据入户宽带线路的不同，有电话线、光纤两种接入方式，用户可以结合下面的连接图，将线路连接好，如图6-3-26和图6-3-27所示。这里需要注意的是，入户宽带线一定要连接到路由器的WAN口，WAN口颜色一般为蓝色，LAN口一般为黄色。

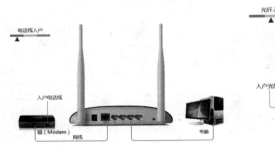 

图6-3-26　电话线入户连接图　　　　　图6-3-27　光纤入户连接图

步骤二：设置路由器之前，需要将计算机的网络连接设置为自动获取IP地址。依次打开"网络和共享中心"→"更改适配器设置"，右键单击"本地连接"选择"属性"，单击"Internet协议版本4（TCP/IPv4）"选项，选择"自动获得IP地址（O）""自动获得DNS服务器地址（B）"选项并确定，如图6-3-28所示。

步骤三：登录路由器管理界面。打开IE浏览器，输入路由器管理IP地址"192.168.1.1"，回车后弹出登录框。大部分路由器登录时需要输入管理用户名、密码，均输入"admin"即可，如图6-3-29所示。

图6-3-28　自动获取IP地址　　　　　图6-3-29　路由器管理地址

步骤四：设置上网方式。进入路由器的管理界面后，单击"设置向导"→"下一步"，如果通过运营商分配的宽带账号和密码进行拨号上网，则点选"PPPoE(ADSL 虚拟拨号)"选项。如通过其他方式上网，点选对应方式并进行设置，如图6-3-30所示。

在弹出的设置框中填入运营商提供的宽带账号和密码，并确定该账号密码输入正确。很多用户因为输错宽带账号密码导致无法上网，请仔细检查入户的宽带账号密码是否正确，注意中英文输入、字母大小写、后缀等是否输入完整，如图6-3-31所示。

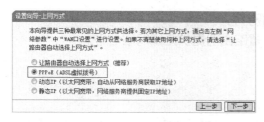

图 6-3-30　设置上网方式

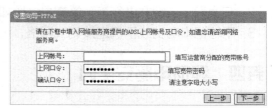

图 6-3-31　输入宽带账号、密码

步骤五：设置无线参数。SSID 即无线网络名称，点选"WPA-PSK/WPA2-PSK"选项并设置无线密码，单击"下一步"按钮，如图 6-3-32 所示。

步骤六：单击"完成"按钮，完成设置向导的操作。部分路由器设置完成后需要重启路由器，单击"重启"按钮即可，如图 6-3-33 所示。

图 6-3-32　设置无线参数

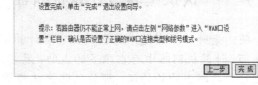

图 6-3-33　完成设置向导

步骤七：确认设置是否成功。设置完成后，进入路由器管理界面，单击"运行状态"，查看 WAN 口状态。至此，路由器已经设置完成，用户如需上网，使用网线直接将计算机连接到"1、2、3、4"接口即可。如果是笔记本、平板电脑、手机等无线终端，搜索无线信号，输入设置好的无线密码，单击"确定"即可，如图 6-3-34 所示。

图 6-3-34　连接无线网络

课堂实验

1. 将家里或单位的电脑实现网络连接。

2. 开通网上银行并进行第一笔交易，比如购物。
3. 用笔记本电脑或手机连接无线网络，设置路由器提供无线网络信号。

任务四 我的电脑安全吗

小明装好了一台电脑，想立即连接网络，感受一下网上冲浪，可是他听说网络上很不安全，如黑客攻击、木马病毒、钓鱼网站等，小明疑惑了，怎样才能让使用的计算机安全呢？

任务要求

- 了解黑客和计算机病毒的概念。
- 掌握杀毒软件的安装及使用。
- 掌握互联网诈骗的防范方法。

子任务一 认识黑客与计算机病毒

小明：老师，黑客是干什么的？它和计算机病毒一样吗？

老师：计算机网络中存在很多的威胁，黑客就是其中一种，它时刻都会侵入你的计算机，如果此时你在网上购物的话，那你的账户就非常危险了。下面我就具体介绍一下它们的相关知识。

步骤一：了解黑客与网络安全

1. 黑客是什么人

黑客原指热衷于计算机技术、水平高超的电脑专家，尤其是程序设计人员。但如今，黑客一词已被用于泛指那些专门利用电脑搞破坏或恶作剧的家伙。对这些人的正确英文叫法是 Cracker，有人翻译成"骇客"。

2. 黑客怎样入侵他人的计算机系统

（1）木马程序。

木马程序可以直接侵入用户的电脑并进行破坏，它常被伪装成工具程序或者游戏等诱使用户打开带有木马程序的邮件附件或从网上直接下载，一旦用户打开了这些邮件的附件或者执行了这些程序之后，它们就会植入到电脑中，并在计算机系统中隐藏一个可以在 Windows 启动时执行的程序。当计算机连接到互联网上时，这个程序就会通知黑客，并报告 IP 地址以及预先设定的端口。黑客收到这些信息后，利用这个潜伏在其中的程序，就可以任意地修改计算机的参数设定、复制文件、窥视整个硬盘中的内容等，从而达到控制计算机的目的。图 6-4-1 为植入木马程序示意图。

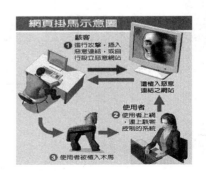

图 6-4-1 植入木马程序示意图

预防方法：对于木马这种黑客程序，我们可以采用专门的查杀软件，如金山毒霸、金山卫士、360 安全卫士等工具软件，检测和清除系统中隐藏的木马程序。

(2)电子邮件攻击。

电子邮件攻击主要表现为两种方式：一是电子邮件轰炸和电子邮件"滚雪球"，也就是通常所说的邮件炸弹，指的是用伪造的IP地址和电子邮件地址向同一信箱发送数以千计、万计甚至无穷多次的内容相同的垃圾邮件，致使受害人邮箱被"炸"，严重者可能会给电子邮件服务器操作系统带来危险，甚至瘫痪；二是电子邮件欺骗，攻击者伪称自己为系统管理员，给用户发送邮件要求用户修改口令或在附件中加载病毒或其他木马程序，这类欺骗只要用户提高警惕，一般危害性不是太大。

预防方法：不要轻易打开电子邮件中的附件，更不要轻易运行邮件附件中的程序，除非你知道信息的来源。在E-mail客户端软件中限制邮件大小和过滤垃圾邮件，对于邮件附件要先用防病毒软件和专业清除木马的工具进行扫描后方可使用。

(3)网络监听。

网络监听是主机的一种工作模式，在这种模式下，主机可以接收到本网段在同一条物理通道上传输的所有信息，而不管这些信息的发送方和接受方是谁。此时，如果两台主机进行通信的信息没有加密，只要使用某些网络监听工具，就可以轻而易举地截取包括口令和账号在内的信息资料。虽然网络监听获得的用户账号和口令具有一定的局限性，但监听者往往能够获得其所在网段的所有用户账号及口令。

(4)系统漏洞。

许多系统都有安全漏洞（Bugs），其中某些是操作系统或应用软件本身具有的，这些漏洞在补丁未被开发出来之前一般很难防御黑客的破坏，除非你将网线拔掉。还有一些漏洞是由于系统管理员配置错误引起的，如在网络文件系统中，将目录和文件以可写的方式调出，将未加Shadow的用户密码文件以明码方式存放在某一目录下，这都会给黑客带来可乘之机，应及时加以修正。

预防方法：及时给系统打补丁。补丁是漏洞的修补程序，一般某种漏洞被发现并公布后，系统厂商会及时修补该程序，发布相应的补丁包修复程序。

(5)获取口令。

具体又分为三种方法：一是通过网络监听非法得到用户口令，这类方法有一定的局限性，但危害性极大，监听者往往能够获得其所在网段的所有用户账号和口令，对局域网安全威胁巨大；二是在知道用户的账号后利用一些专门软件强行破解用户口令，这种方法不受网段限制，但黑客要有足够的耐心和时间；三是在获得一个服务器上的用户口令文件后，用暴力破解程序破解用户口令，该方法的使用前提是黑客获得口令的Shadow文件。

预防方法：在设置口令密码时不要使用简单的密码，在不同账号里使用不同的密码，应保守口令秘密并经常有规律地更换密码。

步骤二：了解计算机病毒

《中华人民共和国计算机信息系统安全保护条例》中定义了计算机病毒（Computer Virus）：即编制者在计算机程序中插入的破坏计算机功能或者破坏数据，影响计算机使用并且能够自我复制的一组计算机指令或程序代码。狭义的解释是指利用计算机软件与硬件的缺陷或操作系统漏洞，由被感染机内部发出的破坏计算机数据并影响计算机正常工作的一组指令集或程序代码。目前计算机病毒大致分为两类，即普通病毒和特洛伊木马。图6-4-2所示的熊猫烧香病毒在2007年1月初肆虐网络，是一种经过多次变种的蠕虫病毒，它主要通过下载的文件传染，对计算机程序、系统造成破坏。被传染的用户系统中所有".exe"可执行文件会全部被改成熊猫举着三根香的模样，是一次比较严重的病毒感染事件。

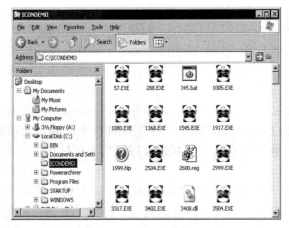

图 6-4-2　熊猫烧香病毒

1. 计算机病毒的特点

计算机病毒具有寄生性、传染性、破坏性、隐蔽性、潜伏性和可触发性等特点。

（1）寄生性。计算机病毒寄生在一些程序中，当程序执行时，病毒会就会破坏文件。

（2）传染性。一段病毒代码一旦进入计算机并得以执行，它就会搜寻其他符合其传染条件的程序或储存介值，确定目标后再将自身代码插入其中，达到自我繁殖的目的。

（3）破坏性。计算机一旦中毒，轻则导致程序无法正常执行，重则计算机内的其他文件甚至整台计算机都会瘫痪。

（4）隐蔽性。病毒具有很好的隐蔽性，有的可以通过杀毒软件查出来，有的根本查不出来。有时就算查出来了，用一般的杀毒软件也杀不掉。

（5）潜伏性。有些病毒潜伏进入计算机后，不一定当时就发作。它可能会在电脑里待上几天，甚至几年，一旦时机成熟，得到运行的机会，就会四处繁殖、扩散、产生危害。例如，著名的黑色星期五病毒，不到预定时间察觉不出来，等到条件具备的时候，开始对系统进行破坏。

（6）可触发性。病毒在植入电脑时，都会有一个触发机制，一旦启动，它就会进行感染或者攻击。

2. 计算机病毒的种类

计算机病毒的种类繁多，最流行的约有八十多种，加上变种大致有几百种，现介绍几种比较常见的病毒种类。

（1）系统病毒。系统病毒可以感染后缀名为".exe"和".dll"的系统可执行文件，并且通过这些文件进行传播。

（2）蠕虫病毒。蠕虫病毒专找一些系统漏洞进行传播，前缀是"Worm"的病毒都是蠕虫病毒。大部分的蠕虫病毒都有向外发送带毒邮件、阻塞网络的特性。

（3）木马病毒和黑客病毒。木马病毒可以通过网络或者系统漏洞进入用户的系统并且潜伏起来。当触发器启动时向外泄漏系统的信息。黑客病毒由黑客控制，有一个可视的界面，能对用户的电脑进行远程控制。如果前缀名是"Trojan"，则是木马病毒；如果前缀名是

"Hack"，则是黑客病毒。

（4）脚本病毒。脚本病毒就是使用脚本语言编写，通过网页进行传播的病毒，如红色代码（Script.Redlof）。脚本病毒的前缀是"Script"。

（5）捆绑病毒。病毒作者会编写一些特定的捆绑程序将病毒与一些应用程序捆绑起来，表面上看是一个正常的文件，当运行这些带病毒的程序时，病毒就会发作，捆绑病毒的前缀是 Binder。

3. 病毒的主要传播途径

计算机病毒之所以称之为病毒，是因为其具有传染性的本质，计算机病毒的传播渠道通常有以下几种。

（1）通过移动存储设备传播，比如光盘、U 盘、移动硬盘等。通过使用外界被感染的移动设备，比如来历不明的游戏盘、渠道不明的系统盘、已经感染了病毒的 U 盘等都是最普通的传染途径。

（2）网络传播是病毒感染最快的一种途径，能在很短的时间内传遍所有接触到的机器。网络传播包括两种传播途径：一种是文件下载，另一种就是电子邮件。

小明：老师，那怎样才能知道我的计算机有没有被病毒感染呢？

老师：不用担心，我们可以通过一些迹象察觉出来，并且在使用中，我们还可以采取一些防范的措施，防止病毒的感染。

4. 感染病毒时的征兆

当计算机出现以下现象时，就很有可能是感染了病毒。

● 计算机系统运行速度减慢，经常无故死机。

● 计算机系统中的文件打不开或已更改图标，文件长度发生变化，文件无法正确读取、复制或打开，文件的日期、时间、属性等发生变化。

● 计算机存储的容量异常减少，Word 或 Excel 提示执行"宏"。

● 系统引导速度减慢，屏幕上出现异常访问，磁盘卷标发生变化，提示硬盘空间不足。

● 系统不识别硬盘，对存储系统异常访问，系统异常重新启动，异常要求用户输入密码。

● 计算机系统的蜂鸣器出现异常声响，键盘输入异常，一些外部设备工作异常。

5. 病毒的预防

随着病毒技术的发展，病毒和木马程序对用户的威胁越来越大，尤其是一些木马程序采用了极其狡猾的手段来隐蔽自己，使普通用户很难发觉。预防病毒的措施主要包括以下几种。

● 认识病毒的危害性，不要随便复制和使用盗版软件。

● 开启杀毒软件监控，现在只要安装好了操作系统，在准备使用前一定要安装防火墙软件并开启实时监控功能，并且设置好防火墙的安全等级，防止未知程序向外传送数据。

● 设置定期杀毒，每周至少更新一次病毒定义码或病毒引擎，因为最新的防病毒软件才是最有效的。

● 对数据文件进行备份，对于一些重要的资料应及时备份，并养成这样的习惯。

● 及时修补系统漏洞。漏洞是在硬件、软件、协议的具体实现或系统安全策略上存在的攻击者可以乘虚而入的地方。及时打漏洞补丁，这样可以防止恶意软件、木马、病毒的攻击。

● 使用安全性比较好的浏览器和电子邮件客户端工具。

子任务二 杀毒软件的安装及使用

小明：老师，我们应当采取哪些措施预防计算机病毒的感染呢？

老师：安装杀毒软件和防火墙是必不可少的，除此之外，每天还要进行必要的维护。

小明：现在市面上的杀毒软件有很多种，哪一种比较好呢？

老师：每种杀毒软件都各有千秋，我们可以根据个人的业务需要进行安装，下面我们就介绍一种比较常见的免费杀毒软件吧。

步骤一：新毒霸（悟空）杀毒软件的安装

新毒霸（悟空）是金山毒霸对外发布的新一代永久免费的杀毒软件，它是一款为用户电脑减负并提供安全保护的云查杀杀毒软件。它采用蓝芯 II 云引擎，100%病毒文件识别率，互联网新文件 2 分钟鉴定。新毒霸（悟空）杀毒软件只占用 19MB 的内存空间，并随时防毒，真正实现了低资源占用、高效率保护。全新的操作界面，全面支持 Windows 7 操作系统的新特性，下载、聊天、U 盘全面安全保护，并可自动调节资源占用。

下面给大家具体介绍一下新毒霸（悟空）杀毒软件的安装方法，具体步骤如下。

（1）下载新毒霸（悟空）杀毒软件。登录金山毒霸官网"http:// www.ijinshan.com"即可下载最新版本的新毒霸（悟空）杀毒软件的安装程序，如图 6-4-3 所示。

（2）下载新毒霸（悟空）安装程序，如图 6-4-4 所示，可以选择"运行"进行在线安装，也可以选择"保存"，下载到本地再进行安装。

图 6-4-3　金山毒霸网站

图 6-4-4　下载新毒霸（悟空）杀毒软件安装程序

（3）下载完成后，运行下载的程序文件即可进行安装，待安装程序文件复制完成后，会显示安装完成窗口，单击"完成"，新毒霸（悟空）就安装成功了。我们可以在桌面上看到"新毒霸"软件的图标，如图 6-4-5 所示。每次开机，"新毒霸"软件会自动启动运行。

图 6-4-5　"新毒霸"图标

新毒霸（悟空）杀毒软件具有以下特点：

● 首创电脑、手机双平台杀毒。

新毒霸不仅可以查杀电脑病毒，还可以查杀手机中的病毒木马，保护手机，防止恶意扣费，免除广告骚扰，保护手机隐私，图 6-4-6 为双平台界面。

● 引擎全新升级，KVM、火眼系统，病毒无所遁形。

KVM 是金山蓝芯 III 引擎核心的云启发引擎。它应用数学算法，超强自学习进化，无需频繁升级，直接查杀未知新病毒。结合火眼行为分析，大幅提升流行病毒变种检出。查杀能力、响应速度遥遥领先于传统杀毒引擎。智能立体杀毒模式，杀毒修复一体化，无懈可击的安全体验。图 6-4-7 为"新毒霸"界面。

图 6-4-6 双平台

图 6-4-7 "新毒霸"界面

● 铠甲防御 3.0 全方位网购保护。

全新架构，多维立体保护，智能侦测、拦截新型威胁。

全新"火眼"系统，文件行为分析专家。用户通过精准分析报告，可对病毒行为了如指掌，深入了解自己电脑安全状况。网购误中钓鱼网站或者网购木马时，金山网络为您提供最后一道安全保障，独家 PICC 承保，全年最高"8000+48360"元赔付额度。图 6-4-8 为"铠甲防御"功能界面。

● 全新手机管理。

全新手机应用安全下载平台，确保应用纯净安全。率先整合游戏应用与数据，大型游戏一键安装。手机应用精品聚集，精彩不容错过，应用升级、卸载、一键搬家轻松畅快，图片、音乐管理如用 U 盘般便利。图 6-4-9 为"手机助手"功能界面。

图 6-4-8 "铠甲防御"功能

图 6-4-9 "手机助手"功能

步骤二：使用新毒霸（悟空）杀毒软件

1. 启动杀毒扫描程序

新毒霸（悟空）的病毒查杀功能采用了金山云引擎 3.0 +金山蓝芯 III 引擎 + KSC 系统级启发式引擎 + 系统修复引擎 + 小 U 引擎 + 可选安装的小红伞引擎，从联网到断网，从已知到未知，每一个环节都不放过。

思考

这么多引擎，有什么好处呢？

六大引擎，不仅可以充分地保护用户的电脑的安全，还可以让新毒霸（悟空）在各个情况下都能够发挥出自己最大的功效，无论是联网、断网，所有病毒问题都可以轻松解决。

在"电脑杀毒"菜单下单击"一键云查杀"按钮，即进入病毒查杀状态，快速扫描系统盘区、内存、注册表、文件系统、局域网共享文件夹等病毒敏感区域，如图 6-4-10 所示。

扫描完毕后，新毒霸（悟空）会对感染型病毒自动进行清除，清除失败时会删除或交由用户处理。

图 6-4-10　一键云查杀

2. 开启防御开关

选择"铠甲防御"界面的"防御开关"选项卡，进入"防御开关"界面，如图 6-4-11 所示。

防御开关中的各个选项必须开启后才能真正保护计算机，一般默认为开启状态。单击"拦截管理"按钮，可以打开信任管理功能面板，如图 6-4-12 所示。对拦截、阻止的程序或网页进行移除和添加信任的操作。

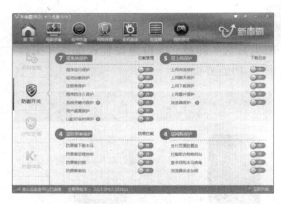

图 6-4-11　防御开关

图 6-4-12　信任管理

防御系统能够对以下几种对象进行监控：

● 文件系统防护：通过实时监控硬盘的读写，实时、主动、准确、快速、低资源占用地防护文件系统；

● 注册表防护：防止恶意威胁，跟随系统自动启动，防护恶意篡改浏览器设置的威胁；

● 网络防护：实时检测网络连接；

● 进程防护：实时检测进程，自动防护威胁；

● 内存防护：通过实时监控剪贴板的改变，实时防护内存系统；

● 系统防护：当插入移动设备或光盘时，防护自动运行型威胁，当有新的系统服务或驱动添加时，自动防护可能存在的威胁；

● 启发式防护：在没有病毒样本的情况下，对病毒进行全面而有效的全面防护，防御未知威胁。

3. 更新升级

杀毒软件需要经常进行升级才能查杀最新的病毒和各种恶意程序。如果升级不及时，杀毒软件将无法查杀最新的病毒，无法防御最新的威胁。

新毒霸（悟空）的病毒库是在线自动更新的，用户也可以单击主界面右下角的"立即升级"按钮，进行病毒库的更新升级，如图6-4-13所示。

图6-4-13 病毒库升级

子任务三 计算机安全设置

小明：老师，除了安装杀毒软件，还有什么措施可以维护计算机的安全呢？

老师：除了安装杀毒软件，还有很多种维护计算机安全的方法，如设置防火墙、安装安全软件等，下面我们就先介绍一下操作系统自带的防火墙是如何设置的。

步骤一：设置系统自带的防火墙

Windows系统自带了许多的网络功能，如Internet连接防火墙（ICF），它就是用一段"代码墙"把电脑和Internet分隔开，时刻检查出入防火墙的所有数据包，决定拦截或放行哪些数据包。设置系统防火墙的具体步骤如下：

（1）执行"开始→控制面板"命令，打开"控制面板"窗口，显示大图标状态，如图6-4-14所示。

（2）单击"Windows 防火墙"图标，在左侧窗格中，单击"更改通知设置"或"打开或关闭 Windows 防火墙"选项，均可打开"自定义设置"窗口，这里有两个设置区域"家庭或工作（专用）网络位置设置"和"公用网络位置设置"，用户可以根据需要选一个区域的复选框，如图6-4-15所示。

图6-4-14 控制面板中防火墙图标

图6-4-15 定义网络设置

（3）如果用户要还原 Windows 防火墙的默认设置，可以单击左侧窗格中的"还原默认设置"选项，单击"还原默认设置"按钮进行确认，即可将 Windows 防火墙还原为默认状态，如图6-4-16所示。

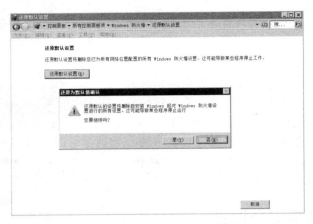

图 6-4-16　还原防火墙默认设置

小明：老师，除了设置防火墙，还有其他的防御措施可以保障计算机的安全吗？

老师：当然，现在市面还有很多计算机安全维护的软件，可以结合自己的实际需要进行选择，下面我们就来安装一款比较常见的免费软件。

步骤二：安装"金山卫士"

金山卫士是当前查杀木马能力最强，检测漏洞最快，体积最小巧的免费安全软件。它采用金山领先的云安全技术，不仅能查杀上亿已知木马，还能在 5 分钟内发现计算机中存在的新木马；漏洞检测针对 Windows 7 优化，速度比同类软件快 10 倍。更有实时保护、插件清理、修复 IE 等功能，全面保护您的系统安全。与同类产品相比，金山卫士体积仅 17MB，极其小巧，但查杀能力更强，是上网必备的安全软件。

金山卫士的安装步骤如下：

（1）登录金山卫士官网主页"http://www.ijinshan.com/ws/index.shtml"，单击"免费下载"按钮。选择金山卫士安装程序要保存的位置，单击"保存"按钮，就可以完成金山卫士安装包的下载，如图 6-4-17 所示。

（2）单击"立即安装"按钮，软件即可进行自动安装，如图 6-4-18 所示。安装完成后，我们可以在桌面上看到"金山卫士"软件的图标，如图 6-4-19 所示。每次开机，"金山卫士"软件会自动启动运行。

图 6-4-17　下载金山卫士　　　图 6-4-18　安装金山卫士　　图 6-4-19　金山卫士桌面图标

金山卫士安全软件的作用：

（1）对系统进行全面检查。

金山卫士可以快速全面地检查系统存在的风险，检查系统是否存在木马程序、高危系统漏洞、恶意插件等。运行金山卫士会自动进行系统体检，发现风险后，按提示进行相应操作，可以有效消除系统风险和优化计算机性能。金山卫士建议用户每天为计算机系统体检一次，这样可以大大降低被木马入侵的风险。单击"立即体检"按钮，即可对系统进行全面的安全检查。图 6-4-20 为系统"体检"界面。

"体检"完成后，可针对相应的提示，进行修复及优化。"体验"结果如图 6-4-21 所示。

图 6-4-20　系统"体检"界面　　　　　　图 6-4-21　"体检"结果

（2）查杀木马。

木马通常会在用户登录游戏账号或其他账号的过程中记录用户输入的账号和密码，并自动将窃取到的信息发送到黑客预先指定的信箱中，这将直接导致用户账号被盗，或个人隐私泄露。金山卫士独创革命性云安全技术，查杀上亿已知木马具有史上最快样本分析，比传统杀毒软件查杀速度快 10 倍以上，清除木马病毒更省时。单击"快速扫描"按钮，即可进行木马查杀，图 6-4-22 为查杀木马界面。扫描结果中如发现木马，用户可单击"立即清除"按钮，执行清除木马操作，如图 6-4-23 所示。

图 6-4-22　查杀木马　　　　　　图 6-4-23　清除木马

（3）修复漏洞。

及时有效地修复系统、软件漏洞，可避免被黑客窃取账号、密码等重要信息。金山卫士全面检测系统，完美修复高危漏洞，针对 Windows 7 操作系统进行优化，大大提高了修复速度。金山卫士修复系统漏洞的具体操作如下。

打开金山卫士的主界面窗口，单击"修复漏洞"选项，程序将自动监测系统中存在的各种漏洞，并将漏洞按照不同的危险程度分为高危漏洞补丁和可选补丁两类，选中需要修复漏洞前的复选框，单击"立即修复"按钮，如图 6-4-24 所示。

此时金山卫士开始下载漏洞补丁程序,并显示下载进度,如图 6-4-25 所示。

图 6-4-24　扫描漏洞　　　　　　　　　　图 6-4-25　下载漏洞补丁

下载完一个漏洞的补丁程序后,金山卫士将继续下载下一个漏洞补丁程序,完成后同时安装下载完的补丁程序,如图 6-4-26 所示。

如果安装补丁程序成功,将在该选项的"状态"栏中显示"安装成功"字样,待全部漏洞修复完成后,金山卫士会建议重新启动计算机生效修复,单击"立即重启"按钮,如图 6-4-27 所示。

(4)清理恶意插件。

有部分恶意插件程序会监视用户的上网行为,并把所记录的数据报告给插件程序的创建者,以达到投放广告、盗取游戏或银行账号密码等非法目的。

金山卫士可以彻底清理恶意插件、广告插件、优化系统性能,大大加快电脑运行速度。

单击"查杀木马"选项,运行插件清理即可自动扫描插件,选中要清除的插件,单击"立即清理"按钮,执行立即清除操作,如图 6-4-28 所示。

图 6-4-26　安装补丁程序　　　　　　　　图 6-4-27　完成修复

(5)清理垃圾文件。

系统工作时会过滤剩余的数据文件,虽然每个垃圾文件所占系统资源并不多,但随着计算机使用时间的增加,垃圾文件会越来越多。虽然少量垃圾文件对电脑伤害较小,但累积过多时会影响系统的运行速度。

打开金山卫士的主界面窗口,单击"垃圾清理"选项,勾选要清理的对象,单击"一键清理"即执行垃圾文件的清理操作,如图 6-4-29 所示。

图 6-4-28　清理插件

图 6-4-29　清理垃圾文件

子任务四　网络诈骗的形式及防范

小明：老师，现在网络诈骗案件日益增多，并且诈骗的手段也有很多，我们在上网浏览的时候，有哪些方面需要注意的呢？

老师：是的，我们在学习计算机安全知识的同时，也要加强防范的意识，下面先介绍一下网络诈骗的手段。

步骤一：了解网络诈骗的特点

网络诈骗是借助计算机，采取虚构事实或者隐瞒事实真相的方法，骗取他人财物的行为。网络诈骗具有以下特征：

1. 行骗面广

行骗人一般采取广泛撒网重点培养的方式，只要少数人上钩就达到目的了。受害人上钩后，行骗人便设连环套，层层诈骗。

2. 异地行骗

由于互联网的无边界的特性，行骗人往往选择异地行骗，受害人上钩后一般不会直接到异地去找行骗人。即使到公安机关报案，公安机关办理异地的案件周期也较长。

3. 隐蔽性强

网络诈骗由于不用直接接触受害人，所以带有极强的隐蔽性。行骗人得手后可以销毁一切网上证据，迅速消失，难寻踪迹。

4. 犯罪工具智能化

以计算机及网络为作案工具，网络的发展形成了一个与现实世界相互影响又相对独立的虚拟世界，智能型的犯罪分子利用互联网进行跨国界、跨地域作案。

步骤二：熟悉网络诈骗的常见手段

1. 冒充好友

通过各种方法盗窃 QQ 账号、邮箱账号后，向用户的好友、联系人发布信息，声称遇到紧急情况，请对方汇款到其指定账户。还有一种以 QQ 视频聊天为手段实施诈骗的新手段，嫌疑人在与网民视频聊天时录下其影像，然后盗取其 QQ 密码，再用录下的影像冒充该网民向其 QQ 群里的好友"借钱"。

2. 网络钓鱼

"网络钓鱼"是当前最为常见也较为隐蔽的网络诈骗形式。所谓"网络钓鱼"，是指犯罪分子通过使用"盗号木马""网络监听" 以及伪造的假网站或网页等手法，盗取用户的银行账号、证券账号、密码信息和其他个人资料，然后以转账盗款、制作假卡等方式获取利益。主要可细分为以下两种方式。

一是发送电子邮件，以虚假信息引诱用户中圈套。诈骗分子以垃圾邮件的形式大量发送欺诈性邮件，这些邮件多以中奖、顾问、对账等内容引诱用户在邮件中填入金融账号和密码，或是以各种紧迫的理由要求收件人登录某网页提交用户名、密码、身份证号、信用卡号等信息，继而盗窃用户资金。

二是建立假冒网上银行、网上证券网站，骗取用户账号密码实施盗窃。犯罪分子建立起域名和网页内容都与真正网上银行系统、网上证券交易平台极为相似的网站，引诱用户输入账号密码等信息，进而通过真正的网上银行、网上证券系统或者伪造银行储蓄卡、证券交易卡盗窃资金。还有的利用网站服务器程序上的漏洞，在站点的某些网页中插入恶意代码，屏蔽住一些可以用来辨别网站真假的重要信息，以窃取用户信息。

3. 网上购物

网上购物是目前十分流行的消费方式，其中也隐藏着不法分子的诈骗陷阱。犯罪分子通常在知名购物网站发布虚假信息，以"超低价"吸引消费者，而后在交易过程中以"免税""走私货""慈善义卖"等名义，要求消费者预先支付货款到对方账户。一旦受骗者把款付给对方，就再也联系不上了。

犯罪分子还可能在网上交谈的过程中提供虚假链接，以付款等名义通过网络发送网址链接给对方。消费者以为是正常的银行网页，从而输入自己的网银信息，结果常被犯罪分子诈取账号和密码。

老师：小明，了解了这些网络诈骗的手段，我们上网的时候就要提高警惕，保护好自身的财产安全。

小明：嗯，老师，有哪些防范措施可以防止网络诈骗呢？

老师：针对这些网络诈骗的手段，我们可以采取以下几种防范措施。

步骤三：熟悉网络诈骗的防范手段

（1）在购物或转账前，一定要通过电话联系对方，核实对方的身份信息。保留聊天信息，作为报警的依据。

（2）谨慎面对网上低价商品信息，如免费送、超低价格等。特别是非正规网购平台，这里往往包含了一些钓鱼链接，一旦登录后输入了自己的信息，很容易就会被盗取。在网购时，应选择正规的电商网购平台，使用如旺旺的安全聊天工具进行联系。

（3）记住一些机构的官方信息如银行的电话热线、官方网址。如果收到冒充银行的短信或信息，可以及时咨询，避免被诱导进入钓鱼链接。

（4）警惕打来电话或发信息索取个人财务信息（身份证、银行卡号、密码），一般银行是不会直接索要这些信息的，多半都是伪装的客服。

子任务五　新一代网络安全技术

步骤一：了解云安全技术

"云安全（Cloud Security）"计划是网络时代信息安全的最新体现，它融合了并行处理、网格计算、未知病毒行为判断等新兴技术，通过网状的大量客户端对网络中软件行为的异常监测，获取互联网中木马、恶意程序的最新信息，推送到 Server 端进行自动分析和处理，再把病毒和木马的解决方案分发到每一个客户端。图 6-4-30 为云安全示意图。

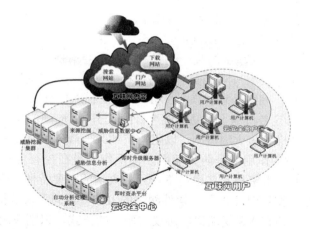

图 6-4-30　云安全示意图

云安全的概念提出后，曾引起了广泛的争议，许多人认为它是伪命题。但事实胜于雄辩，云安全的发展像一阵风，瑞星、趋势、卡巴斯基、MCAFEE、SYMANTEC、江民科技、PANDA、金山、360 安全卫士等都推出了云安全解决方案。金山的云技术使得自己的产品资源占用得到极大地减少，在很多老机器上也能流畅运行。趋势科技云安全已经在全球建立了 5 大数据中心，有几万部在线服务器。据悉，云安全可以支持平均每天 55 亿条单击查询，每天收集分析 2.5 亿个样本，资料库第一次命中率就可以达到 99%。借助云安全，趋势科技现在每天阻断的病毒感染最高达 1000 万次。

步骤二：了解身份认证技术

对用户的身份认证的基本方法可以分为三种：

（1）基于信息秘密的身份认证，根据你所知道的信息来证明你的身份，如静态密码。

（2）基于信任物体的身份认证，根据你所拥有的东西来证明你的身份，如短信密码、USB KEY 等，如图 6-4-31 所示。

（3）基于生物特征的身份认证，直接根据独一无二的身体特征来证明你的身份，如指纹识别、视网膜识别，如图 6-4-32 所示。

在网络世界中手段与真实世界中一致，为了达到更高的身份认证安全性，某些场景会将上面 3 种挑选 2 种混合使用，即所谓的双因素认证。

图 6-4-31　短信密码和 USB KEY 识别技术

图 6-4-32　指纹识别技术和视网膜识别技术

步骤三：了解下一代防火墙

下一代防火墙，即 Next Generation Firewall，简称 NG Firewall，是一款可以全面应对应用层威胁的高性能防火墙。通过深入洞察网络流量中的用户、应用和内容，并借助全新的高性能单路径异构并行处理引擎，NGFW 能够为用户提供有效的应用层一体化安全防护，帮助用户安全地开展业务并简化用户的网络安全架构。

下一代防火墙需具有下列最低属性:
(1) 支持在线 BITW（线缆中的块）配置，同时不会干扰网络运行；
(2) 可作为网络流量检测与网络安全策略执行的平台，并具有下列最低特性：
- 具有数据包过滤、网络地址转换（NAT）、协议状态检查以及 VPN 功能等。
- 支持基于漏洞的签名与基于威胁的签名。IPS 与防火墙间的协作所获得的性能要远高于部件的叠加，如提供推荐防火墙规则，以阻止持续某一载入 IPS 及有害流量的地址。在下一代防火墙中，互相关联作用的是防火墙而非由操作人员在控制台制定与执行各种解决方案。高质量的集成式 IPS 引擎与签名也是下一代防火墙的主要特性。所谓集成，即可将诸多特性集合在一起，如根据针对注入恶意软件网站的 IPS 检测向防火墙提供推荐阻止的地址。

(3) 采用非端口与协议 VS 仅端口、协议与服务的方式，识别应用程序并在应用层执行网络安全策略。范例中包括允许使用 Skype 但禁用 Skype 内部共享或一直阻止 GoToMyPC。

(4) 可收集防火墙外的各类信息，用于改进阻止决策，或作为优化阻止规则的基础。范例中还包括利用目录集成来强化根据用户身份实施的阻止或根据地址编制黑名单与白名单。支持新信息流与新技术的集成路径升级，以应对未来出现的各种威胁。

课堂实验

1. 上网了解病毒危害的实例，查找目前有哪些主流的免费在线杀毒软件。
2. 下载一款主流的病毒防护软件，对你的计算机系统进行全面杀毒。
3. 如何防止你的计算机受到病毒的侵害？计算机受到病毒侵害后如何不受或少受损失？
4. 木马和普通的计算机病毒有何区别？